リサイクル・メイト
RECYCLE-MATE
Biological & Ecological Solution to Odor Control and Manure Fermentation

生ふん尿に手間をかけず、施設も選ばず、
堆肥・スラリー・尿の良質発酵が可能
それによる土づくりをとおして
健全な作物栽培とバイオセキュリティに貢献

粉末タイプ 20kg箱
（5kgアルミ袋×4）

リサイクル・メイトによる改善例

▲スラリーストア、尿溜めのスカムが取れ、粘性も下がり、汲み上げスピードが上がる 散布時の悪臭も大幅に軽減、土壌への浸透性も改善、地表面も残渣が減少

▲トウモロコシの初期生育（地上部・地下部）、牧草の春の萌芽と秋落ち（早い枯れ上がり）を改善

▲良質サイレージ原料（水切れが良く硝酸態チッソの少ない等）の確保とその永続性を向上

▲発酵品質の良いサイレージの安定確保による、健康な乳牛の飼育

▲牛の歩行通路への散布でぬめりを取り、滑りやすさを改善

▲湿潤条件下での散布でDDの新規感染を低減

公的あるいは第三者機関の試験及び現地モニタリングで確認されていること

- 悪臭とハエの発生を強力に抑制（発酵期間と散布時のいずれにおいても）
- 作物の生育・収量・品質と臭気対策に関する有効性
- 湿潤条件下でのDDの新規感染を低減
- 牛舎通路のぬめり（バイオフィルム）を取り、転倒事故を軽減
- 敷料、雑草種子等の有機物の分解に特に優れ、スラリー、尿溜めのスカムを強力に分解
- 成牛100頭あたり1ヵ月のコストが3万円
  他の処理方法に比べ、初期投資と電気、燃料等、コストを大幅に軽減
- 嫌気性菌主体の複合微生物と酵素からなる家畜ふん尿専用の発酵促進剤なので、好気発酵施設あるいはバイオガスプラントでの使用においてもより強い発酵を促進し、発酵期間を短縮できる
- 肉牛等の踏み込み式パドック、あるいはルーズバーンの乾きが速く、敷料を倹約できる
- 牛舎と圃場、すなわち牧場全体のバイオセキュリティに貢献

バイオセキュリティに関する海外からの報告

最近の海外の報告では「動物に対する病原菌についてもふん尿や排水をとおして圃場に広がり、その土壌から数種の病原菌が検出され、圃場に原因のある細菌問題が大規模牧場で多数確認されている。清浄な飼料とパフォーマンスの高いTMRづくりを目指すべきである」としています。
［米国 ホーズデーリィマン］

ヨーネ菌の生存期間

屋外ふん中	152～246日
日陰の土壌中	55週間
日陰の水中	48週間

サルモネラ菌の生存期間

日陰の土壌中・水中	5年間
乾燥したふん中	1年以上

［ウィスコンシン大学 獣医学部］

 株式会社 ファームテック ジャパン
http://www.farmtech.co.jp

本　　　　社	TEL.011(885)3307	FAX.011(885)3308
事業統括センター	TEL.0123(33)2200	FAX.0123(33)2205
西日本事業所	TEL.0942(85)7560	FAX.0942(85)7561

マニュアスプレッダー

クーンナイト PS/PSC シリーズに PS253型（4.9m³）、PS242型（7.0m³）新登場！

PS/PSCの全機種（4.9～22.9m³）で、伝統の水平ビーター か 縦型ビーターを選択可能（注文時オプション）

スリンガースプレッダー

SL・SLC シリーズ 新登場！

SLCシリーズ／最大積載量11.8～22.7t

SLINGER

より広範囲に均一な散布を可能に

SLシリーズ／最大積載量4.1～10.9t

●お問い合せは

株式会社アイデーイーシー　〒059-1433 北海道勇払郡安平町遠浅746-2
TEL0145-22-2237　FAX0145-22-2518
www.idec-jpn.com　info@idec-jpn.com

DAIRYMAN 臨時増刊号

新版 マニュア・マネージメント

糞尿の適切な処理と有効活用へ

【監修】羽賀 清典

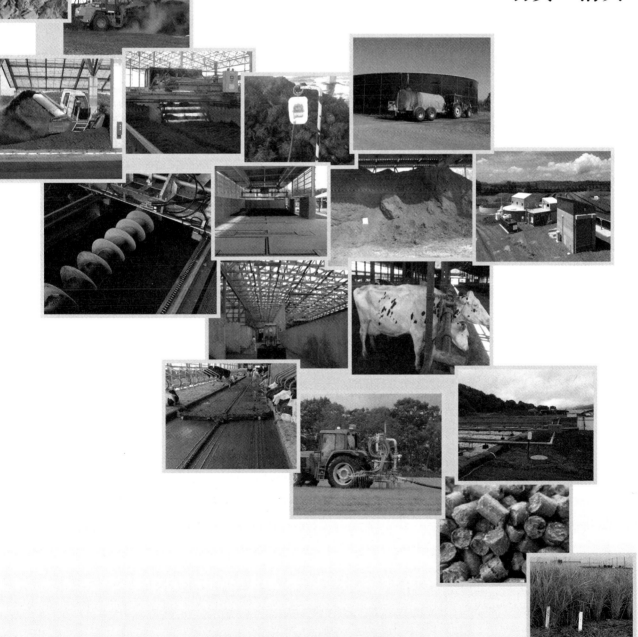

デーリィマン社

Cow SIGNALS シリーズ日本語版 絶賛発売中!!

「Cow SIGNALS」シリーズは、オランダで初出版、ドイツ語・デンマーク語・スペイン語・英語などに翻訳され、欧州を中心に世界中で愛読されています。酪農家をはじめ、獣医師や家畜改良普及員など、関係者必見のマニュアルであり、また酪農を学ぶ学生には最適の教科書です。

Cow SIGNALS 乳牛の健康管理のための実践ガイド

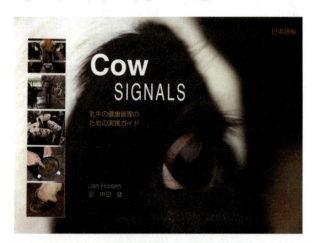

乳牛が絶えず送っている「シグナル」を捉え、健康状態や牛乳生産状況までを知り、経営に生かす「牛の観察法」。
カラー写真・図表をふんだんに用い、分かりやすく解説します。
「Cow SIGNALS」シリーズ第1弾にして、人気No.1の1冊です。

著 Jan Hulsen　訳 中田健
判型 235mm×168mm 106頁 オールカラー
定価 本体 2,857円＋税　送料350円

Feeding Signals
乳牛の健康と生産のための飼料給与の実践ガイド

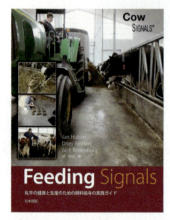

本書のテーマは「飼料の給与時の観察と対策」。何をどれくらい給与すべきか？　すべての牛が適切に採食しているか確認する方法は？　発生した問題の対応策は？　酪農家のあらゆる疑問について分かりやすく解説、今日すべきことを助言します。

著 Jan Hulsen／Dries Aerden／Jack Rodenburg　訳 中田健
判型 205mm×265mm 82頁 オールカラー
定価 本体 3,500円＋税　送料350円

カウシグナルズ チェックブック
乳牛の健康、生産、アニマルウエルフェアに取り組む

「作業現場に持ち込んで使う」本。観察項目別に分かれた各ページは取り外し可能で、水や汚れにも強い表面ＰＰ加工済み。日常作業と並行して乳牛の発する「シグナル」を観察できます。

著 Jan Hulsen　監修 及川伸 中田健　Ａ４判 100頁 オールカラー・PP加工
定価 本体 4,381円＋税　送料288円

Udder Health
良好な乳房の健康のための実践ガイド
定価 本体価格1,905円＋税　送料350円

Fertility
上手な繁殖管理の実践ガイド
定価 本体価格1,905円＋税　送料350円

From calf to heifer
乳牛の育成管理のための実践ガイド
定価 本体価格1,714円＋税　送料350円

Hoof Signals
健康な蹄をつくる成功要因
定価 本体価格3,000円＋税　送料350円

－図書のお申し込みは下記へ－

デーリィマン社 管理部

☎ 011(209)1003　FAX 011(271)5515
〒060-0004 札幌市中央区北4条西13丁目
e-mail kanri@dairyman.co.jp

※ホームページからも雑誌・書籍の注文が可能です。http://dairyman.aispr.jp/

監修の言葉

　新版マニュア・マネージメントを世に送ります。マニュアとは英語で糞尿のこと、マネージメントは処理・利用のことを意味します。この本は乳牛糞尿の適切な処理と利用について取りまとめたものです。

　乳牛の糞尿処理方法は堆肥化が大半を占めていますが、北海道などでは液状のスラリー処理が重要な方法となっています。堆肥化は、簡易な堆積発酵方式が主流で、より効率的な処理方法として、通気・撹拌（かくはん）を行う強制発酵方式があります。さらには発生する発酵熱エネルギーを利用する技術があり、発酵熱量をモニターすることによって通気量を調節し発酵具合をコントロールすることも試みられています。こうした技術が、IoT（モノのインターネット）やAI（人工知能）などICT（情報通信技術）を利用した堆肥化技術のスマート化につながる可能性があるでしょう。

　堆肥化の技術改良に加え、できた堆肥を耕種農家に使ってもらうよう、耕種のニーズを捉えた安全な堆肥をつくることも重要なテーマです。そこへ向けて、家畜排せつ物法の基本方針の見直しが行われてきました。堆肥が土づくりに大きな役割を果たすことは以前からいわれていることですが、その見直しが必要であり、適正な堆肥施用計画を立てることが重要です。また堆肥の品質向上を考えると、混合堆肥複合肥料の実例にあるように、肥料取締法の改正などによって、堆肥の有機物と肥料成分を共に生かす方向がさらに求められるようになってくるでしょう。安全な堆肥をつくるために留意すべきことは重金属の混入、動物用医薬品や除草剤の残留、有害微生物や雑草種子の残存などです。

　家畜糞尿を資源として捉えるバイオマスの考え方が広く浸透してきました。肥料、有機物、炭素・窒素、電力・燃料など貴重な資源として活用することができます。メタン発酵法によってバイオガスを燃料資源として利用し、発酵後の消化液も、液肥や敷料への利用が図られています。

　一方、年々厳しくなる水質保全や悪臭防止などの環境対策に、どのように現場が取り組むのかも喫緊の課題といえます。排水中の硝酸性窒素等の暫定基準が一般基準に近づく中で、酪農ではパーラ排水（酪農関連排水）対策の高度化が求められています。悪臭への苦情件数は畜産業全体に対するものの約半数を占め、酪農業の維持・発展のためには臭気低減が急務となっています。臭気低減のためには新技術の開発とともに最適管理手法（BMP）の考え方の導入が必要になるでしょう。しかも、糞尿処理にかかる経費を適正なものとし、かつ経営を圧迫しないことが肝要です。

　家畜排せつ物法施行から約20年。その間に整備された処理施設が老朽化し始めています。処理施設の長寿命化を図り、処理機能を低下させないことが必要です。また、気候変動の激しさを実感する昨今、地球環境に影響を与える温室効果ガスが酪農から発生することも絶えず考えておかなければなりません。

　今回の新版においても、前回の続マニュア・マネージメントと同様に、それぞれの道をリードする専門家の方々に執筆をお願いしました。多忙にもかかわらず快諾していただき玉稿を掲載することができ、感謝に堪えません。

　本書を編集するに当たり労を取られた、デーリィマン社のスタッフの皆さま、とりわけ編集部の広川貴広氏に深謝します。

　本書には、糞尿の処理と利用の基本に加え、ここで述べた糞尿処理に関するさまざまな課題への対応について、網羅しました。酪農家および酪農関係者の皆さんに新しく確実な情報を提供することができれば、本書を監修した者として幸甚です。

2019年9月

(一財)畜産環境整備機構参与　羽賀　清典

目次

監修の言葉 …………………………………………………………………………… 7
読者の皆さまへ ……………………………………………………………………… 9
執筆者一覧 …………………………………………………………………………… 10

序章
1. 畜産環境をめぐる情勢 ………………………………………… 前田　顕司　12
2. 酪農の糞尿処理・利用 ………………………………………… 羽賀　清典　18

I章　堆肥化など固形物の処理方法
1. 耕種農家のニーズを捉えた堆肥の生産 ……………………… 阿部　佳之　26
2. 乳牛糞の堆肥化装置と関連機械・設備 ……………………… 前田　武己　31
3. 圧送通気式施設による堆肥化 ………………………………… 小島　陽一郎　37
4. 吸引通気方式による堆肥化 …………………………………… 阿部　佳之　42
5. 密閉縦型装置における牛糞尿の堆肥化 ……………………… 中久保　亮　46
6. ハウス乾燥を併用した撹拌式堆肥化施設 …………………… 西村　和彦　52
7. 発酵を順調に進める副資材の利用法 ………………………… 道宗　直昭　58
8. 戻し堆肥の生産 ………………………………………………… 道宗　直昭　61
9. 堆肥発酵熱の有効利用 ………………………………………… 小島　陽一郎　64

II章　安全な堆肥をづくりのための留意点
1. 大腸菌など有害微生物の死滅 ………………………………… 花島　大　70
2. 重金属の混入しない堆肥 ……………………………………… 森　昭憲　75
3. 動物用医薬品の残存しない堆肥 ……………………………… 薄井　典子　80
4. 堆肥に残留する除草剤（クロピラリド）への対策 ………… 阿部　佳之　83
5. 雑草の種子の死滅 ……………………………………………… 羽賀　清典　86
6. 最高到達温度を測る …………………………………………… 川村　英輔　89

III章　堆肥の利用
1. 耕種農家のニーズと適切な施用法 …………………………… 竹本　稔　94
2. 乳牛糞堆肥の特徴と利用のポイント ………………………… 小柳　渉　99
3. 乳牛糞堆肥の土づくり効果 …………………………………… 荒川　祐介　103
4. 利用促進のための堆肥の成型技術 …………………………… 原　正之　107
5. 飼料用イネ栽培への牛糞堆肥の活用 ………………………… 草　佳那子　112
6. 混合堆肥複合肥料の開発と今後の展望 ……………………… 水木　剛　117

IV章　スラリーなど液状物の処理・利用方法
1. スラリー処理と液肥利用 ……………………………………… 高橋　圭二　124
2. メタン発酵とバイオガス利用 ………………………………… 梅津　一孝　130
3. バイオガス発生量の多い発酵技術と処理システム ………… 亀岡　俊則　136
4. メタン発酵消化液の利用 ………… 山岡　賢／中村　真人／中山　博敬／折立　文子　141
5. メタン発酵消化液の分離固分の敷料利用 …………………… 岡本　英竜　145
6. パーラ排水（搾乳関連排水）の概要と低コスト処理 ……… 猫本　健司　148
7. パーラ排水（搾乳関連排水）の浄化処理 …………………… 高柳　晃治　156
8. 人工湿地を利用した酪農排水の処理 ………………………… 加藤　邦彦　160

Ⅴ章　糞尿処理施設の長寿命化
　1　糞尿処理施設の補修・改修・・・道宗　直昭　168
　2　堆肥化施設の補修事例・・・・・・・・・・・・・・・・・・・・・・・・・・・・・・・・・定森　久芳／羽賀　清典　172

Ⅵ章　悪臭対策
　1　酪農における臭気の特徴と対策・・・・・・・・・・・・・・・・・・・・・・・・・・・・・・・・・・・・・黒田　和孝　176
　2　脱臭装置・・・田中　章浩　181
　3　軽石脱臭装置と導入事例・・関上　直幸　186

Ⅶ章　放牧における糞尿の排せつを考える
　放牧草地での適切な管理・・・三枝　俊哉　190

Ⅷ章　環境に配慮した糞尿の利用計画
　支援ソフト AMAFE の活用事例・・・・・・・・・・・・・・・・・・・・・・・・・・・・・・・・・・・・・・・三枝　俊哉　198

Ⅸ章　糞尿処理による環境負荷
　排せつ物処理からの温室効果ガスの排出と制御・・・・・・・・・・・・・・・・・・・・・・・長田　隆　204

Ⅹ章　糞尿処理にかかる経費
　計算方法と試算結果・・・藤田　直聡　210

読者の皆さまへ

　2004年から「家畜排せつ物法」の本格施行を受け、同法に基づき管理基準が適用される一定規模以上の畜産農家のほぼ100％がこれに適合する状況になっています。こうした状況の中、酪農家戸数の減少が進む一方、各経営の規模拡大が進み、1戸当たり乳牛飼養頭数（雌）は90頭近くに達しています。1戸当たりの飼養頭数が増えれば当然、糞尿の発生量が増えます。また、耕地面積当たりの家畜排せつ物発生量を地域別に見ると、都道府県間で大きな格差があります。

　こうした背景から、耕畜連携による堆肥利用の推進や、堆肥利用が困難な場合などでのエネルギー利用の推進、畜産環境問題への適切な対応がより求められるようになってきました。糞尿の適切な処理と利用を継続していくのはもちろん、糞尿のさらなる利用拡大、糞尿処理の効率化など1戸当たりの飼養頭数増加への対応が求められる他、パーラ排水処理システムの高度化や、発電を含むバイオガスの有効利用なども進めていかなくてはなりません。老朽化が進んだ堆肥化施設の補修・改修も大きな課題です。

　持続的な酪農経営に向け、本書が、適切かつ効率的な糞尿処理と、良質な堆肥・液肥づくりの一助となれば幸いです。

デーリィマン編集部

執筆者一覧 （50音順・敬称略）

監修　羽賀　清典

阿部　佳之	農研機構中央農業研究センター飼養管理技術研究領域作業技術グループ長
荒川　祐介	農研機構九州沖縄農業研究センター畑作研究領域畑土壌管理グループ長
薄井　典子	山陽小野田市立山口東京理科大学薬学部有機薬化学分野助手
梅津　一孝	帯広畜産大学畜産学部環境農学研究部門教授
岡本　英竜	酪農学園大学農食環境学群循環農学類環境微生物学研究室准教授
長田　隆	農研機構畜産研究部門畜産環境研究領域水環境ユニット長
小柳　渉	新潟県農業総合研究所畜産研究センター生産・環境科専門研究員
折立　文子	農研機構本部理事長室理事長補佐チーム主任研究員
加藤　邦彦	農研機構東北農業研究センター生産環境研究領域土壌肥料グループ長
亀岡　俊則	任意団体バイオマス利用技術研究会会長
川村　英輔	神奈川県環境農政局農政部畜産課畜産環境グループ主査
草　佳那子	農研機構本部企画戦略本部研究推進部研究推進総括課セグメント第1チーム
黒田　和孝	農研機構九州沖縄農業研究センター畜産草地研究領域畜産環境・乳牛グループ上級研究員
小島　陽一郎	農研機構中央農業研究センター那須研究拠点飼養管理技術研究領域作業技術グループ主任研究員
三枝　俊哉	酪農学園大学農食環境学群循環農学類草地・飼料生産学研究室教授
定森　久芳	勝英農業協同組合奈義支店長
関上　直幸	群馬県畜産試験場飼料環境係長
高橋　圭二	Dairy.Lab K & K 代表／酪農学園大学名誉教授
高柳　晃治	栃木県畜産酪農研究センター企画情報課畜産環境研究室主任研究員
竹本　稔	神奈川県農業技術センター生産環境部土壌環境研究課主任研究員
田中　章浩	農研機構中央農業研究センター生産体系研究領域バイオマス利用グループ主席研究員
道宗　直昭	(一財)畜産環境整備機構畜産環境技術研究所研究統括監
中久保　亮	農研機構畜産研究部門畜産環境研究領域飼育環境ユニット主任研究員
中村　真人	農研機構農村工学部門地域資源工学領域地域エネルギーユニット上級研究員
中山　博敬	(国研)土木研究所寒地土木研究所寒地農業基盤研究グループ資源保全チーム総括主任研究員
西村　和彦	NPO法人近畿アグリハイテク理事／農林水産省産学連携支援事業コーディネーター
猫本　健司	酪農学園大学農食環境学群循環農学類実践農学研究室准教授
羽賀　清典	(一財)畜産環境整備機構参与
花島　大	農研機構北海道農業研究センター酪農研究領域自給飼料生産・利用グループ上級研究員
原　正之	愛知県経済農業協同組合連合会営農総合室技術主管
藤田　直聡	農研機構北海道農業研究センター大規模畑作研究領域大規模畑輪作グループ上級研究員
前田　顕司	農林水産省農村振興局農村政策部鳥獣対策・農村環境課課長補佐
前田　武己	岩手大学農学部食料生産環境学科准教授
水木　剛	岡山県農林水産総合センター畜産研究所経営技術研究室専門研究員
森　昭憲	農研機構畜産研究部門草地利用研究領域草地機能ユニット上級研究員
山岡　賢	農研機構農村工学部門水利工学研究領域水域環境ユニット長

序章

1. 畜産環境をめぐる情勢
　　　　　　　　　　　　……前田　顕司　12

2. 酪農の糞尿処理・利用
　　　　　　　　　　　　……羽賀　清典　18

序章　1　畜産環境をめぐる情勢

前田　顕司

　2004年の「家畜排せつ物の管理の適正化及び利用の促進に関する法律」(以下「家畜排せつ物法」)の本格施行から15年を経て、家畜排せつ物の適正な管理・処理やその利用など現場における取り組みは、一定の水準を保ちおおむね安定的に行われるようになっています。

　他方、家畜排せつ物の利用をさらに拡大していく必要があるほか、法施行に前後して整備された施設の老朽化や飼養規模拡大に伴う家畜排せつ物発生量の増加への対応、国民の環境意識の高まりへの対応なども必要になっています。また家畜排せつ物法の施行により、畜産環境対策の取り組みが経営にとって、ごく当然の営農行為の一つになった一方で、せっかく整備した家畜排せつ物処理施設の管理では、必ずしも適切とはいえない事例が見受けられます。

　このような状況を踏まえ、本稿では、家畜排せつ物法施行状況調査や水質汚濁防止法上の暫定排水基準などに関する畜産環境対策をめぐる現状、今後の課題について整理しました。

1　畜産環境対策をめぐる現状

【家畜排せつ物法施行状況調査】

　家畜排せつ物法の第3条第1項に、「たい肥舎その他の家畜排せつ物の処理又は保管の用に供する施設の構造設備及び家畜排せつ物の管理の方法に関し畜産業を営む者が順守すべき規準」(以下「管理基準」)が定められています。また同第2項において「畜産業を営む者は、管理基準に従い、家畜排せつ物を管理しなければならない」とされています。管理基準の対象となるのは、一定規模以上を飼養(牛、豚、鶏、馬)する農家で、畜産農家全体の約6割(戸数ベース)に当たります。

　この管理基準の順守状況については、都道府県や関係者の協力を得て、04年の家畜排せつ物法の本格施行以降、毎年(近年はおおむね隔年)調査を実施してきたところです。直近では17年12月1日時点の状況を調査をしています(**図1**)。

　調査対象となる管理基準には、「管理施設

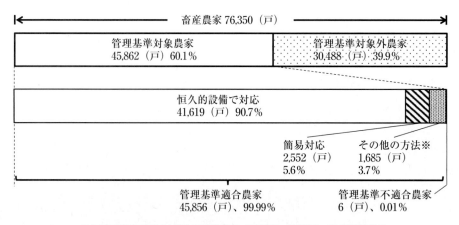

図1　2017年度家畜排せつ物法施行状況調査の結果(構造設備基準の順守状況)

表1　2017年度家畜排せつ物法施行状況調査の結果（管理方法基準の順守状況）　単位：該当都道府県数

管理方法基準	全ての対象農家が順守	6～9割程度の対象農家が順守	6割未満の対象農家が順守	順守できていない
イ　管理施設における家畜排せつ物の管理	19	28	0	0
ロ　管理施設の定期点検	30	17	0	0
ハ　管理施設の遅滞ない修繕	23	24	0	0
ニ　送風装置などの維持管理	26	20	1	0
ホ　家畜排せつ物の発生量、処理方法などの記録	21	19	7	0

の構造設備に関する基準」（以下「構造設備基準」）と「家畜排せつ物の管理の方法に関する基準」（以下「管理方法基準」）の2つがあり、これまでは構造設備基準について調査を行ってきましたが、17年度調査から管理方法基準も併せて調べることにしました（**表1**）。

　2つの基準の違いを簡単に説明すると、構造設備基準は堆肥舎などの管理施設の建て方、ハード面についての基準（不浸透性材料を用いる、適当な覆い及び側壁を設けるなど）であるのに対し、管理方法基準は管理施設の扱い方、ソフト面についての基準（家畜排せつ物を管理施設で管理する、定期的な点検を行う、破損部を修繕する、送風装置などの維持管理、家畜排せつ物の年間の発生量などを記録する）です。

　調査の結果、構造設備基準については、管理基準の対象農家の99.99％とほぼ全てが順守していました。関係者の尽力に敬意を表するとともに、今後ともこの状態を継続できるよう、さらなる取り組みをお願いする次第です。

　管理方法基準については、多くの都道府県においておおむね順守されていましたが、家畜排せつ物の発生量の記録など、取り組みが不十分な項目もありました。都道府県単位で見ると、対象農家の順守率6割未満の都道府県が、送風装置などの維持管理で1、家畜排せつ物の発生量などの記録で7ありました。

　それまでは、いわゆる野積み・素掘りの解消を最優先に取り組んできました。構造設備基準の順守状況に見られるように、それがほぼ達成された一方で、今後は広い意味での排せつ物の適正管理や、その先の処理・利用が重要なため、16年11月からは管理方法基準についての普及活動を行っています。

　なお、全畜産農家のうち管理基準の対象とならない農家が4割あります。管理基準対象外の小規模農家には法に基づく義務はないものの、対象農家と同様に家畜排せつ物の適正管理をお願いしています。ただ管理基準対象外農家は、苦情発生率が対象農家と比べ低い傾向にあり、管理基準が全畜産農家を対象にしていないことが大きな問題になるようなことはないと思われます。

【苦情発生状況】

　畜産経営に起因する苦情発生状況についても、都道府県や関係者の協力を得て、毎年調査を実施しています。直近の18年度調査の結果はこれまでの傾向と同様で、苦情発生戸数（1,480戸）は減少傾向ですが、苦情発生率（畜産農家戸数当たりの発生戸数）は横ばい傾向（2.0％）にあります（次ジ**図2**）。

　苦情の種類別では、これも例年通り、悪臭苦情の発生戸数が過半（53.4％）を占めました。畜種別に見ると、発生戸数は乳用牛が最も多かったものの、発生率で見ると採卵鶏（10.0％）や養豚（9.0％）で高く、これらの畜種では特に悪臭の苦情が多くありました（次ジ**表2**）。

　飼養規模別に苦情発生率を整理すると、ブロイラーを除いた全ての畜種で、飼養規模が大きくなるにつれて苦情発生率が高くな

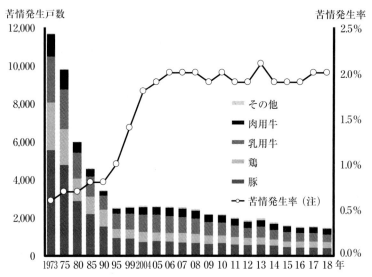

図2　2018年度畜産経営に起因する苦情発生調査の結果※1

※1 複数の畜種を飼養している農家において苦情が発生し、その苦情の原因畜種が特定できない場合は、主たる飼養畜種の農家として計上している
※2 農家戸数が不明である「その他」（馬及びその他の家畜）を除いて算出している

表2　2018年度畜産経営に起因する苦情発生調査の結果（畜種・種別別苦情発生戸数※1）

畜種	悪臭	水質汚濁	衛生害虫	その他	計※2
乳用牛	234 (1.5%)	97 (0.6%)	49 (0.3%)	94 (0.6%)	407 (2.6%)
肉用牛	191 (0.4%)	71 (0.1%)	44 (0.1%)	51 (0.1%)	305 (0.6%)
豚	275 (6.2%)	158 (3.5%)	23 (0.5%)	25 (0.6%)	403 (9.0%)
採卵鶏	146 (6.6%)	37 (1.7%)	93 (4.2%)	13 (0.6%)	221 (10.0%)
ブロイラー	62 (2.7%)	13 (0.6%)	2 (0.1%)	8 (0.4%)	79 (3.5%)
その他	30	13	4	23	65
計	938	389	215	214	1,480

※1 複数の畜種を飼養している農家において苦情が発生し、その苦情の原因畜種が特定できない場合は、主たる飼養畜種の農家として計上している
※2 複数種類の苦情を併発しているものは1戸として計上しているため、種類別発生戸数の合計とは一致しない

るという傾向にあります（**図3**）。経営の効率化や生産基盤の強化のため各畜種で規模拡大が進展し、国においても「酪農及び肉用牛生産の近代化を図るための基本方針」などで規模拡大を推進することにしています。調査の結果は、規模拡大に当たっては、これまで以上に近隣住民と良好な関係を築きながら進める必要があることを示しています。

特に酪農は、飼養規模が500頭以上になる

と苦情発生率が大きく伸びており、一部の経営で、規模拡大の際に家畜排せつ物処理の体制整備が追い付いていないことを示唆しています。

2 主な課題及び取り組み

【水質】

公共用水域及び地下水の水質汚染防止を図り、人の健康を保護するとともに生活環境を保全することを目的とした法律として、水質汚濁防止法があります。同法では規制項目および特定施設（対象となる施設）を設定することにより、排水規制を主とした水質汚濁防止の措置を取っています。

01年7月に硝酸性窒素などの一般排水基準（100mg／ℓ）が設定されましたが、その際、直ちに一般排水基準を達成することは困難として、畜産農業などについては暫定排水基準が設定されました。この規定は、畜産であれば一定の規模以上の特定施設（豚房50㎡以上、牛房200㎡以上、馬房500㎡以上）を設置する事業場に適用されます。

「硝酸性窒素など」とは、アンモニア、アンモニウム化合物、亜硝酸化合物および硝酸化合物のことです。硝酸性窒素などの一般排水基準は、01年当初は1,500mg／ℓの暫定排水基準が設定されていましたが、その後段階的に引き下げられ、04年に900mg／ℓ、13年に700mg／ℓ、16年に600mg／ℓとなりました（**図4**）。

そして、このたび600mg／ℓの暫定排水基準が適用期限を迎え、環境省の中央環境審議会水環境部会などでの審議を経て、19年7月から新たに500mg／ℓの排水基準が適用されることになりました。そのため、硝酸性窒素などの濃度が比較的高い畜産事業場は排水処理のさらなる改善を行う必要があります。

なお11年から施行された改正水質汚濁防止法により、規制対象となる事業場は年1

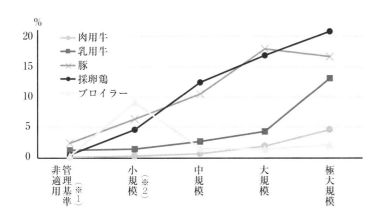

※1 本図における管理基準の適用・非適用は、それぞれ下表の（　）内の頭羽数により便宜的に分類したものである
※2 採卵鶏、ブロイラーにおいては、極小規模の経営数が統計に計上されていないため、小規模区分の苦情発生率は実際より高く見積もられている可能性がある

図3　2018年度畜産経営に起因する苦情発生調査の結果（経営規模別の苦情発生率）

回以上の排出水の測定が義務付けられています。この測定値は暫定排水基準設定のために重要なものですが、前記部会などでは、排水の実態が十分に把握できない事業場が見受けられるとの指摘もありました。このため年1回以上の自主測定を確実に実施して自らの畜産事業場の排水実態を把握し、その上で排水基準を守るための対策を着実に実施していく必要があります。

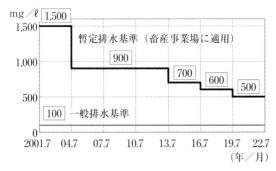

図4　水質汚濁防止法に基づく硝酸性窒素などの暫定排水基準の推移

また、排水処理をはじめとした家畜排せつ物の適正な管理、処理、利用は必要な施設を整備しただけで実現するものではなく、農場での日々の管理、処理が適切に行われて初めて実現するものであることにも十分留意する必要があります。

【悪臭】

悪臭防止法では、都道府県知事（市の区域内の地域については、市長）は、住民の生活環境を保全するため悪臭を防止する必要があると認める地域（規制地域）を指定することとされています。17年度には73.6％の市町村で規制地域が設定され、その数は徐々に増えています。

一方で、個別物質の濃度規制で応じ切れない複合臭の対応として、1995年に臭気指数（人間の嗅覚を用いて臭気の程度を数値化したもの）による規制が導入されました。これにより規制地域が設定された市町村数は徐々に増加し、18年度には36.5％となっています。

一般に臭気指数による規制は、個別物質の濃度による規制に比べ、厳しい傾向になるといわれています。規制導入の有無にかかわらず臭気への対応は不可欠ですが、臭気指数規制が新たに導入された地域では、臭気問題により適切に対応する必要があります。

家畜を飼養している以上、臭気はある程度発生します。また臭気は、畜舎や家畜排せつ物管理・処理施設など畜産経営のさまざまな場所から、さまざまな仕組みで発生するため、外部への流出を完全に防ぐことは現実的に困難ではあります。しかし、次に示すような取り組みを行うことで臭気を軽減することはできます。

①**清掃や適切な排せつ物処理の徹底**：臭気発生を軽減するためには、畜舎清掃など

日頃の取り組みを徹底することが最も重要です。具体的な内容は次の通り。

・畜舎の清掃と乾燥による、悪臭を放つ嫌気性発酵の防止と、臭気を拡散させるダストの除去
・堆肥化施設や浄化処理施設の適切な運転や維持管理による、嫌気性発酵の防止
・堆肥散布時に風向きや気流などを考慮する他、速やかなすき込みなどによる臭気拡散の軽減

こうした基本の取り組みを徹底することで、臭気の発生を一定程度軽減することができるのです。

逆に言うと、このような基本的な取り組みを徹底しない限り、他のどのような取り組みを行っても臭気対策を推進することは困難となります。臭気に課題の残る経営においては、まずはこれらの取り組みを再度確認・徹底する必要があります。これらの事項については、(一財)畜産環境整備機構が作成した「日本型悪臭防止最適管理手法(BMP)の手引き」に詳しく書かれています。ぜひご一読ください(同機構のウェブサイト〈http://www.chikusan-kankyo.jp/bmp/bmp.html〉に掲載)。

②近隣住民との良好な関係の構築：畜産経営に起因する苦情の多くは臭気問題が占めています。行政などに相談があった臭気問題の多くは、悪臭防止法などに基づく規制の範囲内です。しかし、客観的にはさほどの臭気でなくても、近隣住民などとの間で感情的なトラブルになっているため、具体的な対策を講じても解決の糸口がなかなか見えない例があります。

反対に住宅地に隣接する畜産経営でも、近隣住民と良好な関係を築くことにより、特に苦情が発生することなく安定的に経営を継続できている例も少なくありません。悪臭苦情の発生を防止できるか否かは、臭気軽減の取り組みと同時に、近隣住民などとの良好な関係構築が欠かせないといえます。

なお畜舎周辺への植栽などの整備は、臭気拡散防止に役立つだけでなく、環境配慮についての視覚的な効果も期待できます。

③脱臭装置などの設置：これらの取り組みを実施した上で、なお必要があれば、脱臭装置などの施設整備による対策も選択肢となります。

脱臭装置などの設備は、民間企業や研究機関でさまざまなタイプが開発され、簡易なものから畜舎一体で整備するものまで構造はさまざまです。どのタイプを導入するに当たっても整備に要する費用は相当な投資となるため、整備を検討する際は、経営や臭気の状況に合った種類・規模・費用のものを選択することが重要です。

【堆肥の利用促進】

家畜排せつ物の利用については、家畜排せつ物法に基づき15年に策定された「家畜排せつ物の利用の促進を図るための基本方針」で、引き続き堆肥化などを経て農地に還元することを中心としています。家畜排せつ物の地域偏在が堆肥の利用を促進する上でのハードルとなっていますが、それを乗り越え、地域ごとの方法で堆肥の広域流通に成功している事例も見られます。

今後の堆肥の利用にも大きく関係することですが、19年7月現在、肥料取締法の改正を視野に入れた制度の見直しが検討されています。見直しの背景には、水田への堆肥の投入量が過去30年間で約1／4に減少するなどし、地力の低下、栄養バランスの悪化した土壌が増加したことなどが挙げられます。

また近年は堆肥を含め、低コストで土壌改善や資源循環に効果のある、産業副産物を活用した肥料の重要性が高まっています。このため農家のニーズに応じた新たな肥料の開発や利用が進むよう、肥料配合の柔軟化や規格見直しが検討されています。現在、堆肥と化学肥料の配合を可能とする方向で検討が進められており、これによって成分の不安定さや散布労力がかかるといった堆肥のデメリットが解消し、堆肥利用拡大につながることが期待されています。

これまで排せつ物の堆肥化は、日々発生する排せつ物をとにかく処理するということに意識が向けられていたきらいがあります。今後は水分含有量の低減など、耕種農

家や肥料製造業者のニーズを意識した堆肥づくりが改めて重要になると思われます。

【地球温暖化】

今後の家畜排せつ物処理を考える上で、地球温暖化問題を無視することはできないでしょう。日本の温室効果ガス総排出量約13億t（二酸化炭素換算）の約1％、農林水産業由来に限れば約1／3が畜産業由来です。割合こそ小さいものの、今後ますます温室効果ガスを削減する必要がある以上、畜産業も全く関知しないというわけにはいきません。

削減対象となる物質は、メタンと一酸化二窒素です（メタンには消化器官由来と家畜排せつ物由来のものがありますが、ここでは家畜排せつ物由来のものに限って説明します）。メタンは排せつ物の嫌気性発酵から、一酸化二窒素は排せつ物中のアンモニアから始まる窒素化合物の分解過程で発生します。地球温暖化対策の推進に関する法律施行令第4条では、メタンの温室効果は同じ量の二酸化炭素の25倍、一酸化二窒素に至っては298倍とされています。

家畜排せつ物由来の温室効果ガスへの対策は、結局は排せつ物を適切に処理することに尽きます。すなわち排せつ物を手つかずのまま滞留させず、堆肥の切り返しなどを行って好気性発酵を促すことでメタン発生を抑制し、また汚水の効率的な浄化処理により一酸化二窒素の発生を抑制することです。一酸化二窒素は、アンモニアが微生物の働きで最終的に窒素ガスに変化するまでの過程で、一種の副産物として発生します。汚水などを処理し切れないままでは、悪臭と共に一酸化二窒素が発生し続けてしまうため、その過程を速める必要があります。

今後も研究や技術開発がなされていく分野ではありますが、対策要素の1つ1つは汚水処理や臭気対策という日々の排せつ物処理です。

技術開発もさることながら、日々の排せつ物処理を着実に改善していくことにより、畜産農場からの温室効果ガス発生量の低減が期待されます。

3 今後の畜産環境対策

99年の家畜排せつ物法の施行から20年が経過しました。本法律制定の目的は野積み・素掘りの解消にあり、それはおおむね達成されたと言っても過言ではないと思います。しかし堆肥の利活用をさらに進めていくこと、および水質汚濁防止法や悪臭防止法など他の環境規制法令に真摯（しんし）に対応していくことは今でも重要な課題です。

畜産環境対策とは、日々の排せつ物の適切な管理、そして微生物の力を借りることです。自然界とはよくできたもので、家畜の出す排せつ物は、それを栄養源とする微生物が他の微生物より増殖することで、分解されるようになっています（もちろん、衛生害虫の発生は防がなければなりません）。

しかし微生物の力にも限度があり、有益な微生物による分解が間に合わない量の排せつ物が出てしまえば、水質汚濁や悪臭などの問題が必然的に発生します。

要するに総合的な経営の良しあしが畜産環境対策にも反映されるため、特に飼養頭数の管理が重要となります。商品である乳や肉の生産性が高いのに、排せつ物の処理がおろそかという経営は考えにくいといえます。お金にならないから排せつ物処理を後回しにするのではなく、より収益を上げるための条件整備として考えていくべきではないでしょうか。排せつ物処理まで含めた生産工程全体を見据えた経営が行われれば好循環が期待できますし、その逆では悪循環となるでしょう。

これから先、日本の畜産業がどのように発展しようとも狭小な国土で畜産業を振興していく以上、畜産環境対策は不可避の課題です。特に臭気対策は、地域社会の中で畜産経営を安定的に継続していく観点から最も重要な課題の1つになっています。酪農家、現場の指導者、関係者には畜産環境対策についてこれまで以上の理解と尽力をお願いしたいと思っています。

序章 2 酪農の糞尿処理・利用

羽賀 清典

　酪農は土・草・家畜の自然循環を基本としています。その循環の仲立ちとなっているのが糞尿といえるでしょう。牛が食べた草（飼料）は糞尿となって排せつされ、土に施用された糞尿は土の環境条件を豊かにし草の生育に良好な条件をつくり出します。そこで生育した草（飼料）が牛を育み、また糞尿になるのです。

　とはいっても、生の糞尿を処理しないでほったらかしておくと、悪臭や害虫が発生しますし、処理しない糞尿を土に施用しても、決して良い効果を及ぼさないでしょう。ここでは乳牛の糞尿処理利用方法について概説したいと思います。

1 糞尿処理方法

【糞尿処理方法の現状】

　農林水産省が公表した調査結果（2009年12月調査、11年3月公表）によると、**図1**に示すように、全国の酪農の糞尿の45.5％が糞尿分離した後に処理され、54.5％が糞尿混合のまま処理されています。

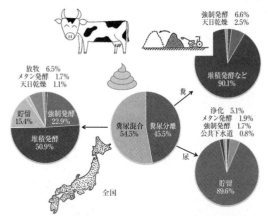

図1　全国の乳牛の糞尿処理方法の状況（頭数ベース）
（農林水産省の調査データから羽賀が作図〈羽賀、2012〉）

　分離された糞の96.7％が堆肥化処理（発酵処理）され、そのうち90.1％が堆積するだけの簡易な堆積発酵方式、6.6％が強制的に機械撹拌（かくはん）や通気を行う強制発酵方式で処理されています。酪農の堆肥化では簡易・低コストな堆積発酵方式が大半を占めています。分離された尿は89.6％が液肥として貯留されています。一方、糞尿混合物は73.8％が堆肥化処理（50.9％が堆積発酵、22.9％が強制発酵）され、15.4％が貯留、1.7％がメタン発酵処理されています。

　酪農の中心地である北海道では、**図2**に示すように糞尿分離した糞は99.9％が堆積発酵で、尿は99.8％が貯留と、ほとんど100％に近い割合となっています。糞尿混合の場合は68.3％が堆肥化処理（47.2％が堆積発酵、21.1％が強制発酵）され、17.4％が貯留、2.7％がメタン発酵処理されており、メタン発酵の割合が高くなっています。

　一方、都府県の酪農は**図3**に示すように、分離した糞の91.9％が堆肥化処理で、そのうち堆積発酵が76.0％となっています。北海道が99.9％堆積発酵であるのに比べ、都府県では強制発酵が高い割合を占めています。尿は74.9％が貯留し液肥利用されていますが、浄化処理し放流している割合が12.4％と高く、公共下水道利用も1.9％あります。

　このように、わが国における糞尿処理技術は堆肥化が基幹技術となっていることが大きな特徴です。欧米諸国が液状の糞尿（液肥、スラリー）利用を基幹技術とし、それを施用するために十分な圃場面積を確保することとは異なっています（松中、2012）。

【牛舎から搬出される糞尿の性状】

　牛舎からの糞尿の搬出方法は、経営によってさまざまです。**図4**に示すように、

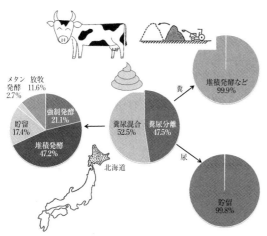

図2　北海道の乳用牛の糞尿処理方法の状況（頭数ベース）
（農林水産省の調査データから羽賀が作図）

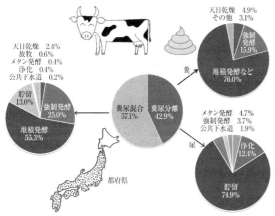

図3　都府県の乳牛の糞尿処理方法の状況（頭数ベース）
（農林水産省の調査データから羽賀が作図）

飼養形態や搬出方法などによって糞尿の性状は固形状、スラリー状、液状の3つのどれかになります。

固形状：固形（状）とは、そのまま山状の形に堆積することができる水分（含水率）の糞です。水分はおおむね75％以下になります。生糞の水分は85％くらいあるので、堆肥化するにはオガ粉などの副資材を混合して水分調整し、通気性を改善する必要があります。糞尿分離機で分離した固形物なども固形状です。

スラリー状：スラリーとは生糞もしくは糞と尿の混合物でドロドロした濃い状態のもので、セミソリッドなどと呼ぶ人もいます。水分はおおむね80～92％の範囲にあります。山状に堆積することはできず、平板状に流れた状態になってしまいますが、流動性はあまり良くありません。乳牛の生糞の水分は約85％なので、そのままでは濃い目のスラリーとなります。英和辞典でスラリー（slurry）を引くと「粥（かゆ）状のもの」との訳があり、まさに言い得て妙と思います。

液状（汚水）：液状とは牛舎汚水のことです。水分はおおむね95％以上になります。牛舎汚水は牛舎の糞尿溝を通じて尿だめ（貯留槽）に貯留される場合が普通です。この牛舎汚水は液肥に利用できますが、肥料成分はスラリーよりも薄くなります。ミルキングパーラ（搾乳室）からのパーラ排水（ミルキングパーラ排水、搾乳関連連排水、酪農雑排水などさまざまな呼び方があります）も牛舎汚水の1つです。

【牛舎構造と3つの性状】

図4を見ながら、搬出される糞尿の3つの性状と牛舎構造との関連について考えてみたいと思います。まず小規模酪農の牛舎では、糞は一輪車などを使って手作業で集め、尿は尿溝を経由して尿だめ（貯留槽）に流れ込みます。もう少し規模が大きくなると、糞を集めるのにバーンクリーナなどを設置して省力化を図ることになります。バーンクリーナを使うような標準的な牛舎では糞と尿が分離され、糞は固形物、尿は液状物として搬出されます。

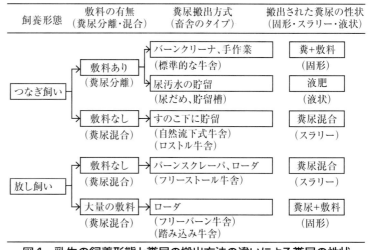

図4　乳牛の飼養形態と糞尿の搬出方法の違いによる糞尿の性状

牛の尻部分にすのこ(ロストル)を設置した自然流下式牛舎(ロストル牛舎)では、排せつされた糞と尿が混合した状態でロストル下の糞尿溝にスラリー状でためられ、糞尿溝内でゆっくりと液化されます。

フリーストール牛舎は、省力的で大規模経営に適した牛舎として普及しています。牛舎の通路に排せつされた糞と尿は、ローダ(ショベルローダーなど)またはスクレーパによって混合・搬出されるのでスラリー状となります。

一方、オガ粉などの敷料を大量に使った踏み込み牛舎(フリーバーン牛舎)では、排せつされた糞尿が敷料と混合して牛房に約1m厚の層となり、ある程度堆肥化されてから固形状で搬出されます。肉牛の飼養方式に近い飼養形態で、大量の敷料を使用しますが、汚水が出ない特徴があります。

【糞尿の性状に合った処理・利用方法】

このように乳牛の糞尿は、固形状、スラリー、汚水の3つの性状のどれかで搬出されることになります。次に、**図5**を見ながら3つの性状に合った処理・利用方法について述べたいと思います。

固形状の処理・利用：固形状の排せつ物の中心的な処理方法は、これまで述べてきたように堆肥化処理になります。水分が多く通気性の悪いときにはオガ粉などの副資材を混ぜて水分調整し、通気性の改善を図ってから堆肥化する必要があります。ハウス乾燥によって乾燥糞をつくる方法も確立され、ハウス乾燥を併用した大規模な堆肥化施設の事例も知られています。

スラリーの処理・利用：スラリーは水分が多いため、オガ粉などの副資材を大量に混合して水分調整しないと堆肥化できません。堆肥化処理が難しい場合には、スラリーのまま液肥(液状コンポスト)として利用することになります。しかし、スラリーは耕種農家に喜ばれないことが多く、結局は酪農家の自家耕作地で利用することになります。

スラリー処理の1つにメタン発酵があります。メタン発酵処理によって得られるバイオガスはエネルギー利用ができ、メタン発酵消化液は臭気が低減し無機態窒素含量が増加するので利用しやすくなる特徴があります。12年に始まった再生可能エネルギーの固定価格買取制度(FIT)によるメリットから、消化液の液肥利用が可能なところではメタン発酵が有望な糞尿処理方法となりつつあります。

汚水(液状)の処理・利用：牛舎汚水は、尿だめに貯留し液肥利用するケースがほとんどです。**表1**に示すように、乳牛は糞の排せつ量に比べ尿量が少ないので、糞尿分離を行うことによって汚水への糞の混入を防ぎ、汚水の量と汚濁濃度を低減することができます。牛舎汚水が液肥利用できないときは、浄化処理し、排水基準を満たす水質にして河川などに放流することになります。

2 堆肥化処理

【堆肥化施設の規模算定に用いる乳牛の糞尿排せつ量】

現場の堆肥化施設や貯留槽の規模算定に用いる乳牛の糞尿排せつ量は**表1**に示す通りです(中央畜産会、2000)。糞尿の水分は飲水量や飼養条件によって変動します。水分の

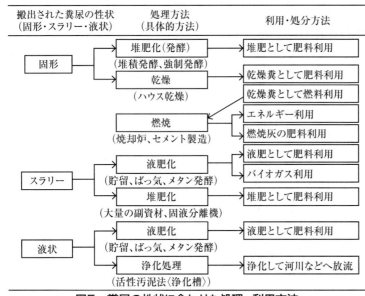

図5　糞尿の性状に合わせた処理・利用方法

表1　堆肥化施設、貯留槽等の規模算定に用いる乳牛の糞尿排せつ量
(中央畜産会、2000)

種類	体重	糞（／日・頭）			尿 （／日・頭）	合計 （／日・頭）	合計 （／年・頭）
		乾物量	水分	生重			
搾乳牛[1]	700kg	7.5kg	86%	54kg	17kg	71kg	25.6 t
搾乳牛[2]	700kg	6.8kg	86%	50kg	15kg	65kg	23.7 t
搾乳牛[3]	600～700kg	5.7kg	84%	36kg	14kg	50kg	18.3 t
乾乳牛	550～650kg	4.2kg	80%	21kg	6kg	27kg	9.9 t
育成牛	40～500kg	3.6kg	78%	16kg	7kg	23kg	8.4 t

1)生乳生産量が年間10,000kg以上の場合
2)生乳生産量が年間10,000kg程度の場合
3)生乳生産量が年間7,600kg程度の場合

変動が大きい場合には**表1**に示した乾物量に変動がないものとして生糞量を計算します。また、生乳生産量によっても排せつ量は変動します。

【堆肥化のメリット】

堆肥化には3つのメリットがあります。1つは、生糞の汚物感や悪臭をなくし病原菌や寄生虫などを死滅させることで、取り扱いやすく良質で安全な有機質肥料資源(堆肥)を利用者に供給できることです。

2つ目は、堆肥が土壌や作物にとって良質な有機質肥料となることです。すなわち生糞の中の臭くて汚い有機物を十分に分解し、発酵熱により有害な微生物や雑草の種子などを死滅させることで、肥料成分をほどよく含む有機質肥料が製造できるのです。

3つ目は、堆肥を利用した有機資源リサイクルによって資源循環型社会に貢献できることです。資源循環型の持続的酪農へと発展する時代を迎え、堆肥化技術は重要なものになると思います。

【堆肥化の適正条件】

堆肥化の6つの適正条件を**図6**に整理しました。堆肥化の主役は好気性条件で働く微生物です(**図6**④)。堆肥化を順調に進行させるには、微生物が活動できる適正な条件を整備する必要があります

栄養分：主役の微生物の栄養分となるのは、糞尿に含まれる臭くて汚い物質、すなわち分解しやすい有機物(易分解性有機物)です。

図7に示すように、生糞は乾物と水分から成り立っており、乾物は分解しやすい有機物の他、分解しにくい有機物と無機物から成り立っています。堆肥化の微生物は分解しやすい有機物を分解し、発熱して堆肥をつくります。

堆肥化によって乾物の20～40％が分解されます。分解乾物1kg当たり4,500kcal(18.8MJ)の発熱があり、その熱900kcal(3.77MJ)で水分1kgが蒸発する計算になります。この基本的な数値を用いて、堆肥化処理施設の規模算定が行われています。堆肥化処理は、乾物の分解と発熱による水分蒸発によって、生糞の量を半減できることが大きな特徴です。

微生物のための栄養バランスで重要なのは、炭素－窒素比(C／N比)です。牛糞のC／N比は15～20と窒素の比率が高いので、堆肥化のために窒素を添加する必要はありません。むしろ、堆肥化過程では余剰の窒素がアンモニアガスとなって排出さ

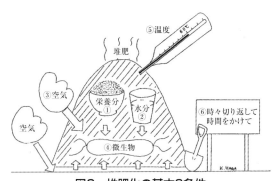

図6　堆肥化の基本6条件

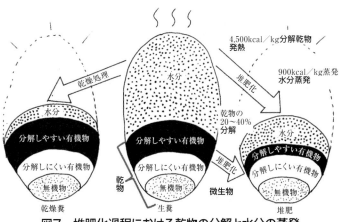

図7　堆肥化過程における乾物の分解と水分の蒸発

れ、悪臭の原因となります。

空気と水分：生糞の水分は80％以上と高く、微生物は水分不足となることはありませんが、通気性が悪いので空気(酸素)不足となることがしばしばです。堆肥化の微生物は空気(酸素)を必要とするため、通気性の改善は必須条件です。

乳牛の糞が通気性を発現する水分は68％以下ですが、オガ粉を混合すると水分72％でも通気性が発現し、堆肥化が可能になります。このように、通気性を保つにはオガ粉などの副資材を混合することが有効です。

強制通気する場合の適正通気量は、材料の水分や通気性によっても違いますが、通常、堆肥の容積1㎥当たり、50～300ℓ／分の範囲にあります。一般的には、100ℓ／分程度の通気量で運転する堆肥化装置が多いようです。また、堆肥堆積物の内部に空気路ができると、全体に均一に空気が行き渡らなくなってしまうので、適宜切り返しまたは撹拌(かくはん)を行う必要があります。

微生物：家畜糞1gの中には、微生物が1～10億個生きていて、その微生物が堆肥化を進行させます。生糞の中の微生物の数は堆肥化には十分で、外部から特殊な微生物を添加する効果はあまり期待できないと思います。むしろ、生糞にもともと存在する微生物が好気的に活動しやすい環境条件を整備することが重要です。また、良質堆肥の微生物を戻し堆肥の形で種菌として活用する技術も重要と考えられます。

図8は堆肥化過程の微生物の種類や品温やアンモニア揮散量(発生量)などの変化を模式的に示したものです。堆肥化の初期過程では、中温微生物が糞中の有機物を分解して、堆肥の温度が上昇し、腸内微生物は急減して高温微生物が優勢になり、次第に堆肥型微生物相へと変化していきます。

発熱(発酵熱)：栄養分、水分、空気、微生物の条件がそろうと堆肥化が進行します。図8に示すように、微生物が有機物を分解する過程で熱が発生して、堆肥の温度(品温)が上昇し、ときには70～80℃に達します。現場では堆肥化処理のことを発酵処理といい、この発熱を発酵熱といいます。

高温になることは易分解性有機物を微生物が盛んに分解している結果で、堆肥化が順調に進んでいる証拠です。発熱量をモニターすることによって、堆肥化条件を最適にコントロールする研究開発も行われています。

発酵熱によって、水分が蒸発し、有害な微生物やウイルスが死滅・不活化し、ハエなどの衛生害虫の卵や雑草種子も死滅します。例えば大腸菌は55℃なら20分程度、チフス菌は55～60℃なら30分程度で死滅するなどたくさんのデータがありますが、病原菌のリスクを低減させるには55℃以上の高温を数日間継続させることが大事です。雑草の種子は、55℃だと4～5日、60℃だと2～3日で発芽しなくなります。

従って、衛生的に安全な堆肥を製造するには、55℃以上の高温が数日間続くよう堆肥化を行い、堆肥全体がその温度になるように切り返し・撹拌などを行う必要があります。

【堆肥化装置】

今まで述べてきた堆肥化適正条件を省力的に実現し、良質な堆肥を生産するには、

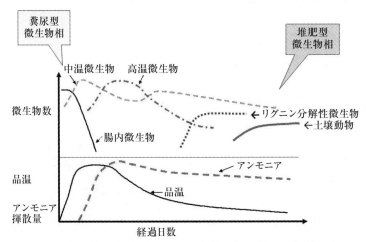

図8　堆肥化過程の微生物の種類、品温、アンモニア揮散量（発生量）などの変化

(齋藤、2002)

写真　堆積式堆肥舎と切返し用ショベルローダ

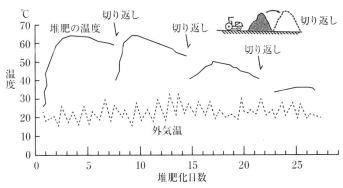

図9　堆積式堆肥化における堆肥の温度変化
(畜産環境整備機構、1998)

堆肥化装置が重要な役割を果たします。先述の図1、2、3で示したように、乳牛の場合、写真のような堆積式堆肥舎が大半を占めています。

堆積式堆肥舎でショベルローダなどで切り返しを行うと、図9に示すような温度変化で発酵が進んでいきます。堆肥化初期には切り返しによって急激な温度上昇がありますが、次第に温度上昇が小さくなり、外気温とほぼ同じ温度になると発酵が終わり、堆肥は熟成（腐熟）した状態に近付いていることが分かります。

3 堆肥の利用

家畜排せつ物法の新たな基本方針(15年、農水省)に沿って、耕種のニーズを捉えた堆肥を生産し、利用の促進を図ることが重要となっています。耕種農家に対するアンケートの結果では、❶品質・成分が安定し、重金属、動物用医薬品、除草剤、病原体、雑草の種子などの混入のないこと❷低コストであること❸臭気、ハエなど環境に悪影響を与えないこと❹運搬・散布などの労力がかからないこと―が望まれています。

農林水産省と畜産環境整備機構が毎年開催している畜産環境シンポジウムにおいて、16年は「堆肥で増産！耕種農家のニーズに即した堆肥づくりとその流通」、18年は「家畜ふん堆肥を利用した土づくり」というテーマで多くの有効な情報が提供されました（農林水産省生産局の畜産環境対策関連ホームページ、畜産環境整備機構の畜産環境情報誌）。

4 悪臭対策

【悪臭の発生と対策】

悪臭の主な発生源は当然のことながら糞と尿です。次ジ図10は糞尿が嫌気分解したときと好気分解したとき、それぞれに発生する主な悪臭・無臭物質を示したものです。嫌気とは酸素（空気）のない状態、好気とは酸素（空気）の十分にある状態を表します。

嫌気分解の場合に悪臭物質が発生し、特に「嫌気的に不完全分解」しているときに悪臭物質が多く発生することが分かると思います。糞尿を処理せず畜舎などにほったらかしておくと、嫌気的な不完全分解が起き、アンモニア、メチルメルカプタン、硫化水素、揮発性脂肪酸（低級脂肪酸）などの悪臭物質が発生します。

堆肥化や浄化槽などによる好気的な処理を行えば、悪臭物質を分解することができます。アンモニアは無臭の硝酸塩に、硫黄化合物は無臭の硫酸塩に、炭素化合物は無臭の二酸化炭素にそれぞれ酸化分解されます。しかし、堆肥化で発生するアンモニアはあまりにも大量なので、すべて硝酸塩に変えることはなかなか困難です。また、堆肥の山は部分的に嫌気的になっているので、その嫌気部分から発生する悪臭物質の量も無視できません。従って堆肥化では、脱臭装置などを利用して、アンモニアや他の悪臭物質を除去する例が多くあります。

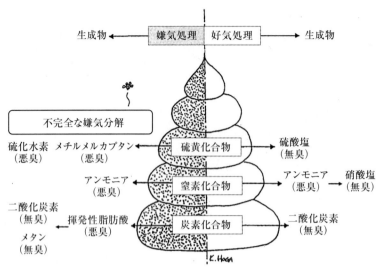

図10　好気処理と嫌気処理の臭気の違い

【脱臭】

脱臭するためには、悪臭物質おのおのの性質をよく知っておく必要があります。**表2**に悪臭9物質の性質と脱臭について整理しました。

例えばアンモニアは、水によく溶ける性質を持っているので水洗脱臭が可能で、アルカリ性なので酸性溶液でより効率的に除去することができます。硫黄化合物は水にほとんど溶けないので水洗はあまり効果がなく、オゾンや活性炭が有効です。プロピオン酸は水にはよく溶け、酸性なのでアルカリ液で効率的に除去できます。また各悪臭物質に特異的に作用する微生物がいるので、臭気低減にはその微生物の利用も有効です。

代表的な脱臭装置である土壌脱臭装置は、**表2**のアンモニアの性質を巧みに利用しています。悪臭を土壌に通すと、土壌の水分にアンモニアが溶け込み、そのアンモニアを土壌の微生物が硝酸塩に変えることによって脱臭する仕組みとなっています。

本稿では、乳牛糞尿の処理・利用の概要について述べてきました。より詳しくは、本誌に掲載された各専門家のページで掘り下げてもらえると幸いです。

表2　悪臭9物質の性質と脱臭方法

悪臭9物質		脱臭のポイント：水	酸・アルカリ	オゾン	活性炭	微生物
窒素化合物	アンモニア	水によく溶ける	アルカリ性酸性液(物質)に吸収(吸着)される	ほとんど分解されない	あまり効果ない	硝化菌による酸化。一部の微生物による菌体への変換
硫黄化合物	硫化水素 メチルメルカプタン	水に少ししか溶けない	酸性	分解される	吸着される	硫黄酸化細菌による酸化。光合成細菌による酸化。一部の微生物による分解
	硫化メチル 二硫化メチル	水に溶けない	中性			
低級脂肪酸	プロピオン酸	水によく溶ける	酸性アルカリ液(物質)に吸収(吸着)される	ほとんど分解されない	吸着される	多種類の微生物による好気的分解。メタン細菌によるメタンへの変換
	ノルマル酪酸	水に溶ける				
	ノルマル吉草酸 イソ吉草酸	水に少ししか溶けない				

I章 堆肥化など固形物の処理方法

1. 耕種農家のニーズを捉えた堆肥の生産 ……………………………… 阿部 佳之 26
2. 乳牛糞の堆肥化装置と関連機械・設備 ………………………………… 前田 武己 31
3. 圧送通気式施設による堆肥化 …………………………………………… 小島 陽一郎 37
4. 吸引通気方式による堆肥化 ……………………………………………… 阿部 佳之 42
5. 密閉縦型装置における牛糞尿の堆肥化 ………………………………… 中久保 亮 46
6. ハウス乾燥を併用した攪拌式堆肥化施設 ……………………………… 西村 和彦 52
7. 発酵を順調に進める副資材の利用法 …………………………………… 道宗 直昭 58
8. 戻し堆肥の生産 …………………………………………………………… 道宗 直昭 61
9. 堆肥発酵熱の有効利用 …………………………………………………… 小島 陽一郎 64

堆肥化など固形物の処理方法

I章 1 耕種農家のニーズを捉えた堆肥の生産

阿部 佳之

家畜排せつ物の利用の促進を図るための基本方針が2015年3月に8年ぶりに変更されました。この新たな基本方針では、酪農経営の規模拡大や水田政策の見直しなどにより自給飼料生産・利用の拡大や耕畜連携への機運が高まっていることを受けて、25年度を目標年度とて地域内外での堆肥利用の推進がうたわれています。

本稿では、I章における堆肥化を中心にした家畜排せつ物の固形物の処理方法に関する個別技術の紹介に先立ち、堆肥を利用する耕種農家のニーズや牛糞堆肥の特徴を踏まえて、堆肥を供給する酪農家の立場から、その生産について考えてみたいと思います。

1 堆肥化の目的

堆肥化の目的は「家畜ふん尿の汚物感や悪臭をなくし、衛生的で取り扱い易（やす）く、土壌や作物に害を与えない有効な堆肥を作り、有機性資源リサイクルに貢献すること」とされています[1]。堆肥化にはやっかいものの家畜排せつ物を減量化・減容化する手段という側面もありますが、最近では、生産資材である堆肥として再生・利用しようとする、より生産的な手段として考えるようになっています。特に前述の基本方針では、畜産経営内はもとより、地域内外での堆肥の利用を推進することが打ち出されているため、利用者の立場で堆肥を生産・供給していくことが重要です。

2 耕種農家のニーズ

では、耕種農家は家畜排せつ物堆肥（以下、堆肥）に対してどのような価値観や要望を持っているのでしょうか。

少し古い資料ですが、農林水産省が05年に公表した「家畜排せつ物たい肥の利用に関する意識・意向調査結果」[2]を見てみます。この調査は農業者モニター3,218人に対し2,544人から回答があったもので、ここでは2,006人の耕種農家の回答を取り出して整理し直しました。

図1に示した通り、9割の耕種農家は堆肥を利用したい意向を持っており、堆肥に対して好感や期待感を持っていることがうかがえます。

その耕種農家が堆肥を利用したい理由を示したものが図2です。「作物の品質向上が期待できる」「作物生産の安定性の向上が期待できる」「作物の収量増加が期待でき

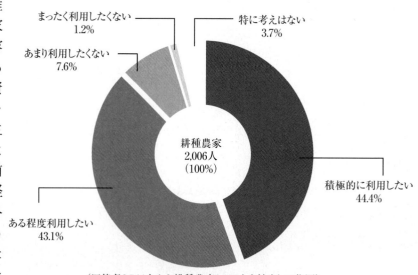

（回答者2,544人から耕種農家2,006人を抽出して作図）

図1　家畜排せつ物堆肥の今後の利用に関する意向[2]

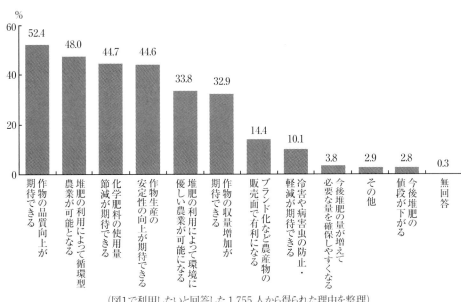

(図1で利用したいと回答した1,755人から得られた理由を整理)
図2 家畜排せつ物堆肥を利用したい理由(複数回答)[2]

る」といった作物生産への効果とともに、「堆肥の利用によって循環型の農業が可能となる」「化学肥料の使用量節減が期待できる」「堆肥の利用によって環境に優しい農業が可能になる」など環境保全効果を重視した回答が高い割合になっています。一方で、1割の耕種農家は堆肥を利用したくないと回答しており、図3に示した、その理由を把握して今後の改善に生かすことも重要です。理由として、まず挙がったのが「散布に労力がかかる」で、「含有する成分量が明確でない」「含有する成分量が安定しない」も理由とされています。「雑草の種子の混入がある」や「衛生上の問題がある」など堆肥の腐熟が不十分であることも挙げられています。

次ページ図4に今後どのような堆肥の利用が進むのか、言い換えれば耕種農家がどのような堆肥を求めているかを示しました。散布しやすい堆肥や成分が安定して明確な堆肥、雑草種子の混入がなく衛生面でも問題のない取り扱いやすい堆肥など、図3で問題とされたことが修正できれば、耕種農家が求めている堆肥を生産できそうです。これらに加え、価格が安いことも求められていますが、堆肥が購入資材となる耕種農家の立場であれば当然の要望と思われます。ここまでの耕種農家の意向をまとめると、家畜排せつ物堆肥は、農作物の生産性向上や環境保全型農業に役立つ資材として評価や期待が高いものの成分、品質、運搬、散布、コストの面でまだ改善の余地があり、これらを踏まえて堆肥を生産することが利用拡大に向けたポイントになるといえます。

3 ニーズを捉えた堆肥の生産

ここから、耕種農家が求める堆肥を生産するためには、どのようなことに気を付ければ良いか少し掘り下げて考えてみます。

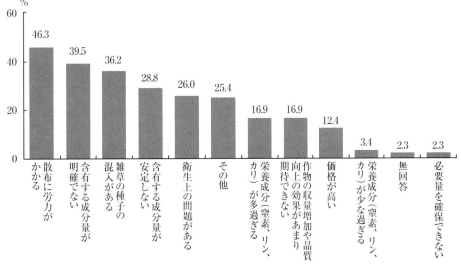

(図1で利用したくないと回答した177人から得られた理由を整理)
図3 家畜排せつ物堆肥を利用したくない理由(複数回答)[2]

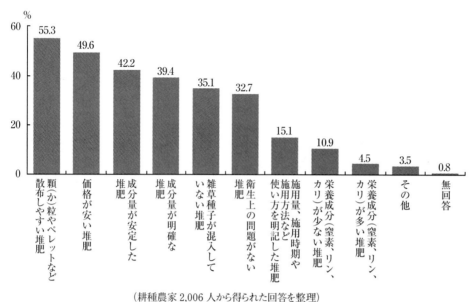

（耕種農家 2,006 人から得られた回答を整理）
図4　耕種農家が求める家畜排せつ物堆肥の品質・特徴（複数回答）[2]

【成分・品質】

成分：耕種農家が求める堆肥は、成分が明らかで、しかも安定した堆肥でした。堆肥の成分の特徴についてはⅢ章で詳しく解説しているので、ここでは堆肥の成分変動について考えてみます。そもそも、家畜排せつ物に含まれる窒素、リン酸、カリなどの成分は畜種により異なり、しかも牛の場合、餌や糞尿分離の有無など牧場ごとの飼養条件によっても違いが生じます。さらに、糞尿に各種副資材を混合して、さまざまな方式で堆肥を生産することになるため、堆肥の成分は排せつよりも変動が大きくなります。従って、牛糞堆肥を全国的に一定の成分にコントロールして供給するのは、今のところ現実的ではないと考えられます。

一方で、1 つの牧場や堆肥センターなどの生産単位で、餌や飼養管理が頻繁に変更されることがなく、牛の健康状態や産次構成なども安定していれば、排せつ物に含まれる成分はほぼ一定と考えられます。成分が一定の糞尿や副資材を原料にできれば、同じ堆肥化方法を継続する限り堆肥の成分変動も抑えられ、成分が安定した堆肥を生産できます。実際、12 年に肥料取締法の公定規格の見直しで混合堆肥複合肥料が新設されて以降、家畜排せつ物堆肥を原料に成分の安定が要求される普通肥料の生産と販売が肥料メーカーで始まりました。混合堆肥複合肥料については 117 ページⅢ章 6 節で説明します。

成分の安定を図る上で技術的に難しいのは、牛の飲水量や雨水の混入、発酵の良否により変動する水分の取り扱いです。堆肥成分は、水分を含む現物量当たりで示すことになっているため、同じ排せつ物などを原料にした場合、結果的に水分の高い堆肥（重い堆肥）になると成分値が低くなり、逆に乾燥が進むなどして水分の低い堆肥（軽い堆肥）になると成分値は高くなります。堆肥化施設で堆肥の水分変動を把握した上で、水分をどれだけ一定にコントロールできるかが成分変動を抑える上でのポイントになります。

水分：排せつ物の水分は、牛の生育ステージや泌乳量によって大きく変化し、牛の飲水行動が活発になる夏季に高くなる傾向があります。一方で、牛舎での冷却用送風機の稼働や換気などに伴う水分蒸発に影響されるため、排せつ物の水分を明確に示すのは困難で、今のところ実測する以外の方法はありません。ただし、**表1** のように堆肥化施設の規模を算定するための設計値[3]が知られており参考にできます。

排せつ物だけでは水分が多過ぎて通気性が悪く空気不足となるため、排せつ物量とその水分に応じて副資材を混合し、通気性を改善する必要があることは序章で述べました。Ⅰ章の 7 節（58 ページ）と 8 節（61 ページ）ではこの副資材の種類や使い方について述べます。また、排せつ物や堆肥の水分を低減するために積極的に乾燥することも考えられます。52 ページⅠ章 6 節では、太陽光や風など自然エネルギーを利用したハウス乾燥施設

表1　堆肥化施設、貯留槽などの規模算定に用いる排せつ量[3]

畜種	体重	糞（日・頭）			尿	合計	合計
		乾物量	水分	生重	（日・頭）	（日・頭）	（年・頭）
	kg	kg	%	kg	kg	kg	t
搾乳牛[a]	700	7.5	86	54	17	71	25.6
搾乳牛[b]	700	6.8	86	50	15	65	23.7
搾乳牛[c]	600～700	5.7	84	36	14	50	18.3
乾乳牛	550～650	4.2	80	21	6	27	9.9
育成牛	40～500	3.6	78	16	7	23	8.4

a）生乳生産量が年間1万kg以上の場合　b）同1万kg程度の場合　c）同7,600kg程度の場合

について解説します。

腐熟：序章の1節（12㌻）では、堆肥中の微生物が易分解性有機物を分解することで腐熟が進み、微生物の分解作用を活性化するためには空気が必要であると述べています。Ⅰ章では、それまでに整理されてきた、腐熟促進のための技術情報を示しながら、具体的に解説します。堆肥の通気性を改善するためにホイルローダなどで堆肥を積み直したり、ロータリやスクープで機械的に堆肥を攪拌（かくはん）する切り返し作業および、そのために必要な施設・機械などの堆肥化装置については2節（31㌻）で解説します。さらに3・4節（37㌻・42㌻）では、空気が届きにくい堆肥の内部へ送風機で強制的に空気を供給する方法について説明します。

安全性：排せつ物中には病原菌や寄生虫の卵、雑草の種子などが含まれていることがあり、そのままでは衛生上問題がある上、施用した後に土壌中で発生するガスによる生育障害や雑草の発生など、人や作物に悪影響をもたらす可能性があります。堆肥化では、微生物が易分解性有機物を分解するときに発熱して堆肥の温度が70～80℃に達します。こうして排せつ物中に残存する生育阻害要因などが抑えられることは堆肥化の大きなメリットです。一方で、飼料には添加物の成分である銅や亜鉛などの重金属や、難分解性の除草剤が含まれることがあります。これらは家畜に摂取された後、そのまま排せつされ、堆肥化した後でも堆肥から検出されるケースがあります。堆肥化の副資材に利用される一部の建築廃材にも重金属が含まれている可能性が指摘されています。

これら安全性に関わるリスク要因をできるだけ排除して、安全な堆肥をつくるための留意点についてはⅡ章で説明します。

【運搬・散布】

耕種農家からは、ペレットなど散布しやすい形状で供給されることへの要望が多く挙がっていました（図3、4）。通常の堆肥を散布する場合、マニュアスプレッダなど粗大な形状でも散布できる専用機が必要になります。しかし、粒径や長さが数mmのペレット堆肥であれば、ブロードキャスタなど耕種農家の装備でも散布することが可能となります。しかも、ペレット成型の工程で減容積化されるため、地域外へ広域流通を図る場合など運搬距離によってはバラで扱うよりもコスト的に有利になることもあります。一方で堆肥をペレット化するには、堆肥のふるい分け選別、成型、乾燥などの生産工程が必要になるため、価格を上昇させる要因になります。従って、堆肥をどのような目的で誰に供給するのか、事前に整理することが必要です。ペレット化については107㌻Ⅲ章4節で説明します。

耕種農家の散布労力の負担軽減を考えるのであれば、堆肥の散布作業を請け負うことも考えられます。今回は誌面の関係で取り上げられませんでしたが、最近では飼料生産組織であるコントラクターが堆肥の運

表2 堆肥の特殊肥料としての販売価格別割合（袋詰めおよびバラ）[4]

バラ	2,000（円／t）未満	2,000～4,000（円／t）	4,000～6,000（円／t）	6,000～8,000（円／t）	8,000（円／t）以上	平均価格（円／t）
割合	26.7%	38.9%	21.8%	6.5%	5.5%	3,417
袋詰め	100（円／10kg）未満	100～200（円／10kg）	200～300（円／10kg）	300～500（円／10kg）	500（円／t）以上	平均価格（円／10kg）
割合	25.7%	45.5%	17.9%	6.9%	2.8%	168

搬や散布を請け負うケースが増えています。コントラクターの数は13年度の581から、18年度には826となり、1.4倍以上に増加しています[5]。

【コスト】

堆肥の価格をバラ、袋詰め別に示したのが表2です。1t当たりのバラ価格で6,000円以下が全体の9割に達し、平均で3,400円／tとされています[4]。210ページⅩ章で取り上げる処理経費を参考に、仮に搾乳牛100頭規模で年間に1,500tの堆肥を生産したとして（排せつ物と副資材を合わせて年間3,000tを堆肥化して、有機物分解や水分蒸発に伴い最終的に堆肥は半分量になる想定）も、売り上げはせいぜい500万円程度にとどまります。

一方でⅩ章では、寒冷地および積雪地帯の堆肥化に必要な堆肥舎の減価償却費と副資材費などを示しており、副資材費だけで、堆肥の売り上げを超過するケースも試算されています。さらに、切り返し作業を省力化するため攪拌装置などを導入する場合は、必要な設備や堆肥の一時保管場所などが必要となりコスト負担が一段と大きくなります。温暖な都府県の場合は、建屋の建築コストを寒冷地や積雪地帯より割り引いて考えられます。いずれにせよ、堆肥化の施設や設備のコストをできるだけ下げていくことが安定的に堆肥を生産する上でのポイントになります。

堆肥化施設を導入する場合には、補助事業やリース事業など行政からの支援を受けて負担を軽減することが考えられます。さらに、堆肥化の施設や機械の長寿命化を図り、減価償却費をできるだけ抑えていくことが重要です。Ⅴ章では、施設の長寿命化を図る方法や事例を紹介します。

【環境対策】

堆肥化では、原料の一時保管時や腐熟が進む途中で悪臭が発生します。また、主な悪臭成分であるアンモニアの酸化に伴い、二酸化炭素の約300倍の温室効果を持つ一酸化二窒素（亜酸化窒素）が発生します。悪臭対策についてはⅥ章で、温室効果ガスについては204ページⅨ章で解説します。

本稿では、堆肥を利用する耕種農家のニーズや牛糞堆肥の特徴も踏まえて、供給する酪農家の立場から堆肥の生産について整理しました。生産者の高齢化や労働力不足、地域によっては副資材の慢性的な供給不足など酪農業が置かれる厳しい状況の中で、耕種農家のニーズをくんで堆肥を生産・供給していくことは決して簡単なことではありません。しかし、多くの牧場で規模拡大による生産性の向上が求められている現状では、酪農家が主役となりつつも、堆肥センターや飼料生産組織など外部支援組織をうまく活用しながら、耕畜連携の枠組みの中で品質の安定した堆肥を生産して、その利用を外部に拡大していくことが今後より重要になってくるでしょう。

【参考文献】

1) 中央畜産会(2003)「堆肥化施設設計マニュアル(第三版)」、p1

2) 農林水産省(2005)「家畜排せつ物たい肥の利用に関する意識・意向調査結果(モニター調査)」(http://www.maff.go.jp/j/finding/mind/index.html)

3) 中央畜産会(2003)「堆肥化施設設計マニュアル(第三版)」、p107

4) 農林水産省(2004)「たい肥等特殊肥料の生産・出荷状況調査報告書」

5) 農林水産省(2019)「飼料生産組織をめぐる情勢」(http://www.maff.go.jp/j/chikusan/sinko/lin/l_siryo/attach/pdf/index-347.pdf)

I章 2 乳牛糞の堆肥化装置と関連機械・設備

堆肥化など固形物の処理方法

前田　武己

1 堆肥化とは

廃棄物に含まれる有機物を微生物によって分解させ、得られる堆肥が農地に安全に施用できるように安定化させる操作を堆肥化といいます。堆肥化では、好気性微生物を主体として有機物分解が行われます。材料に十分な酸素が供給されると、材料温度は急激に上昇することが知られており、1〜2日の間に60〜70℃まで達します。この温度上昇の間に、悪臭の原因物質である酪酸や吉草酸などの低級脂肪酸類が分解され、代わりにアンモニアが多く生成されて外部に放出されるようになります。やがて易分解有機物(糖、タンパク質、脂肪など)がおおむね分解されると、材料の温度は緩やかに低下し始めます。これらの過程が堆肥化の1次処理(1次発酵)と呼ばれます。

この後も堆肥化は継続されていきます。材料の温度が低下していくと、難分解有機物(繊維分など)が分解されるようになり、pHや電気伝導度も安定していき、材料の温度が常温にまで下がっても、長期間にわたり続きます。こうした過程が堆肥化の2次処理(後熟、2次発酵)と呼ばれます。

2 材料の水分調整

堆肥化では、材料中の好気性微生物に、どのようにして酸素を供給するかが重要で、そのための基本操作が水分調節になります。堆肥化が可能な材料水分の上限は、乳牛糞では72％とされており、その調節方法はいろいろあります。代表的な方法については、I章の「6 ハウス乾燥を併用した撹拌(かくはん)式堆肥化施設」(52ページ)、「7

発酵を順調に進める副資材の利用法」(58ページ)、「8 戻し堆肥の生産」(61ページ)で説明されています。

3 堆肥化方式の分類

水分が調節された材料の内部には空隙(くうげき)ができ、空気が通りやすくなります。しかし、それだけでは有機物分解には不十分です。空気の供給に効果的なのは、切り返しと呼ばれる撹拌操作と、機械的な通気で、これらの操作を効率的に行うために、各種堆肥化方式が生み出されてきたといえます。

家畜排せつ物を対象とした堆肥化の方式は、堆積方式(堆積発酵)と撹拌方式(強制発酵、強制方式)の大きく2つに分類されます。農林水産省では、堆積発酵を「堆肥盤、堆肥舎等に高さ1.5〜2m程度で堆積し、時々切り返しながら数カ月かけて発酵させる」、強制発酵を「開閉式または密閉式の強制通気撹拌発酵槽で数日〜数週間発酵させる」と、それぞれ定義しています。2009年のデータからは、乳牛糞(糞尿分離処理後の糞、糞尿混合処理)は、頭数ベースで68.7％が堆積発酵により、15.5％が強制発酵により堆肥化されています。

これらの堆肥化の方式は、**表1**に示すようにさらに細かく分類されます。堆積方式

表1　堆肥化方式の分類

区分	分類	細分類
堆積方式 (堆積発酵)	無通気型（堆肥舎）	
	通気型（通気型堆肥舎）	
撹拌方式 (強制発酵)	開放型	直線型
		回行型
		円型
	密閉型	縦型
		横型

(堆肥化施設設計マニュアル1998を改編)

は通気の有無により分類され、強制方式は開放型と密閉型とに分類されます。開放型では、堆肥槽の形状によって直線型、円型、回行型の3種類に分類されます。開放型では槽の平面形状が違うだけでなく、材料の高さ、通気の有無も異なります。密閉式には縦型と横型とがありますが、乳牛糞では縦型が導入されています。

【堆積方式】

建屋(堆肥舎)内の堆肥槽に水分を調整した材料を堆積し、切り返しや移送を繰り返す方法です(**図1**(a)、**写真1**)。切り返し・移送にはホイールローダやスキッドステアローダが用いられます。大規模施設では建屋内床面に材料のウインドロー(パイル)をつくり、コンポストターナーと呼ばれる自走式あるいはトラクタ装着式の切り返し機を用いる方法もあります(**図1**(b)、**写真2**)。堆積方式には、切り返しと移送のみにより堆肥化を行う無通気型と、送風機を用いて材料に通気を行う通気型とがあります。

【無通気型】

この方法は切り返しや移送の際に材料内部に供給される酸素量が少なく、堆積時では表面から30cm程度までしか酸素が供給されません。このため有機物の分解は緩やかで、材料温度の上昇が不十分なこともあります。簡略化された方法のため、少頭数の場合に限らず、多頭数の場合であっても、排せつ物を自己農地や経営間の取引により利用できる場合に多く採用されます。このため、飼料自給型の経営では最も多く採用されています。

材料の水分調整と切り返しの頻度がポイントになります。高水分では内部が嫌気性(酸素がない状態)になりやすく、このときは低級脂肪酸が生成されて強い悪臭を発します。悪臭や糞尿臭を低減させるには、少なくとも週1回の切り返しを3～4週続け、その後は月に1回程度の切り返しを行

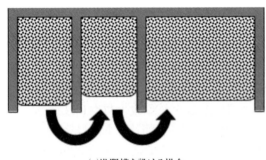

(a)堆肥槽を設ける場合

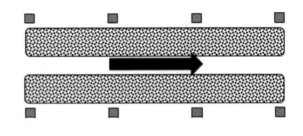

(b)建屋内のウインドローによる場合

図1　堆積方式における材料の流れ

写真1　ホイールローダによる切り返し
(材料は図1とは逆方向に移動)

写真2　自走式切り返し機
(材料は図1とは逆方向に移動)

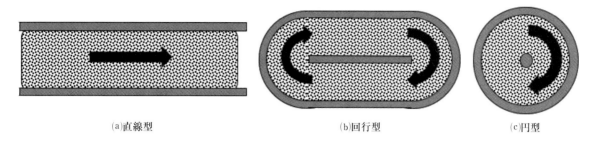

(a)直線型　　　　　　　(b)回行型　　　　　　　(c)円型

図2　強制方式開放型の堆肥槽の形状（矢印は材料の流れを示す）

うのが理想です。また、十分とはいえないまでも、衛生面の向上や雑草種子の不活化を目的に早い段階の高温化も期待するのであれば、材料水分をより低く調整し、その上で初期段階の切り返し回数を多くするなどの対応が必要になります。

　堆肥化の期間としては、材料が排せつ物のみでは2カ月、副資材としてもみ殻や稲わらが混合されたときには3カ月、同じくオガ粉やバークなどの木質資材が混合された場合は6カ月以上とされています。ただし、切り返しが適切に行われず材料が嫌気状態となった場合、植物の生育を阻害する物質が生成されてしまうため、それを分解するため長期の堆肥化が必要となります。

【通気型】
　堆肥槽に通気装置を設置し、材料に送風機による強制通気を行う方法です。通気方式には圧送通気式と吸引通気式とがあり、堆積方式の堆肥化では床面から材料に空気が供給される圧送通気が基本となります。これは、切り返し・移送をホイールローダなどの車両によって行うため、床面に強度が必要になります。通気方式の詳細については、Ⅰ章の「3　圧送通気式施設による堆肥化」（37ｼﾞ）と「4　吸引通気方式による堆肥化」（42ｼﾞ）で説明されています。

　通気型は、無通気型に比べると有機物分解が格段に速く、そのため材料温度が70℃程度まで上昇します。これにより、病原菌や雑草種子の不活化が可能です。易分解有機物の分解を目的とした1次処理は1カ月程度で終えることができ、水分蒸発が多いため低水分の堆肥が得られます。花き・そ菜経営への販売や、個人向けの袋詰め販売を行う場合には、この方法による堆肥化が好ましいと考えられます。

【強制方式】
　開放型：建屋内に自動撹拌装置を備えた堆肥槽を設け、基本的に開放状態で1次処理を行う方法です。材料の堆積高さが1m以上となるときには、槽床面に通気配管が施されます。堆肥槽の形状には、**図2**に示すようなものがあります。

　直線型：堆肥槽が直線型で、片側から水分を調整した堆肥材料を投入し、もう一方から1次処理を終えた堆肥を搬出します。堆肥槽の高さ（≒材料堆積高さ）は、乾燥を主目的とした30cm程度のものから、共同施設などの大容量の堆肥化を目的とした2m程度のものまであります。堆肥槽の側壁は両側タイプ、片側タイプの両方が存在します。片側タイプは堆肥化の途中で材料を取り出すことができ、通気配管のメンテナンスも容易になる特徴があります。酪農では、強制方式の中でもこの方法が最も多く採用されていると考えられます。

　回行型（往復型）：堆肥槽は平行な直線部分と、それらをつなぐ2つの円弧部分から構成されています。材料は槽内を周回しながら堆肥化されます。戻し堆肥を多用して排せつ物の減量も目的とする、養豚での採用が多い方式といえます。

　円型：堆肥槽の形状が円型で、撹拌装置は堆肥槽の中心を軸として回転します。投入された材料は撹拌されながら槽の中心部に移動し、下部あるいは上部から取り出されます。槽を地下式にすると保温効果が得られ、またルーフ式の覆いを付けると排気の捕集が容易になることも特徴といえます。

写真3　密閉縦型堆肥化装置

表2　強制方式における堆肥槽の形状と撹拌装置の組み合わせ

槽形状	通気方式	撹拌装置
直線型	圧送通気	ロータリ、スクープ、スクリュー、クレーン
	吸引通気	クレーン
	無通気（浅型）	ロータリ
回行型	圧送通気	ロータリ、スクリュー
円型	圧送通気	スクープ、スクリュー

【密閉型（密閉縦型）】

　密閉縦型は断熱された円筒形の堆肥槽を縦置きし、その上部から材料が投入され、下部から堆肥が排出されます（**写真3**）。投入された材料は、槽の中心に回転軸を持つ撹拌羽根によって内部の材料と混合されます。通気は槽の下部と撹拌羽根から行われます。材料の投入は毎日、堆肥の搬出は随時となります。槽内部の材料は上部から下部へ層状に移送されて堆肥化が進行します。処理期間は数日から2週間程度で、装置から排出される堆肥の水分は40％以下とされています。詳細はⅠ章「5　密閉縦型装置における牛糞尿の堆肥化」（46ﾍﾟ）に記されています。

　密閉縦型は養豚・養鶏では多く採用されてきた方法ですが、酪農でも導入が増えつつあります。ただし、乳牛糞は高水分で分解時の発熱量が少ないため、これを補うための副資材の併用が条件となっています。副資材としては食用油精製の際の廃棄物である「廃白土」が用いられています。脱臭装置の併設により悪臭を抑制しやすいため、都市近郊での導入が増えていくと考えられます。

【自動撹拌・切り返し装置】

　堆肥槽の形状と自動撹拌・切り返し装置との組み合わせは、堆肥槽の平面形状、求める材料の堆積高さなどにより、**表2**に示すようになります。各種撹拌装置の概略は**図3**の通りです。

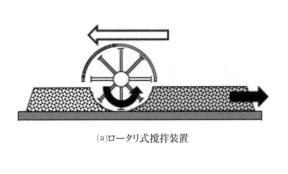

(a)ロータリ式撹拌装置

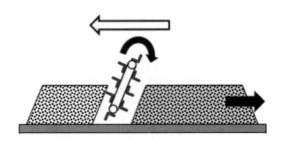

(b)スクープ式

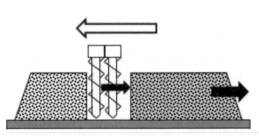

(c)スクリュー式

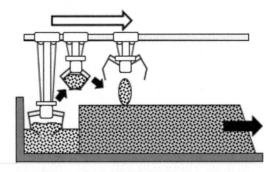

(d)クレーン式

図3　各種撹拌装置の概略
（⇨は撹拌装置の移動方向を、➡は材料の移動を示す）

ロータリ式：水平回転軸に取り付けられた爪によって材料を跳ね飛ばすことにより、撹拌・移送が行われます（**図3**(a)、**写真4**）。対応する堆積高さは、通常1〜2mです（乾燥施設で30cm程度）。撹拌・移送は基本的に1日に1、2回（乾燥施設では数回）で、撹拌終了後は撹拌部分が材料より上にリフトアップされ、堆肥槽側壁上のレール（両側の場合と片側の場合とがある）を走行して撹拌開始位置である堆肥の搬出側に移動します。撹拌幅は堆肥槽の全幅となります。構造が最も単純な装置であり、導入数は最も多いと見られます。

写真4　ロータリ式撹拌装置

スクープ式：チェーンコンベアに取り付けられた棒状の撹拌板が、材料を斜め上方にかきあげ、後方に落とすことにより撹拌・移送が行われます（**図3**(b)、**写真5**）。対応する堆積高さは3mまでとされますが、実際には2m程度までが多いようです。撹拌終了後はロータリ式と同様に撹拌開始位置に戻ります。撹拌幅は堆肥槽の全幅の場合と1／2の場合とがあります。ロータリ式よりも水分蒸散が多く、堆肥の水分が低くなるとされています。

スクリュー式：オーガ（ドリル）形状の撹拌爪を回転させて、撹拌・移送が行われます（**図3**(c)、**写真6**）。オーガは1本型の他、2本組、4本組などがあります。複数本のものは反対に回転する2本が対になっています。材料の堆積高さは3mまで対応でき、撹拌部分の最小回転半径が小さく、撹拌時の移送距離が小さいことから、円型や小型の堆肥槽に適しています。また、材料のかき飛ばしがないこと、撹拌爪から電熱ヒータにより加温された通気を行うこともできることから、材料の温度が維持されやすいとされています。

写真6　スクリュー式撹拌装置

クレーン式：爪が列状に配置された把持（はじ）部（バケット）の先端を材料に突き刺し、すくい上げた後に移送・落下させる方法です（**図3**(d)、**写真7**）。把持部はパンタグラフ、油圧、ホイストのいずれかの方式で、天井などに設置された高架レールから上下させる機構となっています。クレーン

写真5　スクープ式撹拌装置

写真7　クレーン式撹拌装置

式は堆積型の自動切り返し装置として開発され、切り返し頻度は1週間に1、2回程度、堆積高さは2〜2.5m程度まで対応できます。この方法の特徴として、高架レールの範囲内にはなりますが、ホイールローダによる移送と同様に離れた槽への移送ができることです。また、材料の上下が反転するよう切り返しが行われるため、材料をムラなく高温にさらすことができます。天井レールが必要で、直線型の堆肥槽に向いています。

4　2次処理の方式

自動撹拌装置を備えた堆肥化においても、熟成・安定化を目的とした2次処理が行われます。2次処理では、既に易分解有機物の多くが分解されていること、材料水分が低くなっていることから、その多くが無通気の堆積方式で行われています。堆積時に悪臭が発生することは少ないのですが、低水分の堆肥を高く堆積し過ぎると、自然発火の恐れがあるので注意が必要です。

また少数ですが、1次処理を通気型の堆積により行い、2次処理を自動撹拌装置により行う方法もあります。袋詰め販売など、製品堆肥の水分を低くすることを優先するためと考えられます。この場合は堆積高さが1m程度までの浅い層で、ロータリ撹拌を行う例が見られます。

5　堆肥化装置の選定に当たって

畜舎の構造と飼料・給餌方法によって排せつ物の水分や敷料、残餌などの夾雑（きょうざつ）物の混合量が変化します。農場や共同施設の面積や高低差などの土地形態も多様です。水分調節に必要な副資材入手の難易度も異なります。得られる堆肥についても、自己利用中心なのか、耕種の経営体への販売なのか、袋詰めで一般向け販売とするのか、などによって求められる品質も異なります。また、**表3**に示した各撹拌装置と密閉縦型装置の特徴の通り、各装置では構造の煩雑さと導入・維持の経費も異なります。地域によっては悪臭対策を重要視する必要な場合もあると予想されます。このため堆肥化装置の導入の際は、本稿で述べた多くの観点から総合的に検討を行い、中長期的な運用も考慮した選定が望まれます。

表3　各撹拌装置と密閉縦型装置の特徴

装置種類	構造	導入費	維持費	保守作業頻度
ロータリ	単純	やや安価	中庸	低い
スクープ	中庸	やや高価	中庸	高い
スクリュー	単純	中庸	中庸	やや低い
クレーン	中庸	中庸	安価	低い
密閉縦型	複雑	高価	高価	高い

（小島〈2017〉を編集）

【参考資料】
1) 中央畜産会(2000)「堆肥化施設設計マニュアル」
2) 小島陽一郎(2017)「農業施設に関わる研究・技術の最近の展開―廃水・家畜ふん尿処理に関わる堆肥化処理施設について―」『農業施設』48、pp.74-83

I章 3 圧送通気式施設による堆肥化

堆肥化など固形物の処理方法

小島　陽一郎

　2004年の「家畜排せつ物の管理の適正化及び利用の促進に関する法律（家畜排せつ物法）」の本格施行後、現在では、ほぼ全ての対象農家が管理基準を順守しています。一方で、家畜糞尿の発生量は畜産が盛んな地域に偏在し、畜産農家の大規模化に起因する課題も顕在化してきました。そうした状況の中で、15年に家畜排せつ物の利用の促進を図るための基本方針が策定されました。この中では、家畜排せつ物の堆肥化を促進し、利用を推進することが基本的な対応方向として挙げられており、そのための撹拌（かくはん）・通気装置を備えた処理高度化施設の整備・活用の推進が取り上げられています。撹拌・通気装置を備えた堆肥化施設を利用している酪農家は日本全国で2割以下[5]とされていますが、今後農場規模の拡大や堆肥の適切な利用を進める上で、このような高度な堆肥化処理は重要な要素になり得ます。そこで、本稿では通気装置を用いた堆肥化施設のうち、空気を送り込む圧送通気式堆肥化施設について解説します。

1　堆肥化における空気供給の重要性

　堆肥化は酸素がある状態を好む好気性微生物の働きにより、糞尿中の有機物が分解されながら進展します。酸素が十分に行きわたらない状態で貯留されている糞尿は、堆肥化ではなく嫌気発酵が進み、強い悪臭の原因となる硫化水素や低級脂肪酸といった物質が生成され、悪臭苦情にもつながりかねません。

　乳牛の糞尿は他の畜種と比べ水分が高く、そのままでは空気が通らず堆肥化できません。堆肥化の前提として、糞尿にオガ粉やもみ殻といった副資材を混合して、かさ密度を500～700kg／㎥程度に調製し、通気性を改善する必要があります。その後、堆肥化施設の規模に余裕があれば、時間をかけて切り返しをしながら、空気中の酸素に触れさせゆっくりと処理することも可能です。しかし飼養規模が大きく、限られた処理施設の中で適切な処理を進めるためには、堆肥原料である糞尿に十分な量の空気を強制的に供給し、堆肥化を促進する必要があります。

　図1に、強制通気の有無による堆肥中の原料温度の推移のイメージを示しました。強制通気を行った場合、堆積後おおむね24時間で原料温度は60℃以上に上昇し、それがピークに達した後、数日のうちに原料温度が低下します。数日～1週間間隔で切り返しを行い、この原料温度の上昇・下降を繰り返しながら、約1カ月で1次発酵期間が終了します。

　一方、強制通気をせずに堆肥化する場合でも、強制通気と同様に十分な量の副資材を混合し、通気性を良くして調製すること

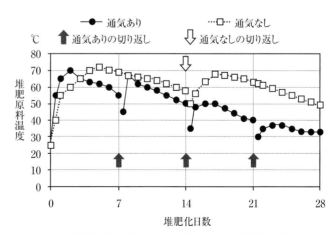

図1　強制通気の有無による堆肥温度の推移の違い

が必要ですが、それでも空気は原料の表面下30cmまでしか進入しないとされています。そのため、無通気の場合の原料温度の変化は緩やかで、一度温度が上昇してから、堆肥原料温度が低下し、切り返しを行うまで、原料温度の上昇・下降の間隔および1次発酵期間は長くなり、1次発酵終了まで2カ月程度を要します。

堆肥化施設への通気量は、常時通気をするとして、原料1㎥当たり0.05～0.3㎥／分程度が必要とされています[2]。有機物の分解が盛んで、より多くの酸素を必要とする堆肥化初期には原料1㎥当たり0.05～0.1㎥／分程度の通気が不可欠ですが、発酵が安定し有機物の分解も緩やかになる1次発酵後期は原料1㎥当たり0.03㎥／分程度まで抑えることができます[7]。

堆肥化に空気は不可欠とはいえ、必要以上に空気を送り過ぎてしまうと、「吹き冷ます」ことになってしまい、堆肥の温度を必要以上に下げてしまいます。堆肥化に関わる微生物は55～60℃付近を至適温度としています。過剰に冷ましてしまうと微生物が十分な能力を発揮することができず、未熟な堆肥になってしまうだけでなく、雑草の種子や大腸菌などの微生物も死滅せずに残存するリスクも高まってしまいます。

このように、堆肥の状態に合わせて過不足なく通気を行う必要があり、堆肥化処理を上手に管理するためには、通気装置の特性についても理解が必要です。次項では堆肥化装置で用いられる通気装置について解説します。

2 強制通気のための通気装置

前述したように、堆肥化に十分な量の空気を供給するには、強制通気装置（送風機）を利用します。この際に利用する送風機は、開放空間に空気を供給するファンではなく、有圧の空気を供給できるブロワです。05年に改正されたJIS規格（JIS B 0132）[4]によると、ブロワとは気体を圧送するもののうち、全圧30kPa以上かつ吐出圧力200kPa以下のものを指し、慣例的には規格改正前の吐出圧力10kPa以上から100kPa（0.1MPa）未満のものを指します。

一般的な堆肥化施設であれば、堆肥の堆積高さを1.5～2.5m、堆肥のかさ密度を500～700kg／㎥と設定し、静圧（空気を送り出す力）を1.0～2.5kPa程度で計算して必要な通気量が見込める送風機を選定します（中央畜産会、2000）。また密閉縦型堆肥化装置では、9.8kPa程度のより大きな静圧が必要になり、かつ通気量も原料1㎥当たり0.2～0.3㎥／分と一般的な堆肥化施設よりも大きいことから、この仕様を満たす送風機を選ばねばなりません。送風機は大きく分けてターボ型と容積型の2種類、それぞれ次に示す構造・特徴があり、使用状況に合わせて機種を選びます。

【ターボ型送風機】

ターボ型送風機は気体中で羽根車を回転させ、その回転運動によって気体にエネルギーを与えます。気体が回転軸方向に流れる軸流型と、回転軸と垂直方向（半径方向）に流れる遠心型に分類されます。堆肥化施設では遠心型のものがよく使われ、羽根車を多段にすることで高い静圧が得られます。

これに加えて、羽根車とケーシングの構造により渦状の空気の流れをつくる渦流型送風機（**写真1**、商品名：リングブロワ、ボルテックスブロワなど）も、小型で高圧を出せることから堆肥化施設で多く導入されています。ターボ型送風機は容積型送風機に比べて構造が単純で、騒音が少ない特徴があり、強制通気装置を備えた堆肥化施設ではターボ型送風機を利用している例が多いようです。

写真1　渦流型送風機

【容積型送風機】

　容積型はルーツブロワやロータリーブロワと呼ばれ、密閉空間内の構造を回転させ、その容積変化により気体の圧力を上昇させます。ターボ型送風機に比べて構造が複雑ですが、静圧による空気量への影響は小さい特徴があります。**図2**にターボ型送風機と容積型送風機の静圧と空気量の関係を示しました。堆肥化施設で、原料の堆積高さが高くなったり、副資材の混合量が少なく設定より高水分状態になったりすると、静圧が高まります。このときターボ型は、静圧が高まるにつれて送れる空気量が少なくなり、設定した通気量が得られないことがあります。一方、容積型は回転数に比例して一定量の空気を送ることができ、静圧が変わっても空気量の変化は小さい。この特徴を生かして、最近では密閉縦型堆肥化装置などで確実な通気を得るために使用されることがあります（**写真2**）。

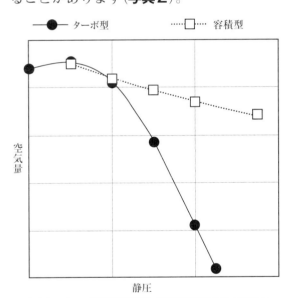

図2　ターボ型送風機と容積型送風機の静圧と空気量の関係

写真2　容積型のルーツブロワ

3　強制通気式堆肥化施設の構造

　堆肥化にはホイールローダなどで切り返しを行う堆積式堆肥化方式と、ロータリー方式やスクープ方式など自動装置を備えた撹拌式堆肥化方式があり、そのどちらにも送風機は利用されます。

　次に**図3**に一般的な堆積方式における配管の形状を、**写真3**に実際の堆肥化施設の通気配管の外観を示しました。送風機により空気を供給する際は、堆肥原料全体にできる限り安定的かつ均一に供給できる配管を設ける必要があります。そのためまず、送風機は堆肥化施設の隔壁外に配置し、隔壁に穴を開けて配管を堆肥化施設に導入します。堆肥化施設内ではコンクリートの床面に通気溝を切り、そこに塩ビ管や樹脂管を敷設します。

　この時、ホイールローダによる堆肥の取り出し作業時に配管を破損しないよう、ホイールローダの進入方向に対して並行に配管を配置します。また、**図3**上図のように、送風機を頂点とするトーナメント形状に配管することによって、送風機から各配管までの距離が等しくなり、送風ムラを小さくできます。送風機直下にはボールバルブを設け、前述したように堆肥の発酵状態に合わせて空気量を調整できるようにします。

　図3下図に、通気溝の側面図を示しました。通気用の塩ビ管（VP管）はϕ40〜50mmのものを使い、塩ビ管全体が十分隠れる深さの溝を掘ります。塩ビ管を用いる場合、一定間隔ごとに直径数mmの穴を円周方向

写真3　通気溝を備えた堆積式堆肥化施設

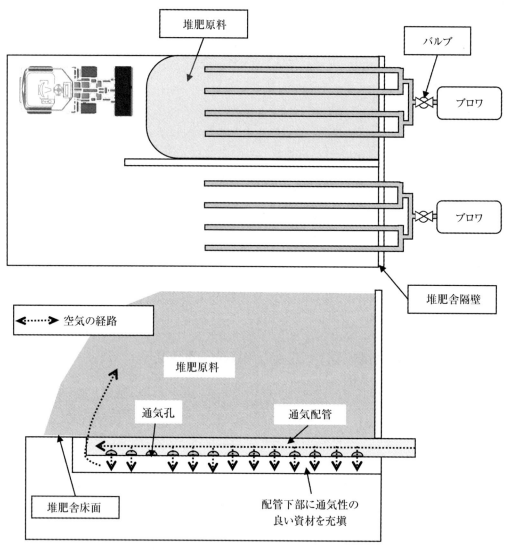

図3 強制通気方式における通気配管形状 （上：上面図、下：側面図）

に1、2カ所開けて堆肥原料全体に空気を供給できるようにします。堆肥化が進むと、有機物の分解によって発生したり、余剰に含まれたりする水分が堆肥原料からにじみ出し、堆肥の細かい粒と混ざって底面にたまることで、配管を詰まらせてしまう可能性があります。それを予防するためオガ粉やもみ殻を充填し、通気溝内や通気配管上に敷くとともに、通気配管を定期的に掘り起こし溝内の清掃を行います。

また、堆肥センターや中規模以上の農家ではロータリ方式、スクープ方式およびスクリュー方式など自動で機械的に撹拌し堆肥化を進展させる撹拌型方式が利用されています。ロータリ方式については、数十cmと浅型で強制通気をほとんど必要としないタイプもありますが、ロータリ方式を含む全ての方式で原料の堆積高さは150〜300cmほどに設定されています。そのためよく堆肥を発酵させるには、機械による撹拌と併せて送風機による強制通気も行います。この時、副資材などを混合し良好な性状に調製した原料は、撹拌することで空隙（くうげき）が多くできやすくなり、静圧が低く設定できる場合もあります。

ただし、材料性状の変化による通気抵抗の変動や配管による圧力損失などを考慮し、これらの方式でも、堆積式堆肥化方式と同様の静圧として計算します。撹拌方式でも通気配管は、ホイールローダによるメンテナンス作業を想定して、堆積型と同様に直線型の配管形状とすることが多いとい

写真4　通気溝を備えた撹拌式堆肥化施設

えます。（**写真4**）またスクリュー方式は、他の2方式よりも堆積高さが高く、3m程度まで堆積します。そのため撹拌時以外の静圧は高く、必然的に高静圧の送風機を選定する必要があります。撹拌型堆肥化方式では、機械的に撹拌されるため塊が小さく、水分が低下しやすいため堆肥化が進みやすいように感じますが、良質な堆肥を生産するには、副資材の混合などによる原料の調製と、適切な撹拌と送風機による十分な量の空気の供給が必要で、堆積方式と同様に日々の管理が重要です。

　近年の酪農家の大規模化に伴い、糞尿処理が置かれている環境は年々厳しくなっています。そのような状況で、良好な堆肥化が達成できている酪農家には、遠方から耕種農家が堆肥を調達しに来る例もあり、良質な堆肥へのニーズは高まってきているといえます。堆肥化の基礎的な知見は、家畜排せつ物法が公布された20年前には既に蓄積されていたといえますが、それらを社会ニーズに合わせ生かすための技術開発が続けられています。

　例えば、本稿で紹介したように、強制通気式の堆肥化施設ではコンクリート床に通気溝を切る構造が一般的ですが、家畜の増頭などにより通気溝がない堆肥舎でも堆肥化を促進するために通気を行いたい、というニーズがあります。それに対しては、従来、穴を開けた塩ビ管を原料に抜き刺しするなどの方法がありました。しかし有馬（2010）[1]はコンプレッサーを用い、堆肥に突き刺すインジェクターなどにより高圧の空気を簡易に堆肥原料に供給するシステムを開発しています。

　また、堆肥生産コストを抑制しつつ、軽労的に良質な堆肥を生産することも求められています。宮竹（2015）[6]は、堆肥の発酵状態に合わせて通気量を自動制御するシステムを開発し、電気使用量を60％以上削減できたとしています。さらに、このシステムでは堆肥温度や消費電力などのデータを、インターネットを介して常時監視することもできます。

　このように、より高度な堆肥化処理ができる技術が開発されていますが、堆肥化は適切な原料調製と十分な空気の供給の上に成り立っており、日々の管理が最も重要なことは常に意識をしておく必要があります。

　本稿の執筆に当たり関連する企業の方々から知見を提供していただきました。この場を借りて感謝申し上げます。

【引用文献】

1）有馬儀信ら（2010）「堆肥化における高圧通気装置の開発と実証」『島根県畜産技術センター研究報告』41、pp.20-23

2）畜産環境整備機構（2004）「通気量と送風圧」『家畜ふん尿処理施設の設計・審査技術』pp.13-15

3）中央畜産会（2000）「通気型堆肥舎」『堆肥化施設設計マニュアル』pp.36-39

4）日本工業規格、JIS B 0132:2005

5）農林水産省生産局畜産部（2011）「家畜排せつ物処理状況調査」（http://www.maff.go.jp/j/chikusan/kankyo/taisaku/pdf/syori-joukyou.pdf、2019年7月23日閲覧）

6）宮竹史仁（2015）「堆肥化施設の苦悩と現場ニーズに対応したシステム開発」『環境バイオテクノロジー学会誌』15(1)、pp.9-16

7）薬師堂謙一（2000）「乳牛ふんの堆肥化方式とペレット化」『九州農業研究』62、pp.19-24

I章 堆肥化など固形物の処理方法
4 吸引通気方式による堆肥化

阿部 佳之

1 吸引通気方式とは

　吸引通気方式は、堆肥化過程で発生するアンモニアなどの悪臭成分が周辺へ揮散するのを抑制するために考案された堆肥原料への通気方法です。1970年代にアメリカ農務省で開発されたBeltsville方式を参考に、通気性に劣り悪臭成分が高い濃度で発生する家畜糞尿の堆肥化処理のため日本で開発されました。

　悪臭対策の基本は、発生源からできるだけ近い位置で悪臭を吸引し、悪臭の処理量を最小限にとどめることとされています。その基本に従えば、悪臭の発生源となる堆肥原料の底部から空気を吸引できれば、開放型施設の利用が多い家畜糞尿の堆肥化であっても、その後の悪臭対策を取りやすくなります。

　また、堆肥原料の底部から空気を吸引することにより堆肥原料の内部は負圧になるため、堆肥原料の表面から内部、底部に向けて新鮮な空気が供給され、圧送通気方式と同様に堆肥原料の有機物が分解されて腐熟も促進されます。これが吸引通気方式による堆肥化の考え方です（**図1**）。

2 吸引通気方式の技術的なポイント

【家畜糞尿への副資材の混合】

　堆肥原料の通気性を良好に保つためには、家畜糞尿に加える副資材の投入割合が重要です。副資材の混合量が足りず、堆肥原料のかさ密度が大き過ぎる（含水率が高過ぎる）場合は、堆肥原料への通気が不十分となって腐熟が進まず、悪臭や排汁が発生するなど問題が生じます。反対に副資材の混合量が過剰で、かさ密度が小さ過ぎる（含水率が低すぎる）場合には、堆肥化過程で堆肥原料が過乾燥となり腐熟が停止してしまいます。

　堆肥原料の副資材の種類（オガ粉、もみ殻、戻し堆肥、乾燥糞）や含水率を変えて適切な堆肥化条件を調査した結果、吸引通気方式では堆肥原料のかさ密度が500〜700kg／m³となる混合量がいずれの副資材でも適していました。ちなみに、圧送通気方式を対象にした堆肥化施設の設計手引き書などでも、かさ密度が500〜700kg／m³となる副資材の混合量を推奨している例が多く、圧送通気方式で良好な堆肥化が可能な堆肥原料であれば、多くの場合、吸引通気方式で

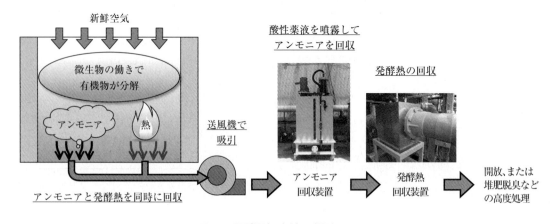

図1　吸引通気方法の概略図

も良好に堆肥化が進みます。

【吸引通気方式用の通気配管】

一般的な堆肥化施設では、塩化ビニル管などに細かな穴を多数開けた多孔管や、暗きょ用のコルゲート管などを通気口として採用します。しかし吸引通気方式では、このような多孔管は特に配管の中央部が細かな粒子や水分によって閉塞(へいそく)しやすくなります。

そこで、通気を確実に行うことを優先的に考え、堆肥化施設の床コンクリート面に施工した約1m角の凹部と遮蔽(しゃへい)板からなる通気口をスポット的に配置する通気配管方法を考案しました。

さらに、堆肥化施設内にホイルローダなどの重機を投入できるよう側壁を一部取り除くなど堆肥化施設の構造についても検討した結果、通気配管の清掃などのメンテナンス作業も省力化されました（**写真1**）。

【送風機の選定】

吸引通気方式用の送風機は、ステンレス製の羽が収められているケーシングと電動機が物理的に分離されている構造で、60℃以上の排気にも対応できる耐熱仕様の機種を選定します。そうした機種であれば、高温・高湿でアンモニアを高濃度に含む排気や粉じんが軸受に侵入することを防ぐことができ、送風機の腐食・劣化を抑えられます。機種選定には通気量や背圧など送風機の能力も考慮する必要がありますので、メーカーの仕様書なども参考にしてください[1]。

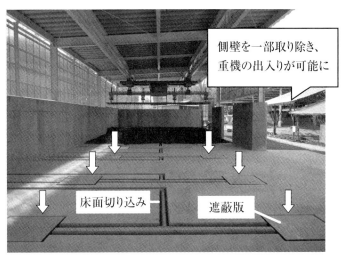

写真中の矢印の先が通気口、配管用の床面切り込みは排汁溝としても機能

写真1　吸引通気方式の堆肥化施設床面構造

3　アンモニアの回収と利用

【アンモニア揮散の抑制効果】

図2に、堆肥化過程で発生するアンモニアの濃度を調査した結果を示しました。圧送通気方式の堆肥原料の表面では、堆肥化初日に4,700ppmのアンモニアが検出され、その後は次第に減少して4週間の堆肥化期間の平均では390ppmとなりました。一方、吸引通気方式では、原料を投入した直後や切り返し直後は、堆肥原料の表面でアンモニアが瞬間的に測定されたものの、4週間の平均値は24ppmにまで抑えられました。ただ吸引した排気中には、圧送通気方式の場合と同じように高い濃度のアンモニアが含まれることがあり、排気を適切に処理する必要があります。

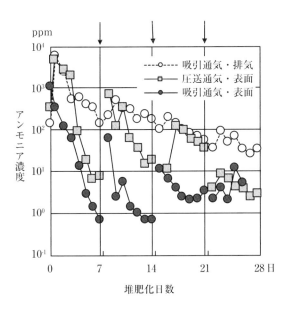

図中の矢印は切り返し作業時を示す。アンモニア濃度はガス検知管で測定

図2　堆肥化過程で発生するアンモニア濃度を通気方式別に比較

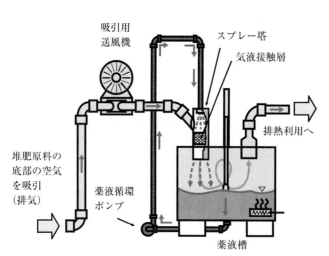

図3 吸引通気方式用に開発されたアンモニア回収装置

【アンモニアの回収】

そこで、吸引した排気中のアンモニアをリン酸や希硫酸などの酸性薬液で捕集するアンモニア回収装置を開発しました（**図3**）。吸引された排気はまず回収装置のスプレー塔に導入されて酸性薬液が噴霧され、排気中のアンモニアは気液接触層を通過する間に酸性薬液と反応してアンモニア溶液になり薬液槽にためられます。酸性薬液はアンモニアと飽和するまで（中和するまで）数日〜数週間にわたり薬液槽とスプレー塔を循環し、飽和したら全量が引き抜かれて新しい酸性薬液と交換されます。アンモニアが取り除かれた排気は回収装置から次の工程に向けて排出されます。

この回収装置の特徴は、酸性薬液が吸引した高温の排気により50〜60℃に温められるため、アンモニアとの反応速度が大きく高まる点です。つまり、回収装置内部での排気の滞留時間を短くできるので、回収装置は市販品よりもコンパクトでありながら高い回収率で運転することができます[2]。アンモニア以外の悪臭成分についてはこの回収装置では対応できませんので、次項の吸引通気方式で説明するように堆肥脱臭[3]などとの組み合わせで対応します。

【アンモニア溶液の利用】

アンモニア回収装置で回収されたアンモニアは、リン酸で回収される場合にはリン酸アンモニウム溶液に、希硫酸の場合には硫酸アンモニウム溶液になりますから、速効性のある窒素肥料として利用できます。これらアンモニア回収液は無色透明のさらさらとした液体で（**写真2**）、市販のケミカルポンプなどで扱えます。

表にアンモニア回収液の肥料成分を示します。尿やスラリー、メタン発酵消化液といった液肥に比べると窒素濃度は数十倍で、液肥より施用量も作業の労力も少なくて済みます。アンモニア回収液を飼料用トウモロコシの基肥として利用する場合は、薬剤散布用のブームスプレーヤを応用して散布できます、また飼料用イネの追肥として利用する場合は水田の水口施用が省力的でお勧めです。

写真2 アンモニア回収液

表 アンモニア回収液の肥料成分

回収液の種類	pH	EC S／m	N %	P_2O_5 %	K_2O %
リン酸アンモニウム溶液	6.6	11.8	6.3	18.9	<0.001%
硫酸アンモニウム溶液	7.6	20.2<	7.6	-	-

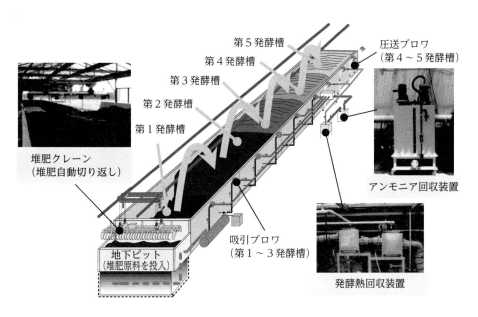

図4 搾乳牛120頭規模の酪農家での吸引通気方式の導入事例

4 吸引通気方式の導入事例

　図4は2008年に栃木県北にある搾乳牛120頭規模の酪農家に吸引通気方式を導入した事例です。この堆肥化施設には、堆肥を自動で切り返すための堆肥クレーンの他、アンモニア回収装置や堆肥の発酵熱を回収するための装置などが一連のシステムとして導入されました。

　堆肥原料は図4中の矢印に従って3〜4日ごとに順次切り返され、第5発酵槽までで3週間の1次発酵を終了します。堆肥原料の温度は70℃以上になるので病原菌が不活化し、毎日約12ｔ生産される堆肥は肥料以外に戻し堆肥としてフリーストール牛舎の敷料やベッド資材に利用できるほど良質です。

　この堆肥化施設ではアンモニアが高濃度で発生する第1〜3発酵槽が吸引通気方式となっており、これらの発酵槽の底部から吸引された排気はアンモニア回収装置と発酵熱回収装置を通過する過程でそれぞれが回収されます。その後、排気は堆肥脱臭による高度処理のために第4、5発酵槽の堆肥の底部に圧送されます。当初はこのような流れで排気を処理していましたが、pHの低い樹皮など副資材によっては排気中のアンモニア濃度が低くなることがあり、現在はアンモニア回収装置を省略して堆肥脱臭だけで悪臭に対応しています。

　アンモニア回収装置を使用していた当時、堆肥化にかかるコスト調査を実施したところ、ランニングコストは電気代、副資材費、薬液費で年間480万円を要し、このうち薬液費は全体の3割でした。稼動を開始してから10年以上を経た現在も、特にトラブルや設計変更はなく大きな修理費用は発生していません。この一連のシステムは共同開発したメーカーから販売されています[4]。また、吸引通気方式を堆肥舎に適応した最近の研究成果も紹介されていますので[5]、既存の堆肥舎を改良する場合などはこちらが参考になります。

　吸引通気方式はアンモニアを主体とする悪臭対策技術として開発されましたが、アンモニア回収装置の項で触れたように排気の温度は常に50〜60℃であり、吸引通気方式の堆肥化施設は24時間利用できる「熱源」として期待されています。堆肥の発酵熱の回収・利用については「Ⅰ章9 堆肥発酵熱の有効利用」(64ページ)で詳しく説明します。

【参考文献】
1) 昭和電機株式会社「技術者用カタログ電動送風機」(https://www.showadenki.co.jp/files/pamphlet/denso.pdf)
2) 阿部ら(2009)「吸引通気式堆肥化処理におけるアンモニア回収と資源化」『におい・かおり環境学会誌』40(4), pp.221-228
3) 田中(2009)「出来上がり堆肥による悪臭の除去と堆肥の窒素成分調整」『におい・かおり環境学会誌』40(4), pp.229-234
4) 岡本製作所ホームページ (https://252.co.jp/?page_id=449)
5) 坂井・宮島(2018)「吸引通気方式での堆肥発酵は、圧送通気方式より水分蒸発率や有機物解率が上回り、良好な堆肥生産ができる」『佐賀県研究成果情報』(https://www.pref.saga.lg.jp/kiji00361782/3_61782_99323_up_xarduktz.pdf)

I章 堆肥化など固形物の処理方法
5 密閉縦型装置における牛糞尿の堆肥化

中久保 亮

密閉縦型堆肥化装置は「コンポ」「縦コン」「縦型コンポスト」といった通称で知られています。密閉した発酵槽内で糞尿を機械的に撹拌（かくはん）・強制通気するもので、従来の堆肥化方式と比べ、「発酵期間を短縮できる」「縦型に設置するため省スペース」「切り返しや水分調整の手間を必要としない」「密閉式の悪臭処理が比較的容易」などがメリットに挙げられます。全国の普及実績は6,000基以上で、コンポというと中小家畜の糞尿処理装置というイメージですが、実は酪農経営でもに100基以上導入されており、牛糞の堆肥化装置としても十分実績があるといえます。

1 堆肥化装置としての特徴

密閉縦型堆肥化装置（**写真1**）には2つの特徴があります。1つ目は、魔法瓶のように断熱材で覆われた発酵槽です。これにより、発酵槽の外周部でも中心部とほぼ同様の発酵温度を維持でき、発酵槽をフル活用した堆肥化が可能となります。また断熱性能が高いため、放熱による発酵熱のロスが少なく、堆肥水分を効率的に蒸発させることができます。密閉縦型堆肥化装置は乾燥処理が主体との評価もありますが、実際のところは、発酵が非常に効率的に進むが故に乾燥が促進される装置といえるでしょう。

2つ目の特徴は、撹拌羽根です（**図1**）。発酵槽内に設置された鉛直方向の回転軸に、複数の撹拌羽根が取り付けられており、油圧アクチュエータにより1時間に1回転程度の非常にゆったりとした速度で、半連続的に発酵槽をかき混ぜます。撹拌羽根には、小さな通気穴が開けられており、ブロワによる圧送空気が常時吹き出しています。かき混ぜながら発酵槽内を満遍なく通気することにより、堆肥化を担う好気性微生物の増殖に必要な酸素を十分に供給する

写真1　密閉縦型堆肥化装置の外観

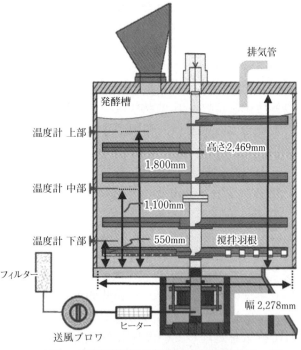

図1　密閉縦型堆肥化装置の内部構造の一例
（日豚会誌53（2）、川村ら「密閉縦型発酵装置の発酵熱と回収可能熱量」から引用）

ことができ、発酵熱により蒸発した堆肥水分を効率的に排気として発酵槽外へ排出できるのです。

これら2つの特徴により、密閉縦型堆肥化装置は大きなスペースを必要としない上、堆積式堆肥化と比べて4～5倍の発酵速度(有機物分解速度)となる高速堆肥化が可能になります。

2　連続式の堆肥化システム

堆積式がバッチ式(回分式)の堆肥化システムであるのに対して、密閉縦型装置は水分の高い発酵原料を発酵槽内の水分30～40％程度の堆肥と混合させることにより、発酵槽内で水分調整と堆肥化を同時並行的に行う、連続式のシステムです。フリーストール飼養などの酪農経営体では、水分85％前後のスラリー状の糞尿を処理する必要があります。堆積式ではオガ粉や戻し堆肥などによる水分調整作業が前処理として必要になりますが、密閉縦型装置ではスラリーを直接発酵槽へ投入し、発酵温度65℃前後の良好な堆肥化を行うことが可能です。このシンプルな一連作業は、密閉縦型装置の大きなメリットといえるでしょう。

一方、密閉縦型堆肥化装置の稼働には、連続式の堆肥化システムならではの発酵管理が必要になります。

発酵槽内の発酵状態は日々変化します。外気温低下などの外的要因により発酵速度が低下すると、発酵槽内の堆肥水分が上がり、発酵槽内の発酵原料の水分調整が不十分になります。その結果、通気性の低下に伴って発酵速度がさらに低下し、原料の水分調整がますます困難になる、という悪循環に陥るため、発酵状態が悪化するのです。発酵原料の投入量が多く滞留日数が短い場合や、原料水分が高い場合に、このような悪循環が発生しやすくなります。放置すると堆肥水分が上昇して、発酵槽内で直径10cm程度の堆肥の塊が形成され、発酵槽下部の堆肥排出口からの排出が物理的に困難な「発酵不良」状態となります。水分の高い牛糞尿の処理では注意が必要です(**写真**

写真2　良好な堆肥（左）と発酵不良の堆肥

2)。

堆積式堆肥化などのバッチ式では、発酵不良が発生しても、次のバッチに悪影響を与えることはありませんが、連続式の密閉縦型装置では、日々の発酵状態の積み重ねが今日の発酵状態に影響し、完成堆肥の性状を決定するのです。このように密閉縦型装置は、堆積式などとは全く異なる特徴を持つ堆肥化システムといえます。

3　発酵管理のポイント

日々の主要な堆肥管理作業は❶発酵状態の確認❷発酵槽からの完成堆肥の排出❸発酵槽への発酵原料の投入─の3つから成ります。発酵状態の確認では、他の堆肥化装置と同様に、堆肥温度(発酵槽温度)が発酵指標として活用されています。密閉縦型装置では、わずか2～3℃の平均温度の違いにより、発酵状態や完成堆肥の性状が大きく変化するため(**図2**)、一連の堆肥化工程を日々の作業手順に組み込み、毎日定時に堆肥温度チェックすることが望ましいといえます。ただし、日々の発酵状態の変動に神経質になる必要はありません。密閉縦型装

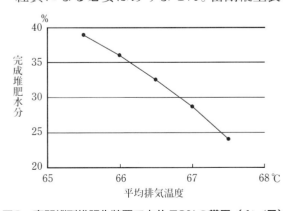

図2　密閉縦型堆肥化装置で水分70％の糞尿（4t／日）を7㎥／分の通気量で堆肥化した場合の平均排気温度と完成堆肥水分との関係（理論値）

置の滞留日数は14日前後のため、発酵状態の悪化は緩やかに進行します。ゴロゴロとした堆肥の塊が堆肥排出口から取り出されるなど発酵状態の悪化が顕在化するまでには、数日の時間のズレがあります。このため、「ここ3日ほど発酵槽温度が低いな」など、発酵速度の低下を感知した時点で対応すれば、回復は十分可能です。

発酵槽下部からの完成堆肥の排出作業は、発酵原料の投入のための上部空間を確保するために必要な作業です。発酵槽内の乾燥堆肥は発酵原料の水分調整材や、投入された発酵原料を温めるための熱源としての役割を担うため、完成堆肥の排出は必要最低限にとどめることが重要です。また、発酵原料の投入作業中、数十分間にわたって上部投入口を開放したままにしているのを見掛けることがあります。発酵槽の上部空間が外気により冷却されると水分蒸発の効率が落ちます。面倒でも投入口は小まめに閉じた方が良いでしょう。

完成堆肥は最も分かりやすい発酵状態のバロメーターといえます。しかし、14日前後の滞留日数があるため、直径10cm程度の堆肥の塊がゴロゴロ排出されたときは、発酵状態が数日前から悪化していたことを意味します。早急な対処が必要です。発酵原料の性状にもよりますが、完成堆肥の水分が40％前後まで上昇すると、堆肥の塊が発生しやすくなります。発酵状態が悪い場合は、糞尿の投入量を減らして一時的に発酵負荷を下げたり、後述する廃白土を投入することで、改善は可能です。

当然のことながら、糞尿の水分が高いほど、糞尿の投入量が多いほど、シビアな発酵管理が求められます。逆に、発酵槽容積に対して無理のない投入負荷であれば、完成堆肥の排出が困難になるような発酵不良が散発することはないでしょう。

4　廃白土の活用

前述のように、連続式の堆肥化システムである密閉縦型装置では、良好な発酵状態を維持し続けることが重要です。そのためには好気性微生物による有機物分解に伴って発生する発酵熱で、発酵原料の水分をしっかり蒸発させる必要があります。

乾物1kg当たり4,500kcalの発酵熱が発生します。水分蒸発には水1kg当たり800kcalが必要なため、理論的には乾物1kgの分解（堆肥化）により、約5.6kgの水分を蒸発させることが可能です。言い換えれば、堆肥化により蒸発させることのできる水分量は、堆肥化の過程で分解される乾物量に依存するのです。

鶏糞や豚糞は、微生物によって分解されやすい易分解性有機物の含有量と発酵原料の水分とのバランスが取れています。しかし牛糞尿は易分解性有機物の含有量が比較的少なく、また、牛糞尿スラリーは水分が90％程度あるため、密閉縦型堆肥化装置の滞留日数である14日前後では、水分を十分に蒸発させることが困難です。

そこで、発酵促進のための副資材として広く活用されているのが廃白土（**写真3**）です。廃白土は食用油などの精製過程で発生する有機性廃棄物です。易分解性有機物である油分を多く含有し、また、

写真3　発酵促進剤である廃白土は密閉縦型堆肥化装置での牛糞尿の堆肥化に必要不可欠

写真4　発酵槽内の堆肥の過乾燥により発生した堆肥粉塵による配管閉塞

水分をほとんど含まないため、牛糞尿と共に発酵槽へ投入することで、牛糞尿の水分蒸発を促進させることができます。なお、廃白土の入手のしやすさには地域差があります。

廃白土の投入量は、発酵状態により適宜調整する必要があります。必要以上に廃白土を投入すると、発酵熱と発酵原料の水分とのバランスが崩れます。廃白土の分解による発酵熱により、水分蒸発が過度に進行した「過乾燥状態」になると、発酵槽への通気によって舞い上がった堆肥粉じんが、結露水により泥濘化して排気配管経路を閉塞（へいそく）させるトラブルが発生することがあります（**写真4**）。

排気配管が閉塞すれば、水分を十分に蒸発させることができなくなるため、発酵状態が急激に悪化します。外気温が高く、発酵状態が比較的良好になる夏季に発生しやすいようです。発酵状態が良好な故のトラブルといえますが、堆肥が乾燥し過ぎないように廃白土の投入量を適切に調整することで回避は可能です。

なお廃白土は、含有する油の種類や含有量によっては自然発火しやすい特性を持つため、保管には十分留意する必要があります。

5　通気量の調整

密閉縦型堆肥化装置は、冬季に発酵状態が不安定になりやすいことが経験則として知られています。これは、入気する空気や投入される糞尿の温度が夏季と比較して低いためです。

写真5　通気量調整用のバタフライバルブ

言い換えると、夏季と比較して発酵槽への熱の流入量が減少するために、発酵槽回りの熱収支のバランスが崩れることが要因です。そこで、熱収支のバランス調整が必要になります。熱の流入量の減少に合わせ、熱の流出量すなわち排気として持ち出される発酵熱量を低減することで、発酵状態を改善できます。

入気配管には通気量調整用のバタフライバルブ（**写真5**）が設置されています。バタフライバルブを絞って通気量を減らすことで、発酵槽から排気として持ち出される発酵熱量を低減できます。ただ通気量の減少により、発酵原料の水分も蒸発しにくくなるため、糞尿の投入量についても調整が必要になります。

近年、遠心式のリングブロワに代わり、定容積式のルーツブロワを導入する事例が増えています。ルーツブロワはその構造上、バタフライバルブでの通気量調整ができないため、インバータによるブロワ周波数制御により通気量を調整します。

また、通気量の調整の他に、前述の廃白土の活用や後述の入気空気の加温も、発酵槽回りの熱収支のバランスを調整するための効果的な対策です。

6　通気穴のメンテナンス

撹拌羽根に開けられた通気穴は、良好な発酵状態を維持するための重要なメンテナンスポイントです。撹拌羽への堆肥の付着

写真6 通気穴の閉塞は発酵状態の悪化に直結するため定期的な掃除が望ましい

により通気穴が閉塞すると、通気抵抗が上昇するため、通気量が減少します(**写真6**)。

その結果、発酵原料の水分を十分に蒸発させることが困難になり、発酵状態が不安定になるのです。通気穴の掃除には、発酵槽内の堆肥を排出する必要があります。作業者の負担は大きいですが、容易にはチェックできないメンテナンスポイントであるため、発酵状態が安定しない原因になっている場合も多いといえます。特に水分の高い牛糞尿スラリーなどは通気穴の閉塞が発生しやすいため、1年程度の間隔で定期的に通気穴を掃除することを推奨します。

7 熱交換器などによる入気空気の加温事例

前述のように、廃白土の活用や通気量の調整は発酵改善に有効ですが、この他に、電熱ヒーターや入気・排気熱交換器による入気空気の加温も有効な対策です。

多くの密閉縦型堆肥化装置には発酵槽容積に応じて3～5kWの電熱ヒーターが装備されています。家庭用ヘアドライヤー数個分の出力とはいえ、例えば5kWの電熱ヒーターを稼働することで、電力量料金は1カ月当たり約6万円の増加になります。電熱ヒーターの使用で、堆肥化装置の消費電力が20～50％増加することを懸念して、普段は電熱ヒーターの使用を避ける畜産経営者は多いようです。ただ、発酵状態が悪化した際や糞尿処理量が一時的に増加した際に、スポット的に活用するには有効な対策といえるでしょう。

入気・排気熱交換器による入気空気の加温は、排気として大気中に捨てられる発酵熱を発酵槽へ返送して再利用するものです。ランニングコストがかからないことから、コストメリットの大きな発酵安定化技術といえます。

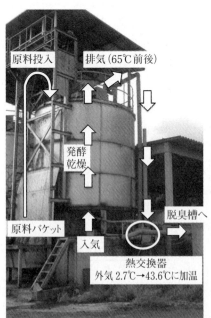

写真7 入気・排気熱交換器による入気空気の加温

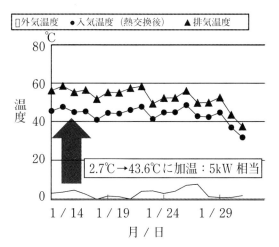

図3 入気・排気熱交換器による入気空気の加温効果

　熱交換機は、密閉縦型堆肥化装置のメーカーも採用していますが、ここでは筆者らの実施した、直交流プレートフィン型熱交換器(セキサーマル㈱、**写真7**)による入気空気加温試験の結果を紹介します。

　試験は、栃木県那須塩原市の酪農家(フリーストール飼養、搾乳牛100頭規模)の密閉縦型堆肥化装置(発酵槽容積56㎥、中部エコテック㈱D63型)で実施しました。朝・夕の1日2回、発酵原料(牛糞尿スラリーおよび廃白土)が堆肥化装置に投入されます。廃白土の使用量は、スラリー1㎥に対して、約0.1tです。

　熱交換器により、入気空気は2.7℃から43.6℃に加温されました(**図3**)。この密閉縦型装置には3kWのヒーターが装備されていますが、熱交換器による発酵熱返送により、これを上回る5kWの出力が得られたことになります。

　農場へのヒアリングによると、熱交換器の導入以前の牛糞尿スラリー処理量は夏季5㎥/日、冬季3〜4㎥/日でしたが、熱交換器の設置により、季節に関係なく5〜6㎥/日のスラリーをコンスタントに処理できるようになったとのことです。

　最後に、この農場が実践する非常にユニークな発酵管理のノウハウを紹介します。

　発酵状態を、発酵槽の上部に設けられている点検口から数センチメートル角の角材を発酵槽内へ突き刺し、その貫入抵抗から判断しています。発酵状態が良好であれば、角材はスッと突き刺さりますが、発酵状態が悪化すると、堆肥の塊が多くなり堆肥水分も高くなるため、貫入抵抗が大きくなります。糞尿投入口のある発酵槽上部の発酵状態が把握できるため、堆肥排出口からゴロゴロとした堆肥の塊が出てくるまでの時間のズレなしに、いち早く発酵状態を判断できるのです。

　水分が高く、発酵状態が安定しにくい密閉縦型堆肥化装置による牛糞尿の処理では、このような作業者の創意工夫や、日々変化する発酵状態に合わせたきめ細かい管理が求められます。その一方で、牛糞尿を水分調整のための前処理を行うことなく高速で堆肥化できるのは、密閉縦型堆肥化装置をおいて他になく、今後ますます普及が進むものと思われます。導入の検討に当たっては、水分の高い牛糞尿の堆肥化に必要不可欠な廃白土の手に入りやすさやコストが地域によりさまざまであることに留意が必要です。

　熱交換器による入気空気の加温についての紹介事例は、農研機構生研支援センター「革新的技術開発・緊急展開事業(うち経営体強化プロジェクト)」の支援を受けて実施しました。また、試験研究に当たり、竹内牧場の竹内基氏には多くのご協力をいただきました。心よりお礼申し上げます。

I章 堆肥化など固形物の処理方法
6 ハウス乾燥を併用した撹拌(かくはん)式堆肥化施設

西村 和彦

好気的発酵である牛糞の堆肥化において、通気性を確保するには撹拌式であれ、堆積式であれ、投入時の比重調整は不可欠です。10ℓのバケツにオガ粉やもみ殻などの副資材を混合した牛糞を入れ、6.5kg以下になるように調整することが推奨されています。

しかし、良質な副資材が安定して手に入らない、または副資材の価格が高騰して使えないことがあります。これらの問題を解決する方法として、ハウスで牛糞をあらかじめ乾燥し、副資材とするというものがあります。この方法を実践している大阪府堺市の堺市畜産農業協同組合の事例を紹介したいと思います。

1 堺市畜産農業協同組合の立地と現状

大阪市に隣接している堺市は、大阪府の農地面積1万3,200haの8.9％（1,180ha）を占めており、農業生産額33.1億円、総農家戸数2,566戸共に府内1位と農業が盛んです。ハウスや露地での軟弱野菜の生産や水稲や果樹の生産も盛んです。畜産は16戸の酪農家と2戸の肉用牛農家、1戸の鶏農家が営農しています。堺市畜産農業協同組合（農事組合法人堺酪農組合）は堺市の南東、河内長野市に隣接した丘陵地にあり、敷地面積28haを有しています（**写真1**）。

しかし採草地や放牧地はほとんどなく、堆肥はほぼ全て場外の農地に還元されます。組合の周辺にはゴルフ場や住宅地、農地が広がっているため、臭気には十分気を付けなければなりません。また近隣住民との約束で、浄化処理した尿汚水を下流域に流すことはできません。

散在していた酪農家23戸が昭和40年（1965年）代にこの地へ集結し、共同で糞尿処理、飼料購入などを始めました。1981年に天日乾燥施設19棟と堆積強制発酵施設39棟、混合槽2槽、ディスク型尿蒸発施設が完成しました。ディスク型尿蒸発施設は直径約2mの円盤が何枚も連なり、ばっ気され臭いの少なくなった尿汚水が円盤の下部

写真1　左側は天日乾燥施設、正面の5棟は発酵堆肥化施設

写真2　尿汚水のディスク蒸発施設

写真3　ディスクと浄化した尿汚水のプール

のプールに供給されています。プールに漬かった円盤が回転して水面から上がったときに後方からの扇風機の風で尿汚水を蒸散させるという仕組みで、浄化した尿汚水を下流に流すことありません（**写真2、3**）。

91年に、堆積強制発酵施設7棟と撹拌式の発酵堆肥化施設5棟が増設されました。現在、組合員数11戸25人で乳牛760頭を飼養し、組合員外の1戸が肉牛60頭を飼養しています。年間の牛乳生産量は約7,000t、平均乳脂率3.91％、平均乳固形分率8.62％、平均産次数4.5産となっています。

給与飼料は共同購入した輸入乾牧草（チモシー、オーツヘイ、スーダングラス、ヘイキューブ）と濃厚飼料で、エコフィードとして近隣の梅酒製造所から排出される梅酒漬け梅を給与している農家もあります。梅酒漬け梅は嗜好（しこう）性が良く、栄養価にも富むことから市内では乳牛のみならず、2001年ごろから主に黒毛和種肉用牛にも給与され、その肉は「大阪ウメビーフ」のブランドで販売されています。大阪の暑い夏を乗り切るために牛舎は全てトンネル換気になっており、牛にとってもサシバエのいない衛生的で快適な環境となっています。91年の牛肉輸入自由化以前は北海道から牛を導入して搾乳しながら肥育する一腹搾りが中心でしたが、現在は人工授精や受精卵移植を活用して、自家繁殖や肉用素牛生産も行われています。

乳牛の子牛育成は大阪府が（地独）大阪府環境農林水産総合研究所で行っている預託育成事業を利用することが多いのですが、自家育成する農家もあります。昨年、大阪市平野区で61年から酪農を営んでいた市内最後の酪農家がこの組合に移転。新しく64頭牛舎を建設し（**写真4、5**）、若い後継者が活躍しています。

写真4　2018年に新たに建設された牛舎

写真5　対尻式の新牛舎内部

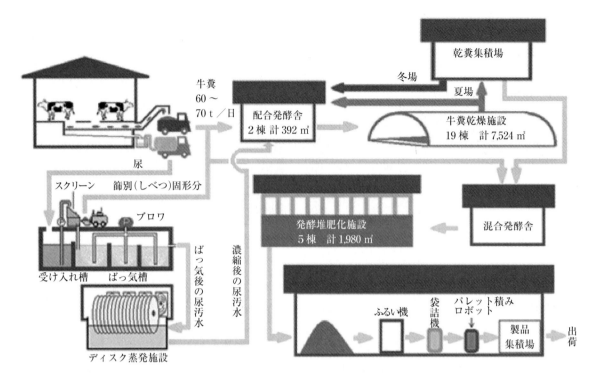

図1 堆肥化施設フロー図

2 糞尿処理の現状

この組合の糞尿処理全体のフロー図と配置図を**図1、2**に示します。これらの施設は組合の作業員3人で運営されており、電気代は月に百数十万円余りかかっています。

組合員はそれぞれ50～80頭規模の対尻式のつなぎ牛舎で乳牛を飼っています。バーンクリーナが二重底になっていて、上面の鋼板には直径1 cmぐらいの穴が所々に開けてあり、尿汚水が下部の底に流れ込みます（**写真6**）。牛舎の端に尿ピットがあり、そこに尿汚水が流れ込むように設計されています。

ピットにたまった尿汚水は組合の作業員がバキュームカーで回収して、ディスク型尿処理施設にある受け入れ槽に投入されます。尿汚水は固液分離後、ばっ気槽で浄化されてディスク型尿蒸発施設で蒸散処理されます。上面に残った牛糞はバーンクリーナでかき出されてトラックの荷台に搬送されます。トラックの荷台にたまった牛糞は、各農家によって組合が管理している発酵配合舎または混合発酵舎に

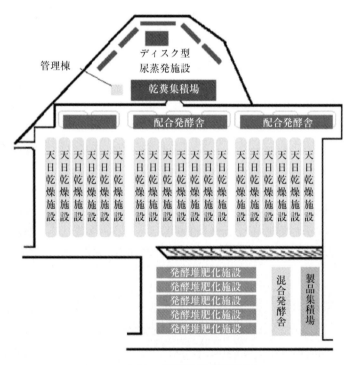

図2 堆肥化施設配置図

朝夕運ばれます。その結果、水分約85％の牛糞が総計日量約60～70 t 処理されています。発酵配合舎や混合発酵舎には**図3**のように乾燥牛糞で土手をつくり、生糞を受け入れる槽を設けています。投入される生糞との容量比が1：1になるよう乾燥牛糞の

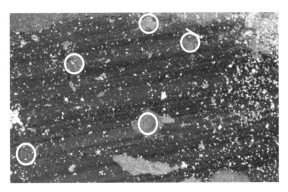

写真6　バーンクリーナーの底部に開けられた穴（赤丸部分）

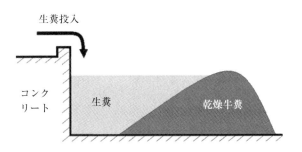

図3　配合発酵舎と混合発酵舎の断面図

量を調整し、その槽に投入された生糞がいっぱいになるとフロントバケットローダで混ぜられ、水分約55％の混合牛糞が樹脂で半円形に覆われた天日乾燥施設に投入されます。この際、生糞が周辺に流れ出ないよう慎重に混合する必要があります（**写真7、8**）。天日乾燥施設に投入された牛糞は5～7日後に出口に到達します（**写真9**）。

夏に天日乾燥施設で乾燥された牛糞の一部は乾糞集積場に貯蔵され、冬の水分調整材として使われます。これは、水分が飛びにくい冬場に生糞を乾燥牛糞と混ぜると水分の蒸発が起こる表面積が増え、早く乾燥するからです。

混合発酵舎でも発酵配合舎と同様に牛糞はフロントバケットローダで混ぜられ、発酵堆肥化施設に投入されます（次ページ**写真10**）。発酵堆肥化施設に投入された牛糞は40～45日後に出口に到達します。

写真7　天日乾燥施設全景

写真8　配合発酵舎（手前）と天日乾燥施設（奥）

写真9　天日乾燥施設の出口

写真10　撹拌式牛糞発酵槽と（奥）と混合発酵舎（手前）

　発酵後の牛糞は製品集積場内でふるいにかけられ（**写真11**）、袋詰めされた後、ロボットでパレットに積み込まれます（**写真12**）。40ℓ（約19kg）袋入りの小売価格は330円で、堺市内や大阪府、兵庫県の農協や和歌山の民間企業などに販売されています（**写真13**）。また、製品集積場にはばら売り用にふるい分けした牛糞発酵堆肥が袋詰めされずに保管されています。ばら売りの牛糞発酵堆肥は製品集積場渡しで1,500円/㎥で、近隣の農家へは配達も行っています。主に12～4月に購入することが多いようです。

　肥料の成分は**表**の通りです。窒素、リン酸、カリのバランスが比較的良く、良質な牛糞発酵堆肥に仕上がっています。一般的な発酵牛糞堆肥に比べ有機質が多く、水分が低いのが特徴です。また原料が乾燥牛糞と生糞だけで、オガ粉やバークなどの木質バイオマスは添加されていないため、C／N比が14と低く、この堆肥は一般的な発酵牛糞堆肥に比べて肥効成分に富んでおり、肥効を少し含む土壌改良材になっていると考えられます。

◇　　◇　　◇

　都市酪農では採草地や放牧地の確保が難しく、家畜排せつ物の処理利用、臭気対策、排水処理など厳しい制限が課せられます。こうした条件下で、都市住民に新鮮な牛乳や農地の地力向上のための堆肥を供給して

写真11　発酵牛糞の篩別施設

写真12　袋入り発酵牛糞堆肥の積み込みロボット

表 堺市畜産農業協同組合発酵牛糞堆肥の成分分析値（2019年4月15日）

項　目	分析成績	乾物換算値
水　分	24.51%	―
窒素全量（N）	2.01%	2.66%
リン酸全量（P_2O_5）	2.11%	2.80%
カリ全量（K_2O）	3.75%	4.97%
石灰全量（CaO）	3.85%	5.10%
有機物（強熱減量法）	53.69%	71.12%
炭素窒素比（C／N）	14	
pH	9.3	

写真13　堺市畜産農業協同組合の発酵牛糞堆肥

います。堆肥の自家消費がないため、農地還元するには周辺農家や一部の都市住民（ガーデニングなど）に利用してもらう以外になく、製品としての堆肥には安定した品質が求められます。

堺市畜産農業協同組合の堆肥は、副資材としてオガ粉やもみ殻を使っていません。オガ粉は都市部では安定して得られませんし、3,000円／㎥と高価です。また、もみ殻は大容積の保管場所が必要で、使用時に破砕する必要があるため牛糞を天日乾燥施設で乾燥して副資材として使うという方法は理にかなっているように思われます。ただ、天日乾燥施設の設置にはスペースの確保とイニシャルコストがかかるため、この組合のように地理的に近い酪農家が共同で使用することを考えて良いかもしれません。

家畜糞堆肥製造のために使える副資材の種類や価格、堆肥の利用先の形態、周辺環境は地域によって異なります。経済、社会、環境に関するさまざまな条件を考慮して持続可能な堆肥化の方法と施設運営体制を決めることが肝要です。また、製品となる堆肥は安定した品質を維持し、注文に応じて出荷できるようストックしておく必要があります。さらに、牛糞堆肥をペレット造粒することによって植物の肥料成分（特にリン）の吸収が良くなったり、堆肥のストックのための容積が4割程度減り、その後の流通や農家での利用にも有利になることが考えられます（※）。堆肥の販売形態としてはバラ売りと袋詰めだけでなく、農家の受け入れ体制が整えば、フレコンバッグの利用によって低コスト化が図れて、販売促進につながるかもしれません。

【引用文献】
※荒川祐介（2015）「総説　家畜ふん堆肥の化学肥料代替を進めるためのペレット化と窒素付加」『Journal of Environmental Biotechnology（環境バイオテクノロジー学会誌）』Vol. 15、No. 1、pp.29–34

I章 堆肥化など固形物の処理方法

7 発酵を順調に進める副資材の利用法

道宗 直昭

1 堆肥化過程における副資材の役割

家畜の排せつ量、水分は畜種、体重、生育ステージによって異なります。搾乳牛で生乳生産量が約1万kg以上の牛の場合、糞の排せつ量は約54kg、水分は約86％です。水分が高いため、この状態では糞の内部に空気が入りません。そのままの状態で放置しておくと内部に空気（酸素）が通らなくなり、糞中の分解しやすい有機物（易分解性有機物）は嫌気性微生物によって嫌気分解をし始め、強い不快臭を発生しながら、ゆっくり分解します。

嫌気性分解の場合は糞中の有機物の分解速度が遅く、水分もほとんど蒸発しないため、いつまでも汚物感が残り、取り扱い性が悪く資源としての利用は難しい状態のままです。そこで水分の高い糞に空隙（くうげき）性、通気性を確保できるような材料を混合し、糞の内部に空気が入り、それが保持されやすい状態にすると、糞中の有機物は好気性微生物によって好気分解されるようになります。これが堆肥化です。好気性微生物により有機物分解を促進させる状態にする、そのための混合資材が副資材です。

好気性微生物による有機物分解は、嫌気性微生物による分解より速く、硫黄化合物や低級脂肪酸など私たちの嗅覚では不快に感じる臭気の発生量も少なく、加えて分解時に大きな熱量の分解熱を発生するため、材料中の水分が蒸発し、堆肥は取り扱い性の良い安定したものに仕上がります。前述したように、副資材の役割は、水分が高く内部に空気を保持できない状態の糞に、隙間と空気を保持させることです。そのため、副資材には一定程度粒状で、乾燥したものを使います。

2 副資材の要件・特徴

堆肥原料の空隙性、通気性を高めるための副資材の要件は、糞と均一に混合しやすいことに加え、吸水性も高めるなど堆肥化促進の条件を整えることです。好気性微生物の繁殖条件が満たされ、糞中の易分解性の有機物分解が促進されることも大切です。さらに、副資材は大量に使用されるので、安価かつ入手しやすいことも大事な要件です。

牛糞（水分約86％）を堆肥化しやすい状態（水分70％以下）にするには、牛糞と同じ容積以上の副資材が必要になります。また、堆肥化時に糞中の易分解性の有機物をより速く分解させるには通気性を確保することが必要で、副資材が低水分であっても粉状のものは団子状になりやすいため、ある程度粒状のものが適しています。

価格は無料が理想です。購入する場合の価格の目安はオガ粉の場合、酪農家では1㎥当たり3,000円が限度と考えられます。トラックなどの燃料費も必ず加算されるので、できる限り近場で確保することが望まれます。大型トラックで一度に25㎥以上を積載して運搬する、などの工夫も必要です。道路事情にもよりますが、80～100kmが輸送距離としての限界と思われます。

3 副資材の種類

【オガ粉】

オガ粉は製材所などで木をのこぎり引きした木くずで、水分は10～30％。家畜の敷料や堆肥製造の副資材として、最もよく使われています。保水性、吸水性、均一性が高く、乾燥しており軽く、取り扱い性が良

い材料です。比較的どこでも入手しやすく、臭気も吸着しやすい特徴があります。ただ地域によっては、バイオマス発電の燃料としての利用拡大に伴う競合から、入手が難しくなりつつあります。現在、価格は上昇傾向にあり、運賃込みで2,000〜3,000円/㎥程度となっています。オガ粉は難分解性の有機物が多いため、保存性が高く安定した材料です。留意すべきは、敷料として利用した場合、それを使ってで製造した腐熟期間が短い堆肥を施用したときに、作物障害を起こす可能性があることです。このため腐熟期間を3〜6カ月程度と長く取る必要があります。また、粒径が小さいオガ粉は風で舞い上がりやすく、家畜や作業者が吸い込みやすいので、使用時にはマスクを使用することが望まれます(**写真1**)。

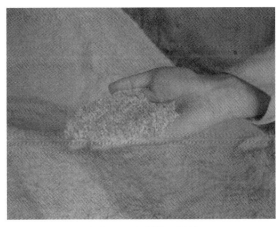

写真1　オガ粉の性状

【もみ殻】

もみ殻は精米する際のもみすりの工程で発生する米の外皮で、クッション性や通気性が良いものの、形質が硬く水をはじく性質があり吸水性、保水性に劣ります。このため、粉砕や蒸気圧ぺん加工をすることで、その機能を高める場合があります。日本全国で入手可能です。稲作農家にとっては廃棄物で、畜産農家が取りに行くケースがほとんど。ほぼ無償で確保できることから、オガ粉の代替として有力です(**写真2**)。ただ、カントリーエレベーターを除くと秋にしか入手できないので、収集に労力がかかり、ストックヤードの確保も必要です。また、野外で雨水にぬれたまま長期間放置す

写真2　もみ殻の性状

るとカビが発生する他、野生動物の侵入にも注意が必要になります。

【戻し堆肥】

戻し堆肥は、畜産農家で生産された堆肥を乾燥させて水分を低い状態にしたものです。水分は20〜40％程度が目安で、これ以上になると敷料よりも副資材としての使用量が多くなります。利用の留意点は、乾燥し過ぎると粉状になり、家畜や人の呼吸器に影響を与える恐れがあること、糞尿と混合して水分が高くなるとオガ粉を使用した場合より重くなることが挙げられます。高水分の物を敷料に使うと、人力での除糞作業が重労働となる傾向があります(**写真3**、次ページ**写真4**)。戻し堆肥については、適切な製造手順を含め次の節で詳しく紹介します。

写真3　貯留中の戻し堆肥

写真4　戻し堆肥を使った牛床

【わら類】

わら類には稲わらや麦稈(ばっかん)などがあり、保温性が良く、吸湿性にも優れることから、敷料として古くから利用されてきました。細断して使う場合もあります。わらを利用するには、収集・梱包(こんぽう)作業が必要なため、そのための機械が必要となります。多くの耕種農家はそれらの機械を所有しておらず、収集作業はほとんど畜産農家が行わなければならないため作業時間の確保が必要です。わらの入手は購入というより、稲わら堆肥との交換でなされるケースが多いようです。

【キノコ菌床】

キノコ菌床はオガ粉やコーンコブ(トウモロコシの芯を粉砕したもの)を基材としており、キノコを栽培した後の菌床(廃棄物)を副資材として使います。菌床の水分はキノコの種類によっても異なりますが、おおむね50～80％と高いため、副資材に使うには乾燥させなければなりません。吸水性はオガ粉と同様で、栄養分があるため保管する場合、雑菌などの繁殖に注意が必要です。堆肥化しやすい副資材ですが、不快臭が発生しやすいので、水分が高くなり過ぎないよう気を付けましょう。

【その他】

これらの他、安全で身近で安く入手できるものとしてプレーナくず、ウッドチップ、バーク、せん定枝なども利用されています。プレーナくずは大きさ0.5～2cm程度、厚さ0.5mm程度の木くずで、電気カンナを使用する際に発生します。オガ粉より吸水性は劣りますが安く入手できるのでオガ粉と併用されています。バークやせん定枝は一定程度粉砕(細断)され軟らかく、針状になっていなければ副資材として利用できます。生のものではなく、ある程度堆肥化され水分が低くなっている物を使った方が良いでしょう。ウッドチップ、プレーナくず、バーク、せん定枝は分解が遅いので堆肥化の1次処理が終わった後、ふるい分けして堆肥を回収し、再度、副資材として利用することもできます(**写真5、6**)。

オガ粉の価格が高騰し、入手が困難になりつつある中で、低コストで入手できるオガ粉の代替敷料が必要となってきています。流通コストの大半を占めるのは輸送費なので、できるだけ近くで乾燥して安全な代替物を探し、確保することが必要です。材料によっては季節性があるものが多いことから、幾つかの材料を組み合わせて敷料として利用することが望まれます。食品残さやせん定枝をうまく活用していくことも対応の1つと考えます。

写真5　バークの性状

写真6　ウッドチップの性状

I章 堆肥化など固形物の処理方法
8 戻し堆肥の生産

道宗 直昭

1 戻し堆肥の特徴

戻し堆肥とは、堆肥の水分を低い状態にして敷料や副資材として利用するものです（**写真1、2**）。生糞を堆肥化するときは、副資材を混合し55〜72％の水分にして堆積し、撹拌（かくはん）あるいは通気することにより、内部に酸素（空気）を供給して発酵を促します。戻し堆肥を副資材に使う場合、水分を50％以下に下げておかなければ副資材として機能しません。戻し堆肥の水分が高いと、多くの量の戻し堆肥が必要になり、堆肥原料としての容積も増えます。堆肥原料の水分が高かったり、堆肥化期間が短いと終了時の堆肥の水分が50％以上と高くなります。その場合は、ビニールハウスで乾燥する、あるいは堆肥に通気して水分を低下させる、堆肥化の2次処理（腐熟期間）を長くするなどして堆肥中の水分を少しでも蒸発させる必要があります。

戻し堆肥の生産は酪農家の堆肥化の延長で行われます。堆肥化すると材料の温度が70℃以上となるため病原菌などは死滅しますが、安全性を考慮して、自家生産した戻し堆肥を他の酪農家に融通することはほとんどなく、自家消費が基本になります。酪農家は通常、敷料や副資材としてオガ粉、もみ殻などを使っていますが、オガ粉の価格高騰やもみ殻の入手時期から外れた場合、すなわち、それらの入手が困難なときに、戻し堆肥を使用します。従って流通価格はありません。戻し堆肥として使うために水分を低下させるには、乾燥工程や腐熟堆積、さらに貯留などその生産に必要な施設の面積を確保する必要があり、手間もかかります。とはいえ、自家生産物であり購入資材ではないので安上がりで、ある程度の量を確保しておけば緊急時には役立ちます。

戻し堆肥は、水分の低い（40％以下）堆肥化した材料（堆肥）を使って生産するのが適当です。しかし前節でも述べたように、乾燥し過ぎると粉状になりやすく、作業面の取り扱い性が悪くなり、家畜や作業者の呼吸器にも悪い影響を及ぼす恐れがあるため、20〜40％程度の範囲にあることが適当と考えられます。水分50％と40％の戻し堆肥を副資材として使用する上での違いは次の通りです。水分85％の搾乳牛糞を堆肥化可能な水分68％になるよう戻し堆肥を添加（混合）しようとすると、水分50％では40％の1.5

写真1　敷料として利用する戻し堆肥

写真2　乳用牛糞堆肥からつくった戻し堆肥

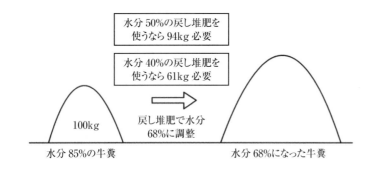

図　戻し堆肥を使った牛糞の水分調整法

倍以上の量（重量）が必要となり、戻し堆肥の使用量を少なくするには水分をできるだけ下げる（乾燥する）ことが必要です（**図**）。

一方、オガ粉は水分が20〜30％で、粒状であるため、粉として舞い上がることも少なく、性状的には難分解性の有機物が主で、3カ月程度の堆肥化では粉状にならず長期にわたり通気性を確保できることから、副資材として使用するには、戻し堆肥よりは使い勝手が良いといえます。

2　製造の適切な手順

戻し堆肥の要件は、腐熟が進んでいること、水分が低いこと、粉状になっていないことなどです。特に敷料として利用する場合は、直接触れる牛にとって、安全で快適なものでなければなりません。従って、敷料用の戻し堆肥の腐熟過化には細心の注意を払うことが求められます。

戻し堆肥の適切な製造手順は次の通り。

【通気】

良質堆肥の製造条件と同じように堆肥原料に適正な通気を行います。原料の水分を約70％以下に調整します。通気量の目安は堆肥原料1㎥当たり毎分50〜100ℓで、堆肥中の易分解性有機物を速やかに分解させます。有機物分解が速いと、分解時に発生する熱量も多く高温になりやすいため、病原菌などを死滅でき、安全性が確保されます。通常、牛糞の場合、最初の1〜2週間で易分解性有機物の多くが分解するので、この期間にしっかり100ℓ程度の通気を行い、堆肥温度を60℃以上にすることが必要です。

【撹拌（かくはん）】

通気とともに撹拌も行います。ショベルローダなどで撹拌する場合は、最初の1カ月は1週間に1度、それ以降は1カ月に1、2回程度の撹拌をします。

【堆肥化の期間】

堆肥化期間は、ショベルローダで切り返しを行う方法で2カ月程度、通気型堆肥舎で1〜1.5カ月は確保します。オガ粉などが入っている場合は、さらに1カ月以上長く、堆肥化の期間を確保します。腐熟が進み水分が40％より低くなると微生物活性も下がってくるので、高温にならなくなってきます。

水分が適正値である40％より高ければ、さらに堆肥化の期間を長くする、薄く広げて乾燥する、ハウス乾燥装置で乾かすなどの工程を取って堆肥の水分を下げてください。撹拌については、やり過ぎると粉状になりやすいので注意が必要です。

【貯蔵】

せっかくつくった堆肥がぬれてしまうと、戻し堆肥としての機能が失われてしまうので、雨などに当たらないよう適切な貯蔵場所を確保することにも留意しましょう。

3　有効利用のポイント

【敷料】

敷料として使用する場合、乾燥して粉状になると散布時に舞い上がりやすくなるので、水分はオガ粉同様20〜40％が適当です

写真3　子牛の敷料として利用する戻し堆肥（4日に1回交換）

（**写真3**）。粉状になったものは、家畜がいないときに散布するのが望ましい。自家製の戻し堆肥であれば乳房炎を抑制できるといわれており、乳房炎対策のため搾乳牛に戻し堆肥を利用する酪農家もいます。**写真4**は北海道・根室管内別海町のバイオガス発電における例で、固液分離機で分離した消化液の固形分をバイオガス発電工程で得られた温風で乾燥し、戻し堆肥（再生敷料）として利用しています。

留意点として、戻し堆肥は糞中の易分解性有機物がかなり分解しており粉状になりやすいため、何度も使用すると粘性が出てきて敷料が固まりやすくなることが挙げられます（**写真5**）。そのため3回程度の循環を目安に入れ替えるか、堆肥化過程を見ながら、堆肥が団子状になる兆候が出てきたときは新たな戻し堆肥を使うといった工夫が必要です。

また、戻し堆肥は病原菌などがゼロではないので自家利用が原則で、同一畜種の戻し堆肥を他から持ってきて使用することは避けねばなりません。

【副資材】

戻し堆肥は、乾くと粉状になりやすいため、副資材として生糞と混合する場合、水分が70％程度であれば団子状になりやすくなるので、少し多めに混合して68％以下の水分にするのが望ましいといえます。

また、戻し堆肥として繰り返し使っていくと水分68％以下でも団子状になり、堆肥材料中に酸素（空気）が供給されにくくなって堆肥化が進まなくなる恐れがあります。副資材として使用する場合も戻し堆肥の繰り返し使用は3回程度とした方が良いと思われます。堆肥化時に堆肥が団子状になる傾向が出てきたなら、新たな戻し堆肥を使うなど工夫が必要です。

さらに、戻し堆肥は、基本的に易分解性の有機物が分解されていることから、戻し堆肥自体は分解せず堆肥原料と混合しても発生熱はない、とされています。オガ粉の場合は、オガ粉の有機物が分解して乾物1kg当たり約3,000kcalの熱を出すので、これによる堆肥原料の水分蒸発が期待できます。戻し堆肥を副資材に使う堆肥化装置（堆肥舎）を設計する場合はその違いを考慮しておかねばなりません。

戻し堆肥は自家製堆肥をするため、オガ粉のように購入費用はかかりませんが、水分が高い場合は敷料や堆肥の副資材の機能が低下します。できるだけ乾燥して使用すること、何回も戻し堆肥として使用しないことなどが留意点になります。

写真4　牛糞尿のメタン発酵処理施設の消化液の再生敷料（別海バイオガス発電㈱）

写真5　戻し堆肥を繰り返し使うと塊状になりやすい

I章 堆肥化など固形物の処理方法

9 堆肥発酵熱の有効利用

小島　陽一郎

堆肥化過程では有機物の分解により熱（発酵熱）が発生し、これにより堆肥原料は60〜70℃程度まで昇温します。この発熱現象は古くから知られており、1980年代後半から発酵熱回収技術が検討されてきました。例えば、堆肥原料の底部もしくは側壁に媒体を通す配管を敷設し、昇温した堆肥原料から熱を抽出する方法や、堆肥原料を堆積しているピットをカーテンなどで簡易的に仕切り、堆肥上部の温められた空気を回収する方法などです。

これらによって温水や外気よりも暖かい空気が回収されることが明らかになったものの、配管敷設法については、配管と接触する堆肥原料の面積が限られてしまうこと、カーテンによる仕切りでは、堆肥上部の冷たい空気により希釈され、得られる空気の温度が低いことが課題として残りました。近年、本冊子で紹介されているような吸引通気式堆肥化システムや密閉縦型堆肥化装置など、効率良く利用しやすい形で熱を回収できる技術、およびその熱の利用技術が開発されてきたので、本稿で解説します。

1 堆肥発酵熱の回収と温水の生産

図1に吸引通気式堆肥化システムおよび密閉縦型堆肥化施設における熱回収の模式図を示しました。どちらのシステムも、有機物の分解により発生した発酵熱は、堆肥に必要不可欠な通気により回収することができます。堆肥に供給された空気は昇温した堆肥原料内を通過することで温められ、その後、発酵熱は高温・高湿度の排気として排気配管に集約されます。これらの方式は通気とともに発酵熱を回収するため、堆

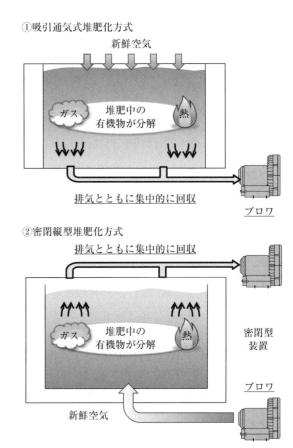

図1　吸引通気方式および密閉縦型堆肥化方式による発酵熱回収の模式図

肥から余分に熱を収奪することなく、堆肥原料全体から熱を集められ、発酵自体への影響はありません。

図2には熱回収の例として、実農場に設置した吸引通気式堆肥化システムにおける通年の排気温度の変化を示しました。良好に調製された堆肥は冬季でも夏季と同様に昇温するため、得られる排気温度も年間で大きな差がなく50〜65℃程度で推移しました。

図3では排気温度ごとの排気1 m³当たりの熱量を示しています。湿潤な堆肥原料を空気が通過することで、原料中の水が蒸気

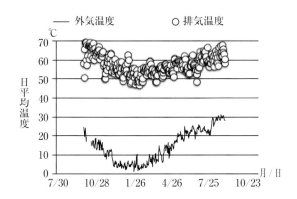

図2 吸引通気式堆肥化システムで得られる排気温度の推移

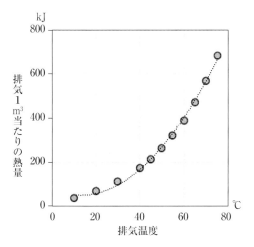

図3 排気温度と熱量の関係

熱交換器諸元	
方式	直交流プレートフィン型
材質	SUS304
サイズ	500×500×360(mm)
容積	75×2ℓ
伝熱面積	9.2×2m²
伝熱面密度	123 m²／m³
質量	65×2kg
備考	伝熱板層数：43

図4 発酵熱回収向け熱交換器の外観と諸元

となって共に回収され、排気の相対湿度はほぼ100％になります。そのため、排気中の水蒸気が持つ蒸発潜熱により、排気熱量は温度と指数的に相関します。例えば堆肥原料100m³に3m³／分の空気を供給し、60℃の排気を得たとすると、排気の持つ熱量は毎分1.2MJ（20kW相当）と、多くの熱量が回収できることになります。

図4に、次に示す熱利用システムにおいて発酵熱を回収するのに用いた熱交換器の外観および諸元を示しました。この熱交換器はプレートフィン型で、内部のプレートの間隔はおおむねね5～10mmです。そのため、砂利などの夾雑物（きょうざつぶつ）が入ることのある農業用水を利用する場合でも詰まりにくく、安定して熱を回収することができます。

堆肥発酵排気からの熱回収では、含まれる水蒸気が結露することにより結露水が発生します。そのため熱交換器には結露水排出口が設けられています。集・排水配管に排出される部分を水封形状にすることで、排出口から排気はもれず結露水のみを適時排出することができます。さらに熱交換器は側面がフランジ構造になっており、砂利などが熱交換器内部に入った場合でも清掃できます。

この熱交換器を用いて、吸引通気式堆肥化システムで得られた排気と水の熱交換を行った場合に通水量ごとに得られる水温を**図5**に示しました[3]。供試した熱交換器（セキサーマル製CP250）において、48℃の排気を熱源とした場合、通水量5ℓ／分までは排気とほぼ同じ温度の温水が得られ、それより通水量が増えると通水量の増加に反

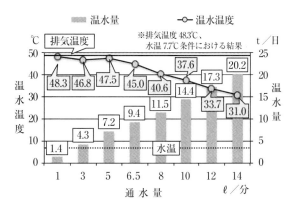

図5 堆肥発酵熱を利用して得られる温水の温度と量

比例して温水温度は低下します。このとき熱交換器の性能を表す総括伝熱係数は80〜90W／(m²・K)で、例えば40℃の温水であれば120頭規模の酪農家で1日当たり11〜12t程度得られることになります。

2 畜産経営内による発酵熱由来温水利用法

【乳牛への温水給与システム】

乳牛は1日1頭当たり100ℓ程度の水を飲むとされています。前述した熱交換器により飲水量と同程度の水を加温できることから、筆者らは回収した温水を冬季に飲水として供給するシステムを開発しました[2]。乳牛の飲水傾向として、搾乳前後に飲水量が増え、夜間は飲水量が少ないことが知られています。そのため温水供給システムとしては、乳牛の飲水傾向に合わせた機能を備えることにしました。

図6に実際の酪農家に設置した、発酵熱を利用する温水供給システムの概略を示しています。この酪農家では密閉縦型堆肥化装置を利用しています。同システムは、飲水が盛んな搾乳前後の時間帯に十分な量の温水を確保するための貯留タンクを設置し、飲水しない夜間でも常時送水・循環し水に熱をためることで十分な温水温度を一日中確保することが可能です。

温水を循環する主管は、枝管によって牛舎に設置した飲水槽に接続しており、牛舎で牛が飲水したら適宜飲水槽に温水を供給します。図7では同システムにおける、冬季の1日の排気温度、温水温度、外気温度および供給水量(飲水量)の推移の例を示しました。

関東北部のこの酪農家では、毎日3回搾乳(6時、12時、18時)し、堆肥化装置へ原料を2回投入します。冬季は外気温が氷点下に達し、原水温度も10℃以下まで下がります。それでも排気温度は1日を通しておおむね65℃を維持。原料を投入すると一時的に10℃程度下がるものの、2〜3時間で元の温度に。飲水量は朝・夕の搾乳前に急激に増加していました。それでも夜間に40℃以上まで加温したことで、朝の時間帯にも十分温かい水を供給し、その後飲水が落ち着く深夜まで30℃程度を維持しまし

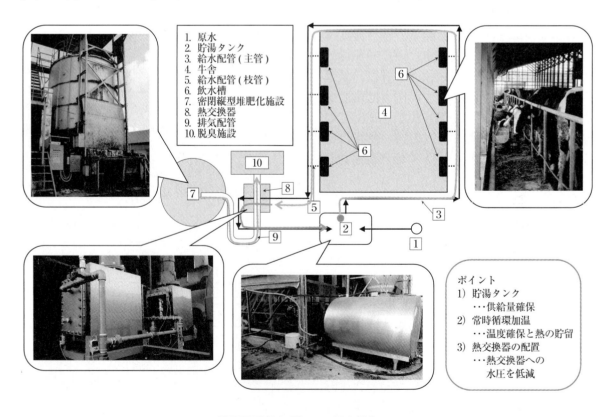

図6 堆肥発酵熱を利用した温水給与システム

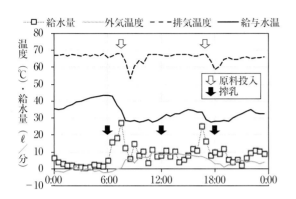

図7 温水供給システムにおける日内の温度変化

た。

ところで、そもそも乳牛には温水を給与した方が良いのでしょうか。ここで図8に精密飼養試験における、関東北部の11～3月の冬季に35℃の温水と10℃以下の冷水をそれぞれ給与した際の飲水量と飲水時間を示しました。図9には各条件における乳量の比較を示しています。

温水を給与すると、冷水を給与した場合に比べ飲水量は10％程度増えているのに対し、飲水時間は4割程度に短縮されました。つまり温水を給与することで、冬季によく見られる"ちびちび"飲みではなく、短時間で多くの水を飲むようになりました。

このとき乳量は温水給与により乳成分に差はなく、有意に3.8％増加しました[5]。飼料の摂取量についても飲水温度による影響はなかったことから、温水給与により収入が増加することが示唆されます。

3％の乳量増加による収入増加は100頭規模の酪農家で、1カ月当たり27万円程度と試算されます。灯油ボイラーなどで加温した場合、加温にかかる燃料代は乳量の増加による収入と相殺されるとも試算されます。一方、堆肥からは十分な量の熱が常時発生しており、これを利用することでポンプ程度の電気代のみで温水を給与することができ、乳量増加による増収が期待できます。この温水給与は水温10℃以下の時期に特に効果が大きいと考えられ、寒冷地域ほど効果を得られる期間が長くなります。

【その他の発酵熱活用システム】

前項で示した温水給与システムでは配管経路長300m程度であれば、空中配管であっても一経路での温度低下は数度にとどまります。ただ、それでも堆肥化施設と畜舎が遠い農家は夏季には、温水給与以外の利用も検討する必要があります。

そこで筆者らは堆肥発酵熱を高熱源としたバイナリー発電システムを開発しました。バイナリー発電は冷凍サイクルと逆反応で、熱を供給する高熱源と熱を捨てる低熱源の間で媒体を循環させて電気を発生させます。酪農家に設置した吸引通気式堆肥化施設において、熱回収方式で得た温水を高熱源、井戸水を低熱源としてバイナリー発電装置（アドバンス理工ECOR-3）を組み込んだところ、約60kW相当の発酵熱を利用して、連続的に700Wの発電が可能でした（次ペ図10）[4]。

同システムはまだ発電量は大きくありませんが、堆肥の熱を利用したバイナリー発電は世界初の事例で、今後の新たな再生可

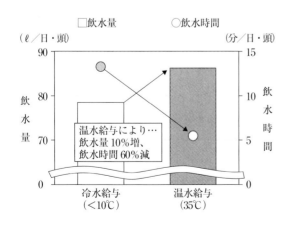

図8 給与水温による冬季の乳牛の飲水への影響

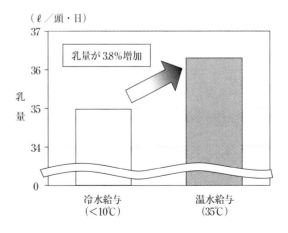

図9 給与水温による冬季の乳牛の乳量への影響

図10　堆肥発酵熱を高熱源としたバイナリ発電
a：発電システム外観　b：発電状況

能エネルギー源となる、可能性を示すことができました。

その他、吸引通気方式で回収した熱を使って堆肥を乾燥させる方法[6]や、密閉縦型堆肥化装置で排気と入気を熱交換し、温かい空気を入気することで堆肥の効率を向上させるシステムなども開発されています[1]。これらにより、発酵熱を堆肥自体に還元して効率的に堆肥化を進めることも可能になります。

3　留意点とまとめ

このように、酪農家において日々発生し、適切な処理が求められている糞尿から発生する熱量は膨大で、有効利用することで経営的なメリットが見いだせるような技術が開発されています。しかし発酵熱は生物反応であることから、十分な量の熱を利用するには良好な堆肥化が前提です。

そのため、吸引通気方式では適切な量の副資材を混合して原料の通気性を良好に保つ必要があり、密閉縦型堆肥化方式では原料投入量や通気量を適正に保ち、堆肥温度を把握するなど日々の管理が重要です。言うまでもなく、良好に調製されていれば北海道や東北地方などの寒冷地域でも堆肥温度は十分に上昇します。本稿で紹介したシステムはすでに市販化され、栃木県や福島県[2]など実際の酪農家で利用されています。

堆肥化施設が適切に管理されることで、結果的に有機物の分解も良好で、高温により雑草や病原菌のリスクが低減し、水分も低下するなど、耕種農家でも使いやすい高品質の堆肥が生産されます。うまく発酵熱を利用することで、エネルギーの有効活用だけでなく、地域の資源循環の活性化も期待されます。

◇　　◇　　◇

本稿で紹介した内容の一部は、農研機構生研支援センター「革新的技術開発・緊急展開事業（うち経営体強化プロジェクト）」、科研費（No. 26870838・16K21607）の支援を受けて実施した成果です。関係各位に感謝申し上げます。

【引用文献】

1）川村ら（2018）「密閉縦型発酵装置の排気熱と熱交換した温風返送の効果」『日本養豚学会誌』55(2)、pp.37-47

2）石田ら（2018）「福島県の復興酪農場における再生可能エネルギーの有効活用」『畜産技術』760、pp.17-22

3）小島ら（2014）「吸引通気式堆肥化施設で回収した発酵熱による水の加温―加温特性と実規模施設における乳牛への温水供給」『農業施設』45(3)、pp.99-107

4) Kojima et al.(2018) Binary power generation using composting fermentation heat as heat source、農業施設、48(4)、pp.225-233

5）小島ら（2019）「冬季の乳牛への温水給与が飲水量ならびに乳生産に及ぼす影響」『農業施設』50(1)、pp.1-6

6）小堤ら（2015）「堆肥発酵熱を用いた堆肥の乾燥」『日本畜産学会報』86(2)、pp.219-227

Ⅱ章

安全な堆肥づくりのための留意点

1. 大腸菌など有害微生物の死滅
　　　　　　　　　　　　　　　　……花島　大　70

2. 重金属の混入しない堆肥
　　　　　　　　　　　　　　　　……森　昭憲　75

3. 動物用医薬品の残存しない堆肥
　　　　　　　　　　　　　　　　……薄井　典子　80

4. 堆肥に残留する除草剤(クロピラリド)への対策
　　　　　　　　　　　　　　　　……阿部　佳之　83

5. 雑草の種子の死滅
　　　　　　　　　　　　　　　　……羽賀　清典　86

6. 最高到達温度を測る
　　　　　　　　　　　　　　　　……川村　英輔　89

II章 安全な堆肥づくりのための留意点
1 大腸菌など有害微生物の死滅

花島 大

1 なぜ堆肥の安全性が注目されているのか

近年、世界的に食品の安全性への関心が高まっています。わが国においても、農産物の安全性に関してGAP（Good Agricultural Practice）の取り組みが浸透しつつあります。直訳すれば「良い農業の実践」となりますが、一般的には「農業生産工程管理」の名称で知られています。GAPとは、農産物の生産において食品の安全性、環境保全、労働安全などの確保を目的として実施すべき手法や手順などをまとめた規範、またはそれが適正に運用されていることを審査・認証する仕組みのことを指します。これを通じて、食品の安全性向上、環境配慮による持続可能な農業生産の実践、農場管理における作業手順の改善、取引先への信頼性向上が期待できます。2020年の東京オリンピック・パラリンピックにおける食材調達の基準とされたことで、ニュースや新聞などで見聞きした人も多いでしょう。

堆肥の安全性に関わる項目は、GAPの中でも重要視されており、例えば堆肥中の重金属の残留、異物の混入、そして病原菌の汚染について注意喚起がなされています。そこで本稿では、農業生産において重要な管理ポイントの1つである堆肥中に残存する病原菌のリスクについて解説するとともに、適切な堆肥の管理方法について、国内外のガイドラインの事例を交じえながら、考えていきたいと思います。

2 牛糞中の病原菌について

食の安心・安全に対する一般市民の関心は、世間をにぎわす大規模な食中毒事件が起こるたびに高まっていったと思われます。1996年に大阪府堺市で起きた学校給食を介した大規模な食中毒事件では、患者総数が9,000人を超え、原因菌として病原性大腸菌O157が特定されています。2011年に焼肉チェーン店で出された生肉が原因で複数の都道府県で発生した食中毒では病原性大腸菌O111が、同年ドイツを中心にEU諸国に広範な被害をもたらした大規模食中毒では病原性大腸菌O104が、それぞれ検出されています。また12年8月、札幌市を中心に11の高齢者施設などでハクサイの浅漬けを原因とするO157感染症が発生した事件では、169人が食中毒患者に認定されました。この食中毒事件における汚染経路は解明されていませんが、推定経路の1つとして堆肥の発酵が不完全なためにO157が残存し、野菜栽培耕地が汚染された可能性が指摘されています。これ以降、風評被害により、北海道内のハクサイ需要が大きく落ち込んだことも問題になりました。

食品以外にも乳搾りなどの酪農体験イベントにおいて、病原性大腸菌に感染するという事故が散発しています。それらの多くは、イベントに供された牛が病原性大腸菌に汚染されており、さらにこの牛を触った手を洗わずに口に運んだことによる経口感染が原因と考えられています。これらの感染は、特に抵抗力が弱い子どもたちに多く発症する傾向があります。牛糞堆肥は植物の成長に有用な肥効成分や有機質を含む一方、原料である牛糞は病原菌に汚染されている可能性があるのです。

それでは、病原性大腸菌はどのくらいの割合で家畜の体内に存在しているのでしょうか。日本全国から集めた健康な272頭の

牛、179頭の豚、および158羽のブロイラーの糞便中の病原性大腸菌を調査した結果、牛では23％、豚では18％の割合で病原性大腸菌が検出されたことが報告されています（**表1**）。

表1　腸管出血性大腸菌の畜種別保菌率
（保菌頭数／検査頭数）

牛	23%（62／272）
豚	18%（32／179）
ブロイラー	0%（0／158）

（Kijima-Tanaka et al.〈2005〉から引用）

"健康な牛"とあるように、牛は病原性大腸菌に感染していたとしても症状が出ないため、ひと目見ただけでは病原性大腸菌に汚染された家畜なのか否か判断が難しく、病原性大腸菌の汚染防除をより一層困難なものにしています。しかし仮に糞中に病原性大腸菌がいたとしても、前述したような家畜と触れ合うイベントを除けば、牛や豚の糞尿が直接消費者の口に入る機会は極めて少ないと考えられます。多くは病原性大腸菌に汚染された食品、水（排水や井戸水など）、または感染した人から別の人へ感染を介したものが中心となります。

しかし非常に確率は低いながらも、家畜糞尿を原料とした堆肥やスラリーが病原性大腸菌に汚染されていた場合、それらが野菜などの作物に付着する可能性があります。食の安全性に対する消費者の関心、そして家畜糞堆肥の流通を考えると、堆肥中の病原菌を十分に死滅させ、病原菌による汚染のリスクを低減させる必要があります。

3 安全性の高い堆肥とは

堆肥化過程で発生する温度は適正な管理をすれば通常70℃程度まで、場合によってはそれ以上にまで上昇します。**表2**に示すように、大腸菌なら55℃で20分程度、チフス菌なら55〜60℃の温度に30分程度さらすことで死滅すると報告されています。

そのため堆肥の熱を上手に利用することで、理論的には大部分の病原菌を死滅させることが可能となります。しかし多くの場合、堆肥は大ざっぱに扱われているため、堆積物全体の温度を精密に管理することは非常に困難です。外気と接触する堆肥の表面や水分調整が十分でなく堆肥の底部から排汁がにじみ出てくるような部分などでは、死滅に十分な温度の上昇が期待できません。よって十分に温度が上がらなかった堆積部位では病原菌が残存する可能性もあります。そこで現実的な堆肥化の管理を考えた上で、諸外国では堆肥の衛生的なガイドラインを設けています（**表3**）。

いずれのガイドラインも完成した堆肥に残存する大腸菌（または大腸菌群）やサルモネラ菌の数を一つの安全性の目安にしています。大腸菌自体は病原菌ではなく、健康な人間や家畜の消化官の中に存在する菌ですが、糞便中での菌数が多く（100万〜1,000万個／g）、家畜の体外に放出された後での大幅な増殖はまれであることから、糞便性汚染の指標として信頼性が高いと考えられています。堆肥化過程で大腸菌の大部分が死滅するような処理ならば、仮に病原性大腸菌やサルモネラ菌が家畜糞中に含まれていても、十分に低下しているだろうという考えの下で、その指標菌として測定されています。

表2　各病原菌の死滅温度

	温度（℃）	曝露（ばくろ）時間（分）
チフス菌	55〜60	30
赤痢菌	55	60
大腸菌	55	15〜20
黄色ブドウ球菌	50	10
化膿レンサ球	54	10
ブルセラ菌	61	3

（Golueke C.G.（1977）Biological reclamation of solid wastesから引用）

表3　アメリカおよびイギリスの堆肥の衛生基準

国と組織	ガイドライン	基準
アメリカ環境保護局	40 CFR Part 503 Rule	大腸菌群※が堆肥乾物1g当たり1,000個以下またはサルモネラ菌が堆肥乾物4g当たり3個以下
イギリス規格協会	BSI PAS 100 :2018	大腸菌が堆肥現物1g当たり1,000個以下およびサルモネラ菌が堆肥現物25g当たり不検出であること

※大腸菌群は人や動物の糞便中に存在する大腸菌の他に、大腸菌に分類されないが性質がよく似ている糞便由来でない菌も含んだ分類単位である。

表4 病原菌を死滅させるための堆肥化方法

ガイドライン	堆肥化方法
40 CFR Part 503 Rule (アメリカ環境保護局)	55℃以上で3日間以上を保持すること(ウインドロー式堆肥では、55℃以上で15日間以上温度を保持し、期間中少なくとも5回の切り返しをすること)
BSI PAS 100:2018 (イギリス規格協会)	65℃以上で7日間以上保持すること。その際の水分は、51%以上とすること
生鮮野菜を衛生的に保つために－栽培から出荷までの野菜の衛生管理指針－(第2版(試行版))(農林水産省)	堆肥製造時(目安：堆積2週間後)の堆積物の内部温度を測定し、55℃以上が3日間以上続いていることを確認すること

4 切り返しの重要性と温度上昇の促進

　それでは、堆肥中の大腸菌やサルモネラ菌を死滅させるにはどのような堆肥化の管理をすればいいのでしょうか。病原菌の低減には、堆肥化過程で発生する発酵熱を利用するのが最も現実的であることは既に述べましたが、アメリカ環境保護局やイギリス規格協会では、大腸菌(群)やサルモネラ菌数の死滅を達成するため、**表4**に示したような堆肥化方法の実践を求めています。アメリカ環境保護局のガイドラインでは55℃以上の温度を少なくとも3日間継続させること、イギリス規格協会では65℃以上の温度を7日間以上保持し、すべての堆肥が大腸菌の死滅条件にさらされるように十分に切り返しをすることを推奨しています。また農林水産省の生鮮野菜の衛生管理指針でも、堆肥堆積物の内部温度55℃以上を3日間以上継続させることが明記されています。いずれのガイドラインにおいても堆肥の最高温度を追求するのではなく、病原菌の死滅に効果的な温度(**表2**)を数日間継続させることに重点を置いています。

5 切り返しの重要性と堆肥温度の管理

　堆積したばかりの堆肥は、もともと牛の消化管に存在した、空気があまり好きでない腸内細菌が大部分を占めていますが、徐々に糞中の有機物をエネルギーとし、空気中の酸素を使いながら増殖するバチルス菌をはじめとした好気性菌が増えてきます。これら堆肥中の好気性菌は高い温度を好む菌が多いことから、温度が上がることでさらに有機物分解が促進されるというプラスの連鎖が働きます。そして有機物がひと通り食べ尽くされてしまうと、好気性菌のエサもなくなってしまうので温度も上がらなくなります。一方で、堆肥盤の地面に接した、排汁がにじみ出ているような底部や堆積物の空気が通りにくい部位では、有機物分解と温度上昇を担う好気性菌が十分に増殖できない場合があります。病原菌のリスクを低減させるには55℃以上の高温を数日間継続させればいいのですが、実際には堆積物の中で温度ムラがあるので、全ての堆積部位を高温まで上昇させるのは大変難しいこととなのです。

　そこで、切り返し作業が必要となります。空気(酸素)の供給が十分でなかった堆肥の底部や温度が上がらなかった場所では、有機物ばかりか、腸内細菌がまだ残っている可能性があるのです。堆肥の底部は、堆肥自体の重さでペシャンコになり、空気の通り道がなくなっています。この堆肥をよくかき混ぜてフカフカにし、好気性菌の好む空気が入りやすい条件を整えてやることで、未分解の有機物が分解され、堆肥の温度は再び上昇するようになります。この作業を繰り返すことで、堆肥のより多くの部分が長時間高温にさらされるようになるのです。また好気性菌が堆肥中の有機物を効率良く分解してくれるので、仮に病原菌が堆肥の中に残ってしまったとしても、増殖に使うことができるエサ(有機物)は既に残り少なくなっているため、生き残りにくくなるというわけです。

　適正な堆肥化の管理ができていれば十分に病原菌のリスクを低減できますが、比較的高水分である牛糞(約85%前後)の堆肥化では、温度上昇のために十分な量の水分調整材の確保が必要になります。地域や時期によっては敷料の供給が十分でなく、水分

が高いまま堆肥化処理を余儀なくされている場合もあるかもしれません。病原菌の残存は未熟な堆肥や、不適切な管理で生産された堆肥で特に問題となります。

そのような状況を改善する方策として❶堆肥の水切れを良くするために堆肥盤に排水用の溝をつくり、堆肥からの排汁を促進することで堆肥の水分を低下させる❷家畜糞と分解されやすい有機物が豊富な食品副産物などを混合することで堆肥の温度上昇を促進する❸石灰窒素など殺菌効果のある資材を堆肥原料へ添加する—などが報告されています。また経費やメンテナンスが必要になりますが、堆肥への積極的な酸素供給を可能にする通気装置の設置、堆肥全体が混合されるような切り返しができる堆肥化施設(**写真1**)の導入も、病原菌の低減に向けた1つの選択肢となります。

6 堆肥の温度測定

大腸菌の死滅に十分な堆肥化過程であることのチェック方法としては、**表4**に示したように温度測定が最も重要になります。筆者が所属する農研機構北海道農業研究センターでは、**写真2**のように電池で動く温度記録装置(1万3,000円程度)のセンサ部をスキーのストックの先端部に埋め込み(樹脂で固定)、ストックを堆積物の適当な場所(数カ所)に差し込むことで温度の連続測定を実施しています(**写真3**)。この際、堆肥から発生する熱、水蒸気、腐食性ガスから温度記録装置を守るため、本体をタッパー(食品保存容器)に収納するなどの工夫が凝らされています(**写真4**)。

また、これらの温度データはパソコンに保存することができるため、堆肥がどのくらいの期間高温を持続していたかの記録と

写真1　底面からの通気装置を備えたクレーン式堆肥化施設

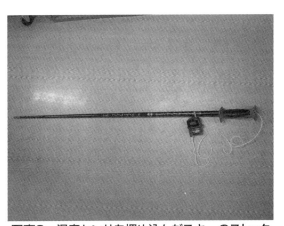

写真2　温度センサを埋め込んだスキーのストック

写真3　堆肥に差し込まれた温度計

写真4　タッパーに収納されたデジタル温度記録装置

なって、切り返し時期の判断に用いられるなど、より安全で良質な堆肥をつくるためのデータとして活用されています。

　食中毒事件のたびに繰り返される報道もあり、家畜排せつ物には病原菌が含まれる可能性のあることが、広く知られるところとなりました。食の安全に対する消費者の意識の高まりを受けて、生産者サイドとしても農産物の生産段階におけるリスク低減に努める必要性に迫られています。一方で、畜産現場では家畜の増頭化が進行しており、それに伴って排出される家畜排せつ物や堆肥の量も増加しています。地域における健全な資源循環を持続させるためには、堆肥の安全性を含め、耕種農家が積極的に使いたくなるような堆肥を生産することも大きなポイントとなるでしょう。

　近年、世界的に有機農業の市場が拡大しており、国内においても少しずつ増加しています。また肥料の適正な利用や、家畜排せつ物の有効利用による地力の増進など、持続性の高い農業生産方式の導入を後押しする政策が推進されており、現在の肥料価格の上昇と相まって堆肥の利用を拡大する機運が高まっています。消費者のニーズ、持続可能な農業の確立を後押しする政策、GAPをはじめとした認証制度による安全管理の徹底など、社会的要因の変化とともに、堆肥の生産および利用をめぐる情勢は変化していくものと思われます。乳肉卵などの畜産物の生産とは異なり、堆肥の生産は経営に大きな利益をもたらすものではありません。とはいえ、堆肥は土づくりに欠かせない重要な要素のうちの1つです。温度、臭い、色など堆肥から送られてくるシグナルをしっかりと受け取りつつ、適切な管理を行い、耕種農家に喜んで使ってもらえる堆肥をつくることが、地域農業の発展にとって重要なことだと考えます。

Ⅱ章 安全な堆肥づくりのための留意点
2 重金属の混入しない堆肥

森　昭憲

　日本は飼料の大部分を輸入しているため、輸入飼料から排せつ物に移行した養分を上手にリサイクルし、飼料などの作物生産に役立てることが大切です。牛糞堆肥は肥料の三要素である窒素、リン酸、カリウムの他、銅、亜鉛などの重金属を含んでいます。このため堆肥を作物生産に利用すれば、肥料の三要素と共に重金属も付随的に草地飼料畑や農耕地に投入されます。これら重金属はどんな経路から堆肥に混入するのでしょうか。草地飼料畑や農耕地の土壌に到達した重金属は作物生産などにどのような影響を与えるのでしょうか。本稿では重金属が堆肥に混入する経路を述べ、堆肥利用が作物生産や家畜、人の健康に及ぼす影響を考えてみたいと思います。

1 飼料や鉱塩に含まれる重金属

　銅、亜鉛は植物が生育するために必要不可欠な元素で、「必須元素」と呼ばれます。このため牧草やトウモロコシなどの飼料作物も微量の銅、亜鉛を含んでいます。日本は飼料の大部分を輸入しているため、飼料に含まれる重金属も同時に輸入していることになります。言うまでもなく、国産飼料にも重金属は含まれています。

　銅、亜鉛は動物にとっても必須元素です。乳牛に給与する飼料は乾物1kg当たり銅10mgと亜鉛40mgを含むことが必要とされています（農研機構、2017）。これらの栄養要求量から見て不足する成分は、プレミックス（飼料添加物）などで補給されます。仮に乾物摂取量を1日22kg、酪農家1戸の飼養頭数を85頭（2018年の全国平均）とすると、1年間に酪農家1戸が給与する飼料には6.8kg以上の銅、27kg以上の亜鉛が含まれると推定されます。

　また鉱塩（固形塩製品）には、乾物1kg当たり銅1～225mg、亜鉛130～539mgの他、鉄、マンガン、コバルト、セレンを含みます（鳥居、2010）。鉱塩消費量を1日50g、酪農家1戸の飼養頭数を85頭とすると、1年間に酪農家1戸が消費する鉱塩には2～350gの銅、200～840gの亜鉛が含まれると推定されます。なお放牧地では、降雨などで鉱塩の一部が溶け出し、地表面に銅、亜鉛が流出します。

　このように乳牛は飼料作物、プレミックス、鉱塩から動物の必須元素である銅、亜鉛を摂取し、生乳を生産しています。カドミウム、鉛は必須元素でないため飼料に積極的に添加することは考えられませんが、わずかな量が飼料に含まれています。

2 堆肥に含まれる重金属

　現在、飼料や鉱塩に含まれる重金属の多くは乳牛から排せつされ、堆肥やスラリーに移行します。一般的に牛糞堆肥は、豚糞堆肥より銅や亜鉛の濃度が低く、鶏糞堆肥より亜鉛の濃度が低い（図1、森ら2004）。

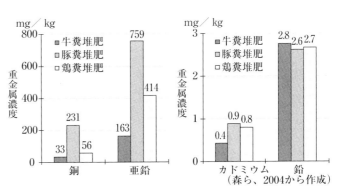

図1　堆肥の重金属濃度の中央値

それは牛の飼料に添加される銅、亜鉛の量が鶏や豚の場合より少ないことが理由です。重金属濃度という観点から見ると、牛糞堆肥は豚糞・鶏糞堆肥より、安全性が高いといえます。

良質な有機資材を供給するための「有機質肥料等推奨基準」によれば、堆肥の品質推奨基準は乾物1kg当たり銅600mg以下、亜鉛1,800mg以下と定められています（全国農業協同組合中央会、1993）。ほとんどの牛糞堆肥の銅、亜鉛濃度はこれより低いのですが、牛糞堆肥の中には、重金属濃度が非常に高いものもわずかに存在します（折原ら、2002）。

堆肥への銅、亜鉛の混入経路としては、副資材や土壌から堆肥に重金属が混入する可能性（折原ら、2002・松波ら、2009）と、戻し堆肥を敷料として繰り返し利用する過程で堆肥に重金属が濃縮される可能性（古谷、2005）が指摘されています。しかしどのような副資材を利用すれば堆肥の重金属濃度が高まるかは、現時点ではっきりと分かっていません。

また、乳牛の蹄病予防に用いる消毒液から堆肥に重金属が混入するとの指摘もあります（Nicholsonら、2003）。フットバス（蹄浴槽）で使用する消毒液には銅や亜鉛が含まれている場合が多く、この消毒液が堆肥に混入すると堆肥の銅や亜鉛の濃度が高まります。

最もよく利用される5～10％の硫酸銅溶液1ℓには銅20～40gが含まれます。仮にこの消毒液250ℓが、牛舎内の通路に廃棄された後に堆肥に混入すると、5～10kgの銅が堆肥に移行します。これを毎週1回繰り返すと、1年間に260～520kgの銅が堆肥に混入すると推定されます。

こうした混入を減らすには、清潔な牛舎環境を維持することによる蹄浴頻度の抑制、重金属を含まない消毒液の利用も考えられます。とはいえ、硫酸銅溶液による蹄病の予防効果は他の消毒液に代え難いものがあります。なおヨーロッパでもフットバスの消毒液がスラリーの銅、亜鉛の濃度を高めると指摘されていますが、消毒液に含まれる銅、亜鉛を回収する技術は現時点では、まだ確立されていません（Williamsら、2019）。

堆肥やスラリーなどの重金属濃度と施用量の上限値を定めている国は少ないものの、日本には既述の「品質推奨基準」が存在します。また、銅や亜鉛の濃度が著しく高い堆肥の長期連用や多量施用に注意を喚起するため、原料が豚糞で、現物1kg当たり銅300mg以上、原料が豚糞または鶏糞で、現物1kg当たり亜鉛1,800mg以上含む堆肥は銅、亜鉛の濃度を表示する義務があります（農林水産省、2005）。

3 堆肥利用が土壌と作物の重金属濃度に及ぼす影響

作物生産で堆肥を利用すると、堆肥を利用しない場合と比べ、土壌の重金属濃度が増加します。イギリスのロザムステッド農業試験場では、堆肥連用を100年間継続した結果、土壌の銅、亜鉛、カドミウム、鉛の濃度が高まりました（**図2**）。

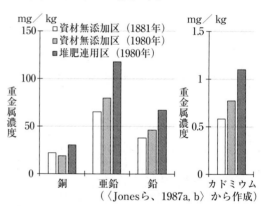

図2 ロザムステッド農業試験場の資材無添加区と堆肥連用区の土壌中の重金属濃度

その一方で、堆肥施用は土壌中の重金属を作物が吸収しにくい形態に変化させます（川崎ら、2001）。このため作物の重金属濃度は堆肥利用によって大きく変化しない場合がほとんどです（堀ら、2005；森ら、2005；古舘・乙部、2009）。国内の土壌の重金属汚染の環境基準値は乾土1kg当たり亜鉛120mgです（環境庁、1984）。この基準は規制値ではありません。亜鉛濃度を監視しておけば、他の重金属も含めた土壌への過剰蓄積を防止でき、かつ乾土1kg当たり

120mg未満であれば、人為的な重金属の汚染が少なく、作物の生育障害などの可能性がないことを意味します。

なお、国内の草地飼料畑の土壌の亜鉛濃度の中央値は乾土1kg当たり110mgですが、1kg当たり120mgを超えた土壌でも直ちに作物生育が阻害されるわけではありません（**表**）。

表　日本の土壌の重金属濃度の中央値 (単位：mg／kg)

	銅	亜鉛	亜鉛	カドミウム	鉛	文献
水田、畑、林地	25.5	57.3	57.3	0.38	18.1	別所（1985）
沖積土	41.4	118	118	—	30.8	加藤ら（2000）
農環研モノリス	30.2	87.8	87.8	0.27	20.0	Yamasakiら（2001）
草地飼料畑	29.2	110	110	0.26	20.1	森ら（2004）
畑	34	120	120	0.34	22	Uchidaら（2007a）
水田	31	100	100	0.32	24	Uchidaら（2007b）

（森〈2010〉から引用）

4 作物に含まれる重金属が人や家畜の健康に及ぼす影響

土壌の重金属濃度が極端に高まると、作物に過剰障害が現れ、生育が停止し、極端な場合には枯死します。銅や亜鉛の作物に対する毒性は動物に対するものより強いので、人や動物に有害となほど作物が重金属を集積することは考えられません（越野、2001）。

このため堆肥を適切に利用して生産した野菜や牛乳から銅、亜鉛を摂取することで、人の健康に悪影響が及ぶ可能性はほとんど考えられません。むしろ、亜鉛は不足しやすいので積極的に摂取すべき、といわれています（加藤ら、2009）。亜鉛は人の生体内に約2gしか存在しませんが、生体内で重要な生理的機能を数多く担っており、欠乏すると成長障害、性腺機能低下、味覚・嗅覚障害、皮膚障害、脱毛、免疫力低下などの悪影響が生じます（長田、2008）。

その一方でカドミウムは、土壌中である程度まで濃度が上昇しても作物は正常に生育しますが、その作物を食べると人や動物に障害が現れる可能性があります（越野、2009）。しかし、作物のカドミウム濃度は堆肥利用により低下する場合が多いため、堆肥を適切に利用して栽培した作物からカドミウムを摂取することで、人や動物の健康に悪影響が及ぶ可能性はほとんど考えられません。

5 牛糞堆肥は安全か？

草地飼料畑の単位面積当たりで見た重金属の投入量は大きな地域間差を伴います（次ページ**図3**）。これは飼養密度の地域間差を反映しています。飼養密度が高く、草地飼料畑の面積が狭い地域では、酪農家から耕種農家への堆肥提供を考慮しても、堆肥利用による重金属の投入量が作物吸収による収奪量を上回ります。

生糞尿を考慮すると、より多くの重金属が投入されており、また未利用の糞尿を考慮すると、潜在的な重金属の投入量はさらに多いと推定されます。このことは飼料作物、プレミックス、鉱塩などから堆肥、生糞尿に移行した重金属が、面積の狭い草地飼料畑の土壌に蓄積しやすいことを意味します。また、窒素などの他元素も過剰となることがよく知られています（寳示戸ら、2003）。

草地飼料畑や農耕地の土壌に到達した重金属は、粘土鉱物や腐植に吸着されたり、複雑多岐にわたる化合物を形成したりしますが、有機物のように微生物に分解されず、雨水と共に下層土に流されにくいことが知られています（小野・阿部、2006）。また既述のように、作物吸収による収奪量（**図3**）は比較的少ないため、土壌に蓄積した重金属を取り除くことは簡単ではありません。

下水汚泥の連用圃場では、汚泥由来の有機物分解が進むと、重金属が作物に吸収されやすくなるという仮説が存在します。この仮説を明確に裏付ける研究結果はないものの、堆肥などの利用量が多い圃場では定期的に土壌診断を行い、重金属の挙動を調べることが望まれます。

6 水生生物への影響

亜鉛は一部の水性生物に対する毒性が認められるため、公共用水域の亜鉛濃度の環境基準が設定され、水質汚濁防止法でも亜鉛の排水基準値が定められています（環境

省、2003)。欧州では降雨時にスラリーを連用する牧草地で、土壌粒子と共に河川へ流出する亜鉛が認められています。国内の傾斜畑(傾斜5度)では、堆肥施用が亜鉛の水系への流出を抑制することが明らかになりました(槽谷ら、2013)。

堆肥施用で土壌の孔隙量が増えた結果、地表面を流れる水量が減ったことが、その理由です。堆肥などに含まれる重金属が直ちに水質に影響を与える可能性は少ないとはいえ、傾斜草地などにスラリーを表面施用する場合は、河畔林を確保するなど糞尿が直接水系に流入しないよう注意が必要です。

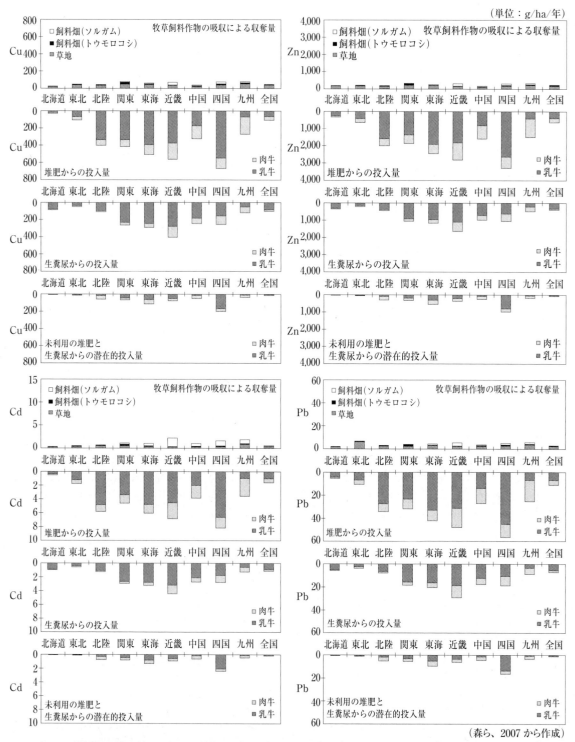

図3 草地飼料畑における牛の堆肥と生糞尿からの銅(Cu)、亜鉛(Zn)、カドミウム(Cd)、鉛(pb)の投入量と牧草や飼料作物の吸収による収奪量の推定値

【引用文献】

1) 古舘明洋・乙部裕一(2009)「牛ふん・水産系廃棄物混合堆肥および下水汚泥コンポストの施用がチモシー(Phleum pratense L.)のカドミウム含有量に及ぼす影響」『土肥誌』805、pp.506-510

2) 古谷修(2005)「全国の堆肥センターで生産された家畜ふん堆肥の実態調査(2)」『畜産の研究』59、pp.1048-1054

3) 寳示戸雅之・池口厚男・神山和則・島田和宏・荻野暁史・三島慎一郎・賀来康一(2003)「わが国農耕地における窒素負荷の都道府県別評価と改善シナリオ」『土肥誌』74、pp.467-474

4) 堀兼明・福永亜矢子・尾島一史・須賀有子・浦嶋泰文・田中和夫・池田順一(2005)「家畜ふん堆肥を連用した野菜栽培農家圃場および試験圃場における亜鉛の蓄積実態」『近中四農研報』4、pp.109-128

5) Jones K.C., Symon C.J., Johnston A.E. 1987a. Retrospective analysis of an archived soil collection Ⅰ. Metals, Sci. Total Environ., 61, 131-144.

6) Jones K.C., Symon C.J., Johnston A.E. 1987b. Retrospective analysis of an archived soil collection Ⅱ. Cadmium, Sci. Total Environ., 67, 75-89.

7) 環境省(2003)「中央環境審議会水環境部会水生生物保全環境基準専門委員会(第6回)議事次第配付資料別紙1(その1)」(http://www.env.go.jp/council/09water/y094-06/mat_05-1.pdf)

8) 環境庁(1984)「農用地における土壌中の重金属等の蓄積防止に係る管理基準について」(http://www.env.go.jp/hourei/syousai.php?id=06000049)

9) 糟谷真宏・坂西研二・板橋直・阿部薫・鈴木良地(2013)「傾斜畑からの亜鉛の流出に及ぼす家畜ふん堆肥施用の影響」『土肥誌』84、pp.71-79

10) 加藤俊博・奥山治美・徳留信寛・織田久男・渡辺和彦・木村眞人(2009)「食と健康—ミネラルと油脂栄養の重要性」『土肥誌』80、pp.192-200

11) 川崎晃・木村龍介・新井重光(2001)「排水処理汚泥中の微量元素の存在形態」『農業環境技術研究所資料』25、pp.1-17

12) 越野正義(2001)「微量元素の自然界における循環と肥料」『肥料』90、pp.16-41

13) 松波寿弥・小川泰正・山崎慎一・三浦吉則(2009)「福島県内に流通する家畜ふん堆肥中の微量元素濃度の実態」『土肥誌』80、pp.250-256

14) 森昭憲(2010)「家畜ふん尿の新処理・利用技術と課題 2.家畜ふん尿に含まれる重金属元素」『土肥誌』81、pp.413-418

15) 森昭憲・寳示戸雅之・神山和則(2007)「家畜ふん尿に由来する重金属の草地飼料畑における投入量と牧草飼料作物による収奪量の地域別推定値」『土肥誌』78、pp.23-31

16) 森昭憲・寳示戸雅之・近藤煕・松波寿弥(2004)「我が国の草地飼料畑における微量重金属の堆肥による投入量と牧草および飼料作物による収奪量」『土肥誌』75、pp.651-658

17) 長田昌士(2008)「亜鉛—生物学的意義、必須性、そして食品における応用」『化学と生物』46、pp.629-635

18) Nicholson, F.A., Smith, S.R., Alloway, B.J., Carlton-Smith, C., Chambers, B.J. (2003) An inventory of heavy metals input to agricultural soils in England and Wales, Sci. Total Environ., 311, 205-219.

19) 農業・食品産業技術総合研究機構(2017)「日本飼養標準・乳牛」(中央畜産会、東京)

20) 農林水産省(2005)「特殊肥料の品質表示基準」(http://www.famic.go.jp/ffis/fert/kokuji/12k1163.htm)

21) 小野信一・阿部薫(2007)「農用地における重金属汚染土壌の対策技術の最前線」『土肥誌』78、pp.323-328

22) 折原健太郎・上山紀代美・藤原俊六郎(2002)「家畜ふん堆肥の重金属含有量の特性」『土肥誌』73、pp.403-409

23) 鳥居伸郎(2010)「飼料の必須微量元素を充足し牛を健康に保つ—役割を理解し、添加剤の効果・補給は慎重に」『DAIRYMAN』60(3)、pp.35-36(北海道協同組合通信社)

24) Williams O, Clark I, Gomes RL, Perehinec T, Hobman JL, Stekel DJ, Hyde R, Dodds C, Lester E (2019) Removal of copper from cattle footbath wastewater with layered double hydroxide adsorbents as a route to antimicrobial resistance mitigation on dairy farms, Sci. Total Environ., 655, 1139-1149.

II章 3 動物用医薬品の残存しない堆肥

安全な堆肥づくりのための留意点

薄井　典子

1 投与後の動物用医薬品の運命は？

われわれは通常、飼育している家畜が病気にかかった場合、動物用医薬品を用いて治療します。その結果、家畜の病気は治りますが、投与された動物用医薬品は、その後どうなるか考えたことがありますか？最近は抗生物質使用による耐性菌も問題となっています。

動物医薬品にはさまざまな投与方法があり、多くは投与されると体内に吸収され、全身に分布して肝臓などで不活性物質(薬として効果のない物質)に代謝されて糞尿中に排せつされる、または、代謝されずにそのまま糞尿中に排せつされます(図1)。その後、糞尿は堆肥にされて土壌中へ、一部は浄化槽から河川へ放出される可能性があります。これらの経路で動物用医薬品が環境に放出された場合、環境中の生態系に影響を及ぼす可能性が危惧されています。

実際に駆虫剤イベルメクチンを投与した動物の糞に薬剤が残留し、「ふんころがし」などの糞分解昆虫が減少していることが報告されています。また家畜糞由来の問題として、除草剤クロピラリドが残留した輸入乾草を牛の飼料として用いた際に、牛糞を介したトマト栽培の生育障害が問題となりました。乾草中のクロピラリドは動物に影響を与えないものの、堆肥化過程での半減期(初期の量が半分になるまでの時間)が1～2年と他の除草剤と比べ長いため、牛糞堆肥中に残留していたのが原因でした。この問題では対策マニュアルが作成されており、家畜糞由来堆肥の利用を耕作農家が危惧することになりかねない事例といえます。同様に動物用医薬品が堆肥中に多量に残留した場合、堆肥の使用に大きな影響を与える可能性を示唆しているともいえます。

では、糞尿中に排せつされた動物用医薬品は、減少させることはできないのでしょうか。

2 農場における堆肥中の薬剤濃度

現在の使用状況において、酪農現場で使用された動物用医薬品は堆肥化しても残留しているのでしょうか？

日本の酪農現場で、販売量の多い動物用医薬品5種と放牧時に使用されることが多い駆虫剤1種を選定し、その薬剤の使用歴

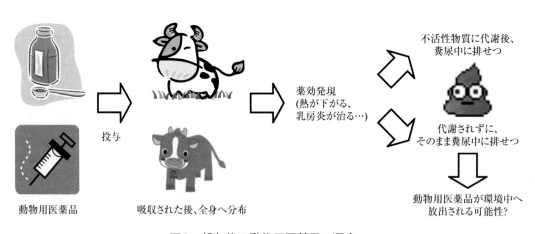

図1　投与後の動物用医薬品の運命

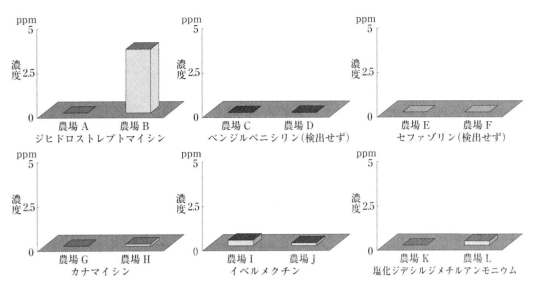

図2 動物用医薬品の堆肥中濃度

がある農場の堆肥中濃度を調査しました。対象薬剤は、乳房炎や肺炎治療などに用いられる抗生物質のジヒドロストレプトマイシン、ベンジルペニシリン、セファゾリン、カナマイシン、畜舎・畜体または乳房・乳頭の消毒剤である塩化ジデシルジメチルアンモニウム、内・外部寄生虫の駆虫剤であるイベルメクチンです。使用量は用法・用量に従い、堆肥化は治療した家畜としていない家畜の糞尿を区別せず、調査農場で通常通り行いました。

その結果、動物用医薬品を含む牛の糞尿から製造した堆肥には、低濃度ではあるものの薬剤が残留している例があることが明らかとなりました(**図2**)。いずれの薬剤も、堆肥化前の糞尿中濃度と比べて堆肥中濃度は希釈・堆肥化過程における分解などから大幅に減少することが確認されました。地域や堆肥化の処理方法の違いによる残留濃度差は分かりませんでしたが、水分量が多く堆肥化が進んでいないほど多く残留する傾向が認められます。

3 堆肥化と動物用医薬品の関係

実際の酪農現場では、糞が投入された堆肥舎から順次完成した堆肥が出ていくため、その時点での堆肥中の薬剤量を把握することが困難です。特に酪農の現場では、一度に全頭に動物用医薬品を投与することはまれであると考えられます。そのため、実験的堆肥化装置を用いて一定量の糞に動物用医薬品を添加し、堆肥化段階で経時的に採取し、堆肥化による薬剤量の変化を調べました。その結果、**図3**に示すように、糞尿中に動物用医薬品が含まれていても堆肥化することで分解、減少することが分かりました。また薬剤の半減期に差があることから、堆肥化による分解されやすさは、動物用医薬品により異なることも分かりました。**図3**で半減期が算出できなかったカナマイシンとスルファモノメトキシンは、堆肥化の早い段階で減少すると考えられます。この結果から、糞尿中に排せつされた動物用医薬品は、適切な堆肥化で減少させることが可能と分かりました。

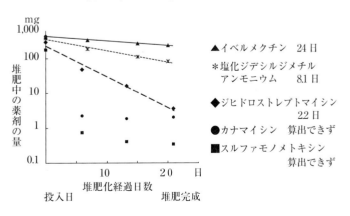

図3 動物用医薬品添加牛糞の実験的堆肥化による薬剤の減衰と半減期

4　堆肥化と耐性菌の関係

　抗菌性物質を投与すると、動物体内の大腸菌や腸球菌の一部に薬剤耐性を持つ耐性菌が生まれる可能性があります。耐性菌も糞に含まれて排せつされるため、堆肥化で残留すると作物からヒトに広がる危険性があります。耐性菌を含む腸内微生物は、堆肥化の初期過程で中温微生物の活動が活発になると急減します。堆肥化の発酵温度の違いによる堆肥中の腸内細菌数を調べると、60℃以下では腸内細菌が堆肥中に残留する危険性があり（図4）、堆肥化の温度を60℃以上にすることで、耐性菌も含まない堆肥をつくることができます。

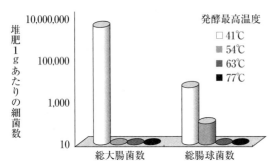

図4　堆肥化発酵温度による残留する腸内細菌の違い

5　動物用医薬品の残存しない堆肥づくり

　糞尿中に含まれる動物用医薬品はほとんどが、適切に堆肥化することで減少します。病原菌や寄生虫(卵)、雑草の種子の死滅も進むことから、微生物活性が高まる60℃以上の温度を数日間維持することが重要といわれています。この条件で動物用医薬品が分解され、腸内細菌も死滅することから、動物を経由して耐性菌が移行することもなくなります。すなわち、良い堆肥をつくることで動物用医薬品を含まない堆肥が完成するといえます（表）。

表　動物用医薬品の適切な使用と排せつ物処理

- ○動物用医薬品は用法・用量を守り、使用上の注意をよく読んで適切に使用する
- ○残った動物用医薬品は、排せつ物と一緒に廃棄しない
- ○排せつ物は60℃以上を数日間維持できるような条件で適切に堆肥化する
- ○排水中にも放出される可能性があるため、活性汚泥、排水の色・透明度などを日常的に観察する

　しかし、堆肥場へ大量の薬剤が流入すると、適切に堆肥化を行っても分解し切れず、高濃度に薬剤が残留した堆肥が生成される可能性があるため、使用した薬剤の残りを糞尿、畜舎の敷料などと一緒に廃棄しないよう注意することも大事です。さらに、牛の糞は水分量が多いため、適切な水分調整が行われないと発酵が進まず、堆肥化が進行しにくいこともあるので注意が必要です。

　また、投与された薬剤は糞尿の固液分離を、消毒剤などは排水をそれぞれ介して、排水中に移行することも考えられます。残念ながら、排水中の動物用医薬品を効果的に減らす方法は明らかとなっていません。しかし、農場内で初めて用いる薬剤の場合、一時的に排水中の濃度が高くなったり、活性汚泥の微小動物相が弱る場合があることが明らかとなっているため、活性汚泥や処理水の色、濁り方などをよく観察することが必要です。活性汚泥の膨化や解体が確認されたり、排水が通常よりも濁った場合は、滞留時間を長くする、流入水量やBOD(生物化学的酸素要求量)負荷を適切に調整するなどの対策を取ることが大切です。また、誤って大量に動物用医薬品を流入させた場合は、汚泥は堆肥化せずに産業廃棄物として処理することも薬品の環境への放出を避ける配慮の一つとなります。

　動物用医薬品は、健康な家畜を育て、安全な畜産物を安定的に供給する上で欠かせないものです。その使用については、用法・用量に基づくことが、有効性だけではなく、安全性、残留性の観点からも大切です。また、堆肥に対して薬剤の残留基準値はありませんが、畜産現場で使用された動物用医薬品は堆肥に残存する例があります。その原因は医薬品の不適切な使い方や処理が不十分であることが考えられます。

　動物用医薬品が残存しない堆肥とするためには、まず用法・用量を順守し、残った薬剤は排せつ物と一緒に廃棄せず、さらに投与された後の家畜の糞尿は、堆肥化の基本条件を守って堆肥化することを心掛けるのが重要であるといえます。

Ⅱ章 安全な堆肥づくりのための留意点
4 堆肥に残留する除草剤（クロピラリド）への対策

阿部 佳之

1 クロピラリドとは

　クロピラリドは選択性除草剤の成分です。クロピラリドが植物ホルモンであるオーキシンの作用を撹乱（かくらん）することで除草効果を示すと考えられています。日本では農薬登録がなく使用されていませんが、アメリカ、オーストラリア、カナダなどの諸外国ではイネ科牧草や穀類の栽培でアザミなど広葉雑草を防除するために使われています。

　最近行われた輸入飼料に含まれるクロピラリド濃度の実態調査では、乾牧草の多くが定量下限未満であった一方で、小麦ふすまや大麦ぬかなどの加工穀類は乾牧草や穀類に比べ、高い傾向にありました[1]。ただし実態調査で検出されたレベルであれば、飼料を家畜に与えてもクロピラリドは速やかに糞尿中に排せつされる上、家畜の健康に悪影響を与えることはまずありません。また乳肉や卵への移行はほぼないため、畜産物の安全性についても心配ありません。

　一方で、クロピラリドは難分解性であるため、クロピラリドが含まれた家畜糞尿を堆肥化しても分解が進みません。また、土壌中での半減期は長い場合で250日とされています[2]。このため、堆肥に由来するクロピラリドは土壌中に残留する可能性があります。

　土壌中のクロピラリドが非常に低い濃度であっても、トマトやスイートピーなどクロピラリドに感受性が高い野菜・花では、生育障害が生じる可能性があるので注意が必要です。逆にクロピラリドに対して耐性のあるイネ科の飼料作物である飼料用トウモロコシや飼料用イネ、イネ科牧草などは、施肥基準に従った適正な施用量であれば、ほとんど影響を受けません（**表1**）。農林水産省によると、2005年および16年の課長通知に基づき、クロピラリドが原因と疑われ

表1　クロピラリドに対する耐性[*,3]

極弱	トマト、ダイズ、エダマメ、サヤエンドウ、ソラマメ、キク[***]、ヒマワリ、コスモス、アスター、スイートピー、クリムゾンクローバー
弱	ニンジン、エンダイブ、トレビス、シュンギク、フキ、サヤインゲン、ナス[***]、ピーマン、シシトウ、ヒャクニチソウ
中	レタス類[**]、セルリー、パセリ、イタリアンパセリ、キュウリ、メロン、トウガン、ニガウリ、スイカ、バレイショ、ラッカセイ、アズキ、ササゲ、ソバ、オクラ、ゴボウ、モロヘイヤ、ツルムラサキ、ヒユナ、ミツバ、タバコ、ペチュニア、マリーゴールド、ベニバナ、ルピナス、オステオスペルマム
強	アブラナ科、ユリ科、アカザ科、シソ科、ナデシコ科、ヒルガオ科、バラ科
極強	イネ科

＊品種により耐性評価のランクが変動する場合がある
＊＊結球レタス、サニーレタス、グリーンリーフ、ロメインレタス、チマサンチュ、サラダ菜、ステムレタス
＊＊＊2017年度農林水産業・食品産業科学技術研究推進事業「作物被害低減のためのクロピラリド動態解明」の研究結果に基づき、キクは「弱」から「極弱」に、ナスは「中」から「弱」に変更

表2　クロピラリドが原因と疑われる生育障害の発生状況

作物	利用方法	育苗ポット（苗土）	圃場散布（施設）	露地	不明	計
トマト、ミニトマト		18	19	1	2	40
スイートピー		—	7	—	—	7
サヤエンドウ、サヤインゲン		1	1	1	—	3
ピーマン、トウガラシ		7	—	—	—	7
ナス		2	1	1	—	4
花苗（アスター、ヒマワリ、ヒャクニチソウ、ペチュニア、マリーゴールド、メランポジウム、オステオスペルマム、ルピナス、ダリア、ガーベラ）		3	—	—	—	3
ウリ科		—	1	—	—	1
計		31	29	3	2	65

（農林水産省のHPから抜粋）[4]

る65件の生育障害の発生が18県から報告されています（**表2**）。

2 堆肥に残留するクロピラリドの評価方法

堆肥に残留するクロピラリドを評価するには、植物の反応を観察し影響を総合的に直接判定する生物検定と、機器分析でクロピラリド濃度を定量する方法があります。

前者の生物検定は、特別な機器を必要としないため現場での検定が可能です。標準法であるサヤエンドウを用いた生物検定では残留指数を求めることで定量的な評価も行えます（**図**）。一方で、生物検定では植物を所定の大きさまで生育させる必要があるため、1〜数週間の栽培期間が必要となり、時間がかかります。サヤエンドウに加えてキクやコスモスなどを利用した方法や、残留指数に基づく堆肥施用量の判定基準などがマニュアルで紹介されています[2]。

生育障害の原因がクロピラリドと分かっている場合は、後者の機器分析による方法も有効です。機器分析は液体クロマトグラフタンデム質量分析装置（LC/MS/MS）などの理化学機器を使ってクロピラリドを

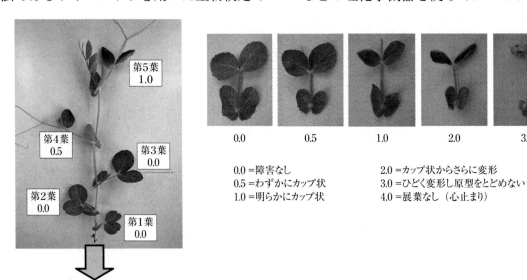

残留指数＝（0.0×5＋0.0×4＋0.0×3＋0.5×2＋1.0×1）／5＝0.4
※第1〜5葉の数値（0.0〜4.0）を根元から5〜1に重み付けして算出

0.0＝障害なし
0.5＝わずかにカップ状
1.0＝明らかにカップ状
2.0＝カップ状からさらに変形
3.0＝ひどく変形し原型をとどめない
4.0＝展葉なし（心止まり）

図　サヤエンドウを用いた生育障害の数値化基準（右上の5枚の写真）と残留指数の算出法[2]

定量するため、生物検定ほど時間はかからないものの、理化学機器は高額で、高度な分析技術が必要となります。最近では分析を依頼できる民間の機関も増えており、分析の装備がない場合でもクロピラリドを定量的に評価することは十分可能です。

なお、今まではクロピラリドの定量下限は10ppb程度でしたが、2ppbまで分析できる高感度分析法が開発され、農研機構のホームページで技術マニュアルが公開されています[5]。この方法は(独)農林水産消費安全技術センターで取りまとめている「肥料等試験法(2019)」でも採用されています[6]。

3 クロピラリドによる生育障害を回避するために

実際のクロピラリドによる作物の生育障害は、海外の生産現場でクロピラリドを使用することが起点となり、飼料などの輸入、飼料メーカーによる調製・国内流通、畜産農家による家畜への給与、家畜糞堆肥の生産、耕種農家による堆肥利用を通じて発生します。多くの関係者と工程が絡む複雑な問題です。

畜産農家を含む堆肥の生産者がまず行うべきは、家畜に輸入飼料を給与した場合の堆肥にはクロピラリドが含まれている可能性があることを堆肥のユーザーである耕種農家などと確実に情報共有することです。

特に、今まで使ったことのない輸入飼料を給与し始めたり、輸入飼料の購入先を切り替えたりした場合や、クロピラリドに感受性が高い園芸作物などを生産する耕種農家やそれまでに取引のなかった新たな耕種農家に堆肥を提供する場合には注意が必要です。また、生物検定や機器分析により堆肥中のクロピラリドをチェックしている場合には、その結果を提供先の耕種農家などに伝達することも重要です。

ユーザーには施肥基準に従った堆肥の施用量や適切な施用方法を順守してもらうのはもちろんのことです。その上でこれらの情報共有を徹底すると耕種農家が栽培品目や品種を変える場合でもマニュアル[2]などを参考に堆肥の施用量を適切に管理することが可能になります。また必要に応じて、生育障害発生の可能性の低いイネ科作物や露地栽培で堆肥を利用するなどの対策を取れるようになります。

最後に、農林水産省のホームページでは、本項で引用した参考文献を含めクロピラリド関連情報が取りまとめられています。こちらも参考にしてください(http://www.maff.go.jp/j/seisan/kankyo/clopyralid/clopyralid.html)。

【参考文献】

1) 農林水産省(2018)「平成29度輸入飼料中及び堆肥中に含まれるクロピラリドの調査結果について」
(http://www.maff.go.jp/j/seisan/kankyo/clopyralid/attach/pdf/clopyralid-33.pdf)

2) 農研機構(2009)「飼料及び堆肥に残留する除草剤の簡易判定法と被害軽減対策マニュアル」
(https://www.naro.affrc.go.jp/publicity_report/publication/files/clopyralid.pdf)

3) 農林水産省(2018)「牛等の排せつ物に由来する堆肥中のクロピラリドが原因と疑われる園芸作物等の生育障害の発生への対応について」
(http://www.maff.go.jp/j/seisan/kankyo/clopyralid/attach/pdf/clopyralid-31.pdf)

4) 農林水産省(2018)「クロピラリドが原因と疑われる生育障害の発生状況」
(http://www.maff.go.jp/j/seisan/kankyo/clopyralid/attach/pdf/clopyralid-41.pdf)

5) 渡邉栄喜・清家伸康(2017)「牛ふん堆肥中クロピラリドの高感度分析法(参考)」
(http://www.naro.affrc.go.jp/publicity_report/publication/files/clopyralid_analysis_1.pdf)

6) 独立行政法人農林水産消費安全技術センター(2019)「肥料等試験法(2019)」pp.602-625
(http://www.famic.go.jp/ffis/fert/obj/shikenho_2019.pdf#page=613)

II章 5 雑草の種子の死滅

安全な堆肥づくりのための留意点

羽賀　清典

堆肥中に雑草種子が含まれていると、堆肥を施用した圃場で発芽・生育・繁茂し、牧草の生産や放牧地の生態に悪影響を与えることになります。もともと、雑草種子は牛の飼料に存在し、糞中に排せつされ、そのまま堆肥に含まれることになります。本稿ではその雑草種子を、堆肥化の発酵熱によって死滅させることについて述べます。

1 堆積物の表面と内部の温度の違いと種子の死滅

堆積方式で堆肥をつくる場合、堆積物の表面と内部では温度が違います。内部の温度は高くなりますが、表面は大気に触れて温度が下がっています。例えば**表1**のようにハウス内に設置した堆積物の温度は、堆積物の上層と中層は60℃以上と高くなっていますが、表面は50℃未満と低くなっています。

表1の前年産種子を埋設した5～6月の試験では、表面が50℃未満、上層と中層は60℃を2日間持続しました。この場合、60℃の上・中層では埋設した雑草種子の発芽率は0％となり死滅したことが分かります。しかし、50℃未満の表面では死滅せず、むしろ対照区（堆肥に埋設していない種子）よりも発芽率が増加する傾向が見られます。例えば、メヒシバは、対照区では発芽率が74％であるのに対し、50℃未満では96％となっています。

当年産種子を使用した10～11月の試験では、表面は50℃未満、上層は60℃以上を1日間、中層は10日間持続することができました。上・中層では種子の発芽率は0％となり、死滅したことが分かります。

2 堆積物の層による温度の違いと種子の死滅

温度の違いと種子の死滅をもう少し細かく見てみたいと思います。生牛糞とオガ粉の混合比が10：2で水分が60.6％と高い場合と、混合比10：3で水分が58.2％と低い場合の2つの条件では、**表2**に示すように、混合比10：2では堆肥の最高温度は52.7℃でしたが、混合比10：3では上層で56℃、中層で61.5℃、下層で54℃と高くなりました。

混合比10：2の最高温度52.7℃では種子の

表1　堆積糞内に埋設した雑草種子の発芽率（%）[1]

埋設条件	前年産種子				当年産種子			
	堆積糞内埋設			対照区	堆積糞内埋設			対照区
	表面	上層	中層		表面	上層	中層	
草種　　温度	50℃未満	60℃以上、2日間			50℃未満	60℃以上、1日	60℃以上、10日間	
メヒシバ	96	0	0	74	52	0	0	18
ノビエ	72	0	0	87	25	0	0	35
カヤツリグサ	56	0	0	30	31	0	0	32
シロザ	26	0	0	16	35	0	0	13
オオイヌタデ	8	0	0	53	55	0	0	54
スベリヒユ	85	0	0	91	−	−	−	−
イヌビユ	68	0	0	70	67	0	0	70
エノキグサ	7	0	0	51	25	0	0	18
クワクサ	26	0	0	19	4	0	0	3

表2　堆積糞内埋設による雑草種子の発芽率(%)[2)]

草種	混合比	生牛糞10:オガ粉2			対照	生牛糞10:オガ粉3		
	最高温度	52.7℃	50.8℃	50.5℃		56℃	61.5℃	54℃
	埋設部位	上層	中層	下層		上層	中層	下層
アオビユ		15	7.5	56	100	0	0	0
オヒシバ		14.2	0	28.5	100	0	0	0
オオイヌタデ		33.3	16.6	0	100	0	0	0
メヒシバ		15	10	20	100	0	0	0

表3　雑草種子の生存率(%)に及ぼす温度と加温時間の影響[3)]

草種	温度(℃)	無処理	55					60			
	加温時間(時間)		24	48	72	96	120	3	6	24	30
ワルナスビ		99	72	7	0			67	8	0	
アメリカイヌホオズキ		97	79	0				84	6	0	
イチビ		93	23	12	9	2	0	39	23	7	0
ヨウシュヤマゴボウ		94	0					57	3	0	
ハリビユ		94	2	0				24	1	0	
ホソアオゲイトウ		97	38	0				74			
オオイヌタデ		83	0					0			
オオクサキビ		96	0					46	0		
イヌビユ		76	6	6	0			6	6		
メヒシバ		67	0					10	0		

※空欄は実験を行っていない

死滅はあまり期待できませんが、混合比10:3ではどの層でも発芽率は0％で、種子が死滅しています。そこでは54℃以上の温度が3～4日間続いているので、種子の死滅効果が得られています。このように堆肥の最高到達温度によって雑草種子の死滅効果を判断することができます。

3 加温時間と種子の死滅

加熱時間と種子の死滅の関係を、もう少し細かく見たいと思います。

表3は55℃で24～120時間（5日間）、60℃で3～30時間にわたって種子の生存率を調べたものです。

イチビ以外の種子は55℃で72時間、60℃では24時間加熱すると生存率が0％となります。さらに、イチビを死滅させるには55℃で120時間、60℃では30時間加熱する必要があります。順調に発酵している堆肥は、55℃以上が5日以上、60℃以上が2日以上続くので、堆肥の発酵熱によって雑草種子を死滅させることが分かります。

4 スラリーの加温時間と種子の死滅

スラリー（液状）における種子の死滅についても見てみましょう。**表4**に示すように50℃では1日間でほとんどの雑草種子が死滅しました。45℃以下ではワルナスビをはじめ、幾つかの種子が生存しています。

表4　温度と加温時間がスラリー中に浸漬(しんせき)した雑草種子の生存率(%)に及ぼす影響[3)]

草種	温度(℃)	無処理	35				40				無処理	45				50			
	加温時間(日)		1	2	5	9	1	2	5	9		1	2	5	9	1	2	5	9
ワルナスビ		95	97	96	97	89	95	89	82	62	97	80	73	47	1	3	0	0	0
アメリカイヌホオズキ		75	82	29	1	0	4	0	0	0	75	0	0	0	0	1	0	0	0
イチビ		87	33	2	0	0	4	0	0	0		0	0	0	0	0	0	0	0
ヨウシュヤマゴボウ		93	59	32	0	0	33	1	0	0		1	0	0	0	0	0	0	0
ハリビユ		97	95	78	80	63	91	85	85	59		85	69	0	0	0	0	0	0
ホソアオゲイトウ		89	84	76	75	39	86	81	76	12		82	34	0	1	5	1	1	1

35℃や40℃では多くの種子が生存しています。総じて50℃では1日以上、45℃では9日以上処理することによって種子を死滅させることができます。スラリー処理では堆肥化よりは低い温度で雑草種子を死滅させることができますが、液状のスラリーを50℃以上の温度に維持するには、それなりの槽（発酵槽・貯留槽）や撹拌（かくはん）・ばっ気・加温装置が必要になります。

スラリーのメタン発酵処理の場合、中温発酵（35℃）では30日間の滞留時間でも生存種子が見られたものの、高温発酵（55℃）では2日間でほとんどの雑草種子が死滅しました。しかし、アレチウリの生存率は高く、特別な処理が必要とされました[4]。

堆肥化では発酵熱による温度上昇によって雑草種子が死滅することが明らかになりました。またスラリー処理でも、温度上昇による死滅効果が期待できます。その温度と所要時間をまとめると**表5**のようになります。種子の死滅条件を達成するには、適切な堆肥化処理、スラリー処理が必要となります。

表5　雑草種子を死滅させる温度と所要時間

処理 温度	60℃以上	55℃以上	52.7℃	50℃	45℃
堆肥化	1日	2〜3日	死滅しない		
スラリー処理				1日以上	9日以上

【引用文献】
1) 高林実ら（1978）「牛の採食による雑草種子の伝播に関する研究」『農事試研報』27、pp.69-91
2) 原田満弘ら（1981）「牛混合きゅう肥での腐熟期間が雑草発芽に及ぼす影響」『鹿児島畜試研報』13、pp.129-131
3) 西村智子（2003）「堆肥およびスラリー中の雑草種子の生存性」『農業技術』58、pp.443-447
4) 西村智子ら（2006）「メタン発酵処理が雑草種子の生存性に及ぼす影響」『日草誌』52（別1）、pp.301-311

Ⅱ章 安全な堆肥づくりのための留意点
6 最高到達温度を測る

川村　英輔

1 堆肥の安全性確保に必要な60℃以上の高温処理過程

　家畜糞や生ゴミなどの生物系廃棄物を堆肥化処理する目的は「汚物感や悪臭をなくし、衛生的で取り扱いやすく、土壌や作物に害を与えない」だけでなく、「有機資源のリサイクルに貢献する」ことにあります[1),2)]。

　しかし、こうした目的で堆肥化されたはずの牛糞堆肥を利用した耕種農家から、堆肥を施用した畑で作物に害が出た、外来雑草が生えたなどの苦情が出ることがあります。

　ではなぜこのような問題が生じるのでしょうか。

　一般的に「60℃以上の高温が数日間続くと病原菌や寄生虫、雑草の種が死滅する」といわれており、堆肥化処理の過程を60℃以上の高温にできていないことが原因と考えられます[1),2)]。

　一方、われわれが牛糞を堆肥化処理し、堆肥として流通させる場合、肥料取締法上の表示が必要となります。この表示には、窒素・リン酸・カリなどの肥料成分値などが明記されます。耕種農家は、表示からどのような材料が含まれていたり、どのような肥料成分が含まれているのか判断しますが、病原菌や寄生虫、雑草の種が死滅する60℃以上の高温を経たかどうかは知ることができません。

2 重要な堆肥化初期の水分・比重調整

　では、どのようにすれば牛糞堆肥化処理過程で60℃以上の高温を得ることができるのでしょうか。

　家畜糞の堆肥化処理では、糞中に空気が入りやすい状態にして好気性微生物が活発に易分解性の有機物を分解できる条件にすれば堆肥化発酵が活発に進みます。特に乳牛糞の場合、生糞のままでは水分率が高く、ベトベトで粘性があり空気が入り込めない状態のため、オガ粉などの副資材を混合したり、乾燥によって水分と比重を調整して空気が入り込める状況をつくるなど、糞の物性を改善する堆肥化前の初期調整が重要なポイントとなります。

　このように、牛糞をふんわりした状態に初期調整することで通気性が確保されると好気性微生物がせっせと働き、発酵温度が急激に上昇し、60℃以上の高温を得ることができます。

3 見極め難しい比重確認

　一般に乳牛糞の水分率は85％前後ですが、水分率が低下し68％以下になると通気性が発現するといわれています。また、堆肥舎などに積み込んで堆肥化を行う場合、オガ粉やもみ殻などの資材を用いて容積重（比重）を500kg／㎥以下に調整することとされています[1),2)]。しかし、農家や指導者が現場で前述のような状態を見極めるのは非常に難しい。そこで神奈川県農業技術センターでは、バケツを用いて水分率68％以下となり、容積重（比重）を500kg／㎥に調整できていることを確認できる簡易な水分・比重調整確認法を考案しました。

4 バケツによる簡易な水分・比重調整確認法

　5ℓ（もしくは10ℓ）のバケツとスコップ、5kgが測定できる重量計を準備してく

写真1　バケツ・スコップ・重量計

山盛り状態

すり切りの状態

写真2　バケツへの堆肥の正しい入れ方

ださい(**写真1**)。次に❶〜❹の順番で水分と比重を調整した糞の重量を測定します。

❶5ℓのバケツの空重量(バケツ自体の重さのこと)を測定する

❷水分・比重調整した糞を5ℓのバケツからはみ出るように山盛り状態に入れる。その際、スコップで無理矢理押し込まない

❸バケツの取っ手を持ち、バケツを回転させ(**写真2**)、糞がバケツすれすれのすり切りの状態になるようにする

❹バケツ重量を測定し、❶のバケツの重さを差し引いた重量が2.5kg以下になっていれば、通気性が確保された状態と判断できる

これらの課程で、5ℓのバケツで水分・比重調整した糞の重量を測定すると同時に「○kg／5ℓ」のように容積重を測定して、堆肥化前の初期調整に必要な条件500kg／m³以下に調整できているかを判断しています。

当センターでは、搾乳牛の糞尿混合物に戻し堆肥を混合して水分・比重調整し堆肥化処理を行う試験で、水分・比重を調整した糞5ℓの重量をバケツで測定し、併せて堆肥化開始24時間後の発酵温度を測定しました。

図に示すように2.5kgよりも軽くなるように調整をすると、24時間後には発酵温度は60℃付近まで上昇します[3]。逆に2.5kgよりも重いと温度が上がらない傾向が見られます。このように堆肥化の初期調整の状態確認を5ℓのバケツで重量を測定することで現場でも簡単に行えることが確認できました。

5 ペットボトル温度計で最高到達温度を測る

家畜糞堆肥化処理の初期条件が整ったところで、今度は発酵過程を見てみましょう。

皆さんは堆肥化処理している際、どのくらいの発酵温度を経たのか確認をしたことがありますか。

連続的な記録が可能な温度計で発酵温度を継続的に測定している場合は別にして、たまに棒状温度計を差して確認する程度では、その時の温度を見たにすぎず、発酵過程で発酵温度が変化していく中、前述の60℃以上の高温を経たかどうか分からないのです。

そこで、接触温度によって色が変わり、

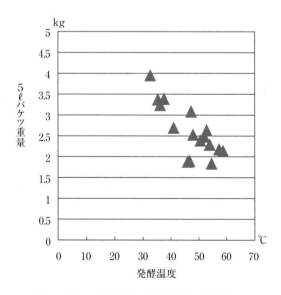

図　バケツの重量と発酵温度との関係

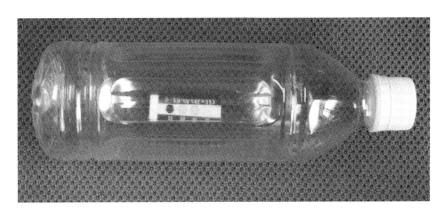

写真3　ペットボトル温度計

その色が元に戻らない不可逆性のシールを500mlのペットボトルに入れた簡易温度計をつくり(**写真3**)、発酵過程における最高到達温度を簡単に確認する方法を考案しました[4]。

【つくり方】

ペットボトル温度計は、農家自身が手軽に作製できます。まず、500mlのペットボトルとビニールテープ、色が変わるシールを準備します。ペットボトル内にシールを入れ、キャップを閉めて、キャップ部から水が入らないようにビニールテープを巻き付けるだけで簡単に作成できます。

今回は、サーモラベル®(日油技研工業㈱)というシールを使いましたが、温度を感知して色が変わる示温材はシールの他にインクやクレヨンタイプがあります。これらは、理化学製品販売店やインターネットでも簡単に入手ができます。

シールにはたくさんの種類がありますが、堆肥化であれば55～70℃まで5℃刻みでつくられたもの(サーモラベル®4E-55:5,500円/20枚)を使用すると良いでしょう。また目標温度を決めて用いる場合には、その温度単一のシール(サーモラベル®ミニ:5,200円/200枚)を使う方法もあります。このシールは温度接触する前は白色ですが、温度により変色する色が異なるため判別も容易で、かつ変色した色が元に戻らないようになっているため、最高到達温度の証明(**写真4**)となります。

また、堆肥化過程で用いることを前提に商品化された「堆肥用サーモラベル®」も販売されています(**写真5**)。50～70℃まで5℃刻みのシールは、「病原菌や寄生虫、雑草の種が死滅」する60℃以上の最高到達温度の確認ができます。また専用の容器や使用方

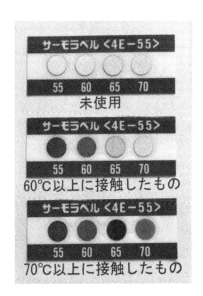

写真4　使用前後のサーモラベル

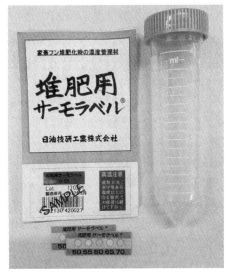

写真5　堆肥用サーモラベル®(日油技研工業㈱)

法も同封されており、初めて使う人にお薦めです。

【使い方】

ペットボトル温度計は、次の❶～❸のように使用します。

❶堆肥化初期調整が済んだ糞を山状に堆積する際に、ペットボトル温度計を山の表層部や中心部に入れる(**写真6**)。その際にペットボトルに番号を付け、どの番号がどの位置に入っていたのかが分かるようにする

❷ローダなどを用いて切り返しを行う際、堆肥表面に出てきた温度計を取り出す

❸ペットボトル内のシールの色を見ることで堆肥化過程での最高到達温度が簡単に確認できる。もし色が変わっていなければ、繰り返し利用することも可能

写真6　堆肥の山の断面と埋設されたペットボトル温度計
（矢印の先が温度計）

口蹄疫に汚染された恐れのある家畜排せつ物などを処理する場合、家畜糞(固形物)の処理方法として農水省は「(前文省略)…中心温度が60℃以上になるようたい肥化処理を行うこと」を示しています[5]。

固形物である家畜糞(家畜排せつ物)を堆肥化処理する際、堆肥中心部の温度が60℃以上になったことを確認する必要がありますが、前述したペットボトル温度計が利用できます。

本手法は「口蹄疫ウイルスに汚染された家畜排せつ物等の処理に関する防疫作業マニュアル」[6]、「豚流行性下痢(PED)防疫マニュアル」[7]および「高病原性鳥インフルエンザウイルスに汚染された排せつ物等の処理に関する防疫作業マニュアル」[8]に記載されるなど衛生現場で活用もされています。

このようにペットボトル温度計を堆肥の中に入れておけば、切り返しの際に堆肥の温度確認が手軽にできるばかりか、堆肥を利用する方に堆肥の安全性確保に必要な60℃以上の発酵温度を経たことを示すことができます。

ぜひ皆さんも5ℓバケツを用いた水分・比重調整確認法とペットボトル温度計による最高到達温度確認法を使って安全な牛糞堆肥をつくりましょう。

【参考文献】

1) (公社)中央畜産会(2000)「堆肥化施設設計マニュアル」

2) (一財)畜産環境整備機構(2004)「家畜ふん尿処理施設の設計・審査技術」

3) 川村英輔・倉田直亮・田邊眞(2001)「(1)閉鎖復列発酵ハウスによる牛ふんの堆肥化処理試験」『神奈川県畜産研究所試験研究成績書(畜産環境・経営流通・企画調整)』資料13-1, PP.1-4

4) 川村英輔・田邊眞・加藤博美(2007)「(3)家畜ふん堆肥の熟度と窒素無機化率による肥効の把握及び安全性の評価」『神奈川県畜産研究所試験研究成績書(畜産環境・経営流通・企画調整)』資料18-1, pp.6-11

5) 農林水産省消費・安全局動物衛生課長通知(2010)「口蹄疫に汚染されたおそれのある家畜排せつ物の処理について」(22消安第3232号平成22年7月1日)

6) 農林水産省消費・安全局動物衛生課(2012)「口蹄疫ウイルスに汚染された家畜排せつ物等の処理に関する防疫作業マニュアル」

7) 農林水産省(2014)「豚流行性下痢(PED)防疫マニュアル」

8) 農林水産省消費・安全局動物衛生課(2012)「高病原性鳥インフルエンザウイルスに汚染された排せつ物等の処理に関する防疫作業マニュアル」

Ⅲ章

堆肥の利用

1. 耕種農家のニーズと適切な施用法
　……………………………………………………竹本　稔　94

2. 乳牛糞堆肥の特徴と利用のポイント
　……………………………………………………小柳　渉　99

3. 乳牛糞堆肥の土づくり効果
　……………………………………………………荒川　祐介　103

4. 利用促進のための堆肥の成型技術
　……………………………………………………原　正之　107

5. 飼料用イネ栽培への牛糞堆肥の活用
　……………………………………………………草　佳那子　112

6. 混合堆肥複合肥料の開発と今後の展望
　……………………………………………………水木　剛　118

III章 堆肥の利用
1 耕種農家のニーズと適切な施用法

竹本 稔

1 堆肥に期待する効果

【土壌改良（土づくり）効果】

堆肥の施用は農地の生産性向上や冷害・干害時などにおける安定的な作物生産に有用です。その効果は土壌の「化学性改善」「物理性改善」「生物的改善」の3つに分けられます。化学性改善では土壌緩衝能、保肥力の増大など、物理性改善では土壌団粒の形成による保水・通気性の改善、生物性改善では植物根の保護、病害抑制などの効果が挙げられます（**表1**）。このように堆肥施用は土づくりにおいて総合的な効果が期待されます。

表2は2008年の農林水産省「土壌管理のあり方に関する意見交換会・報告書」で示された、地力の維持・増進の観点から必要とされる1年当たりの堆肥の施用量の下限値です。堆肥の種類や気象条件によっても異なりますが、地力の維持・増進のためには、年間約1〜2t／10aの堆肥施用が求められています。

【堆肥の肥料効果】

家畜糞堆肥は肥料成分も含むため、これらの肥料効果にも期待が寄せられています。オガ粉牛糞堆肥の分析値の変化を示した**図1**によると、近年の堆肥は以前に比べて水分量が低く、肥料成分濃度が高い傾向にあることが分かります。これは1999年に施行された「家畜排せつ物の管理の適正化及び利用の促進に関する法律」（家畜排せつ物法）で、家畜排せつ物の保管処理を行う場所（施設）にコンクリートなど汚水が浸透しないような床を設ける、屋根などを設置し雨によって家畜排せつ物の成分が流出しないようにするなどのルールが定められ、降雨による養分流亡がなくなった結果、堆肥の成分が上昇したと考えられます。

また2008年には、リン鉱石の中国からの輸入停止の影響で肥料価格が高騰し、堆肥などの有機物の肥料効果が注目されるようになりました。近年、肥料原料価格は比較的安定していますが、05年比で1.4〜1.6倍と依然として高止まりの傾向にあります（**図2**）。

肥料資源は枯渇資源であり、産出国も偏在

表1 堆肥の施用効果

項　　目	効　　果
化学性の改善	土壌緩衝能、保肥力の増大、リン酸の固定防止・有効化
	微量要素などを含めた総合的養分供給
物理性の改善	土壌団粒の形成による保水性、通気性の改善
生物性の改善	土壌生物性の多様化による植物根の保護、病害抑制など

表2 地力の維持・増進の観点から必要とされる堆肥の施用量の下限値（1年当たり）[1]

	黒ボク土		非黒ボク土	
	寒地	暖地	寒地	暖地
牛糞堆肥	1,281	2,561	530	1,060
豚糞堆肥	866	1,732	358	717

（下限値 kg／10a）

※ここでの暖地および寒地とは、深さ50cmの年平均地温がそれぞれ15〜22℃および8〜15℃の地帯。高標高地を除く関東・東海以西が暖地に相当する

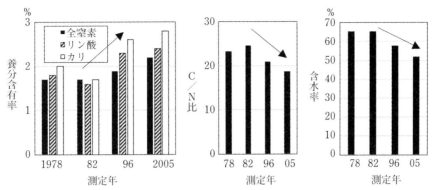

図1　オガ粉牛糞堆肥中の養分含量、含水率の推移（古谷修〈2006〉[2]から作成）

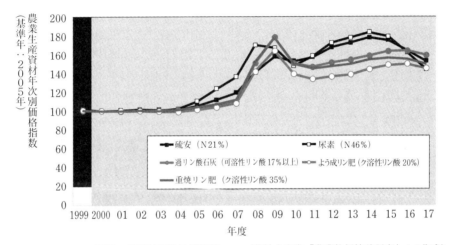

図2　肥料価格の推移[3]　　（農林水産省「農業物価統計調査」から作成）

しています。日本ではリン酸、カリといった肥料原料のほぼ全量を輸入に依存しています。このため国内に存在するリン酸、カリ資源である家畜糞堆肥の有効利用が重要な課題となっており、近年は堆肥の肥料効果に注目した取り組みが盛んに行われています。

【堆肥の種類による効果の違い】

原料によって変わる堆肥の肥料的効果、物理性改良効果の違い、資材ごとの堆肥の特性、堆肥に求める効果の関係を**図3**に示しました。堆肥は土壌改良（土づくり）効果だけでなく、肥料効果も併せ持っています。それぞれの効果の程度は原料資材の特性で異なり、両効果はトレードオフ関係にあるため、堆肥利用に際しては効果の必要性に応じて堆肥を選定し、使用することが求められます。

2　アンケートから見る期待

農林水産省は05年に「家畜排せつ物た

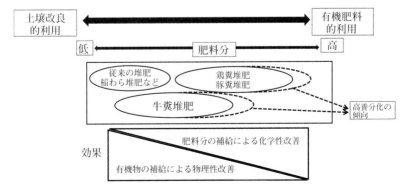

図3　堆肥の特性と堆肥に求める効果　（安西の原図から作成）

表3　生産農家の求める堆肥の特性（主要作物別）[5]

分類	作物	土壌改良効果が大きいこと	腐熟度が高いこと	安価であること	肥料効果が大きいこと	取扱い性が良いこと
根菜	ダイコン	★★	★★★	★★	☆	★★★
果菜	トマト	★★★	★★★	☆	☆	★★
果菜	メロン	★★★	★★★	☆	★★	★★★
葉菜	ピーマン	★★	★★★	☆	★★★	★★
葉菜	ホウレンソウ	★★★	★★★	☆	★★	★★
葉菜	キャベツ	★★★	★★	★★★	★★	★★

★★★：特に重要性が高い　★★：重要である　☆：重要性は比較的低い
※(財)畜産環境整備機構「作物生産農家のニーズを活かしたい肥づくりの手引き」（2006）から作成

い肥の利用に関する意識・意向調査」を公表しています。この調査結果から耕種農家の意見を押出し、整理し、堆肥への期待を考察します。

家畜排せつ物堆肥を「利用したい」と回答した人に、その回答理由を尋ねた問いでは「作物の品質向上が期待できる」が52.4%で最も多く、「作物生産の安定性の向上が期待できる」（44.6%）などを含めると堆肥の土づくり効果に期待する意見が多くありました。

また、「堆肥の利用によって循環型農業が可能になる」が48.0%で、環境保全効果への期待も大きい一方、「化学肥料の使用量の節減が期待できる」（44.7%）「作物の収量増加が期待できる」（32.9%）など、堆肥の肥料効果に期待する意見も多く認められます（27ｼﾞ図2参照）。

このように堆肥に求める効果は農家によって異なるため、それぞれのニーズに対応した堆肥の提供が必要となります。

3 作物別に見た耕種農家の堆肥特性への意向

(財)畜産環境整備機構では「作物生産農家のニーズを活かしたい肥づくりの手引き」で、作物別に農家が求める堆肥特性を記しています。その内容を**表3**に取りまとめました。

果菜類のうちピーマンのように多肥により生育が促進される作物は、比較的肥料効果の大きい堆肥を指向する傾向にあります。一方で根菜類やトマトなど施肥量の微妙なコントロールを必要とする作物では、土壌改良効果を期待して堆肥施用することが多い傾向にあります。またキャベツなどの葉菜類では、堆肥を大量に使用することが想定されることから、比較的安価であることが求められています。

このように、堆肥に何を求めるかは作物・農家で異なるため、適する堆肥も異なると考えられます。堆肥の供給に際しては「農家が堆肥に何を求めているか」を把握し、成分などその特性を明確に提示して供給することが重要です。

4 肥効、土壌改良の各視点から取り組まれた技術開発

【堆肥に肥料効果を求める事例】

三重県農業研究所が鶏糞を密閉型発酵槽などを利用して迅速に処理し、乾燥、成型することで窒素含有率4%以上となる高窒素鶏糞肥料を開発[6,7]した他、農研機構九州沖縄農業研究センターが堆肥化初期（1〜2週間）に発生するアンモニア成分を完熟堆肥に吸着させ、堆肥中の窒素濃度を上昇させた窒素付加堆肥を開発[8,9]するなど、堆肥の窒素肥効を向上させる技術が実用化されています。

また2012年の肥料取締法改正で混合堆肥複合肥料の公定規格が新設され、C／N比（15以上）、窒素含有率（家畜糞堆肥2%以上）、配合比（乾物50%以下）などの制限はあるものの、化学肥料に家畜糞堆肥や食品由来堆肥を混合した肥料の生産が可能になりました[6,10]。

これにより堆肥に含まれる肥料成分を活用しつつ化学肥料と配合し、養分バランスや肥効などを改善した肥料が開発できます。すでに豚糞堆肥などを原料とした製品が市販されています。

表4　堆肥の養分含有量と肥効成分量の例[12]

種別	糞の種類	水分(%)	C/N比	養分含有率（現物%）					肥効率（%）			肥効成分（kg／現物t）				
				窒素	リン酸	カリ	石灰	苦土	窒素	リン酸	カリ	窒素	リン酸	カリ	石灰	苦土
家畜糞堆肥	牛糞	50	17	1.10	1.45	1.45	2.10	0.65	20	100	100	2.2	8.7	14.5	21.0	6.5
	豚糞	29	10	2.70	5.04	2.13	4.54	1.78	50	70	90	13.5	35.3	19.2	45.4	17.8
	鶏糞	20	8	2.81	5.86	3.13	12.68	1.77	60	70	90	16.9	41.0	28.2	126.8	17.7
オガ粉混合堆肥	牛糞	58	21	0.80	0.97	1.10	1.14	0.46	10	100	100	0.6	4.9	11.0	11.4	4.6
	豚糞	44	14	1.41	3.03	1.46	2.87	0.84	30	60	90	4.2	18.2	13.1	28.7	8.4
	鶏糞	37	11	2.33	3.84	1.95	3.96	1.70	30	60	90	7.0	23.0	17.6	39.6	17.0

施肥量＝化学肥料施肥量－堆肥から供給される養分量（堆肥養分含有率×肥効率）

【堆肥に土壌改良効果を求める事例】

①**堆肥の肥料成分を考慮した施用法**：神奈川県では07年に過去30年間の土壌診断データの解析が行われています。その結果を見ると、施設土壌などを中心にリン酸やカリが過剰な状況で、有機物の肥料効果を考慮せずに施用したことが主な要因と考えられました[11]。

近年の堆肥の肥料成分は従来より高い傾向にあるため、土づくり資材として活用する場合には堆肥の肥料成分を考慮して施用することが必要です。**表4**に神奈川県の作物別施肥基準に掲載されている「堆肥、乾燥ふんの養分含有量と肥効成分量の例」を示しています。堆肥から供給される肥料成分を把握し、その分の化学肥料を減肥することで、土壌に過剰な養分が蓄積しないよう堆肥を施用することが可能です。

②**低塩類堆肥の製造**：農家や作物の違いによっては土壌改良効果を重視する場合もあり、肥料成分や電気伝導率（EC）の低い製品が求められます。

家畜排せつ物の野積みが禁止され、雨水による塩類の溶脱がなくなったため、家畜糞尿由来堆肥は塩類濃度が上昇しています。これまでに、スクリュー型の固液分離装置で搾汁処理を行い、塩類濃度の低い堆肥を製造利用する方法などが検討されています。このような手法を用いて低塩類の堆肥を製造できれば、土壌改良に適する堆肥を供給することが可能となります（**図4**）。

5 その他

【運搬・散布労力】

①**家畜排せつ物堆肥利用に関する意識調査**：農林水産省の「家畜排せつ物たい肥の利用に関する意識・意向調査結果」[4]では、安価であること、成分の安定性などに加え、ペレット化などによる散布性の向上を求める意見が多くありました（55.3%）。一方、同調査で家畜排せつ物堆肥を「利用したくない」と答えた人に理由を聞いた問いでは、散布に労力がかかるとの意見が多くありました（46.3%）。

②**三浦半島における耕種農家の堆肥利用に関する意向調査**：三浦半島は神奈川県内の露地野菜の主要産地で、従来から土づくりのための堆肥施用が積極的に行われてきました[14]。この三浦半島地域で17年度に堆肥利用実態のアンケートを実施したところ、利用中の農家は全体の約半数の17戸、利用をやめた者は15戸、利用したことがない者は1戸でした。堆肥利用をやめた農家の理由には運搬や散布作業など労力面に関するものが多く、「人手不足で運搬が困難」（19%）、「販売元

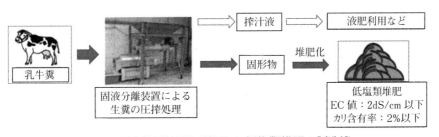

図4　固液分離装置を利用した低塩類堆肥の製造[13]

が遠く入手困難」(16%)、「人手不足で散布作業が困難」(14%)、「散布作業が手間」(14%)などが挙がっていました[7,15]。

これらは、堆肥利用における主な制限要因が運搬や散布にかかる労力的負担であることを示しています。今後、堆肥利用の推進に際しては、これを改善するための取り組みが必要になると考えられます。

【クロピラリドの堆肥中への残留による生理障害の発生について】

クロピラリドはアメリカ、カナダ、オーストラリアなどで牧草やトウモロコシ、麦類などの生育の際に使用されるホルモン系除草剤の成分です。日本では農薬として登録されていませんが、これを使用した輸入飼料などに残留したものが堆肥中にも残留。クロピラリドに感受性の高い植物(マメ科やナス科植物など)に多量施用すると、植物の生育障害が発生することで問題となっています(通常、一般的な堆肥の施用量では障害は発生しない)[16]。このため堆肥の供給に際しては、生物検定などによりクロピラリドの残留の有無の検討を行うこと、施用法や対象作物に注意して提供することが必要と考えられます。

本稿で述べたように耕種農家のニーズに沿った堆肥生産を行うには、堆肥の施用効果の他、散布などの労力面や安全性確保の面も考慮した取り組みが望まれます。

【参考文献】
1) 農林水産省(2008)「土壌管理のあり方に関する意見交換会報告書」
2) 古谷修(2006)「全国の堆肥センターで生産された家畜ふん堆肥の実態調査(2)」『畜産の研究』59、pp.1181-1183
3) 農林水産省「農業物価統計調査」(https://www.e-stat.go.jp/)
4) 農林水産省(2005)「家畜排せつ物たい肥の利用に関する意識・意向調査結果」『平成16年度農林水産情報交流ネットワーク事業全国アンケート調査』
5) ㈶畜産環境整備機構(2006)「作物生産農家のニーズを活かしたたい肥づくりの手引き」
6) ㈳中央畜産会(2017)「堆肥の広域流通を促進するための耕畜マッチング手法の検討」(http://jliadb.lin.gr.jp/kankyo/)
7) 三重県研究成果情報「売れる!鶏ふん堆肥の作り方を開発しました」(http://www.pref.mie.lg.jp/common/content/000396440.pdf)
8) 田中章浩(2006)「堆肥吸着による家畜ふん尿堆肥の悪臭防止と窒素回収技術」『畜産技術』611、pp.27-30
9) 荒川祐介・田中章浩・原口暢朗・草場敬・薬師堂謙一・山田一郎(2010)「堆肥脱臭法により産生した窒素付加堆肥の利用に関する研究(第1報):コマツナ栽培試験による肥料効果の検証」『土肥誌』81(2)、pp.153-157
10) 小宮山鉄兵・辻あずみ(2013)「混合堆肥複合肥料の開発―堆肥と普通肥料を混合した安価な有機複合肥料」『グリーンレポート』p531
11) 藤原俊六郎・岡本保(2008)「土壌診断結果からみた県内農耕地30年間の土壌化学性の推移」『神奈川農技セ研報』150、pp.1-10
12) 神奈川県環境農政局農政部農業振興課(2019)「神奈川県作物別施肥基準」(http://www.pref.kanagawa.jp/docs/f6k/cnt/f6802/index.html)
13) 西尾道徳(2010)「固液分離装置を用いた塩類濃度の低い乳牛ふん堆肥の製造」『西尾道徳の環境保全型農業レポート』No.163
(http://lib.ruralnet.or.jp/nisio/)
14) 岡本保(2002)「堆肥の生産と利用におけるストックポイントの役割『三浦半島の特産野菜安定生産のための堆肥・づくりと土づくり』」『畜産環境情報』16、pp.10-15
15) 竹本稔・福田啓介・仲村真由美(2017)「三浦半島における耕種農家の堆肥利用に関する意向調査」(2017年度関東支部神奈川大会)『日本土壌肥料学会講演要旨集』p21
16) 農林水産省「クロピラリドによる園芸作物等の生育障害に関する情報」『農水省ウェブページ』(http://www.maff.go.jp/j/seisan/kankyo/clopyralid/clopyralid.html)

堆肥の利用

III章 2 乳牛糞堆肥の特徴と利用のポイント

小柳 渉

　牛糞堆肥などの有機質資材を有効活用するには、各有機質資材の特徴をよく理解し、必要とする具体的な効果とその特徴が合致するように利用することが重要です。本稿では、他の家畜糞堆肥と比較した乳牛糞堆肥の成分や施用効果の特徴と、その特徴を踏まえた利用のポイントを紹介します。

1 土づくり効果の特徴

【土壌有機物供給効果が高い】

　土壌有機物は作物の生産性向上に大きく貢献します（詳細は103ページ「III章3節 牛糞堆肥の土づくり効果」を参照）が、作付けを重ねるごとに減少するので随時供給する必要があります。供給は有機質資材や作物残さの施用という形で行われますが、その供給効果は分解しにくければしにくいほど高い、すなわち難分解性有機物が多く含まれているほど高いといえます。

　図1に各家畜糞堆肥の難分解性有機物の量（土壌有機物供給効果）を示しました。乳牛糞堆肥は豚糞堆肥や鶏糞堆肥に比べ難分解性有機物が多く含まれており、土壌有機物供給に優れた資材といえます。

【地力窒素増加効果も期待できる】

　土壌可給態窒素は土壌からゆっくり供給される無機態窒素で、地力窒素とも呼ばれています。これを増加させることは有機質資材施用による土づくりの1つの目的でもあります。各堆肥の可給態窒素増加効果を推定し、次ページ図2に示しました。乳牛糞堆肥の単位重量当たり可給態窒素増加効果は鶏糞堆肥と同程度で豚糞堆肥より小さい傾向でした。しかし、実際に乳牛糞堆肥を利用する場合は施用量自体が多いため、豚糞堆肥や鶏糞堆肥に比べて、可吸態窒素は高まりやすいと推測されます。

2 肥料成分の特徴

【窒素肥効が少ない】

　窒素は肥料3要素の1つで作物生育を左右する最も重要な肥料成分ですが、家畜糞堆肥に含まれる窒素の全てが作物に利用されるわけではなく、土壌中で無機態窒素（アンモニア態窒素または硝酸態窒素）として存在する窒素（窒素肥効といいます）のみが肥料として作物に吸収され、残りは無機化せず有機態窒素として貯留されます。次ページ図3に各家畜糞堆肥の窒素の形態の測定例を示しました。乳牛糞堆肥は豚糞堆肥や鶏糞堆肥に比べ窒素肥効が少ない、すなわち窒素肥料効果は小さいという特徴があります。

　図3では乳牛糞堆肥の窒素肥効は3kg／t・乾物程度ですが、これは後述するリン酸やカリに比べて1桁少ない含量です。すなわち、乳牛糞堆肥施用で不足する肥料成分は窒素です。後述するようにカリを考慮することが利用上のポイントなので、堆肥の施用量と作物が必要とする窒素成分量にもよりますが、通常は窒素を補うために化学肥料を併用する必要があります。

【カリ含量が多い】

　リン酸とカリは窒素と並ぶ肥料3要素で

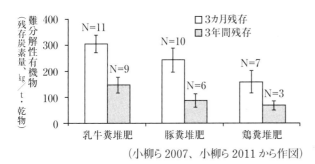

（小柳ら2007、小柳ら2011から作図）

図1　各家畜糞堆肥の難分解性有機物の量

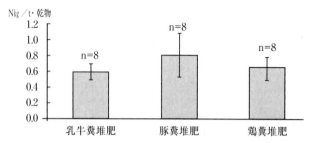

堆肥と土壌を混合し30℃で6カ月培養後、80℃16時間水抽出液のCODを測定し、その数値により可給態窒素増加効果を推定した
(小柳、未発表)

図2 各家畜糞堆肥の単位重量当たり推定可給態窒素増加効果

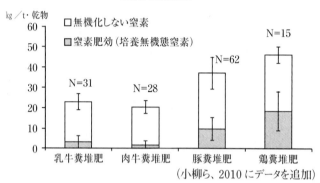

(小柳ら、2010にデータを追加)

図3 各家畜糞堆肥の窒素の形態

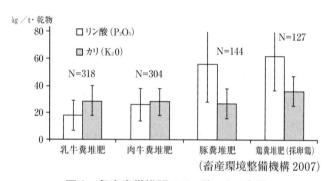

(畜産環境整備機構 2007)

図4 各家畜糞堆肥のリン酸・カリ含量

すが、窒素とは違い家畜糞堆肥中のリン酸とカリのほとんどが作物に利用できると考えられています。図4に各家畜糞堆肥のリン酸とカリの含量を示しました。乳牛糞堆肥のリン酸は他の堆肥より少なく、豚糞堆肥や鶏糞堆肥の1／3程度です。乳牛糞堆肥のカリは鶏糞堆肥より若干少なく、肉牛糞堆肥や豚糞堆肥と同程度です。それぞれの堆肥でリン酸とカリの含量を比較すると、肉牛糞堆肥では同程度、豚糞堆肥と鶏糞堆肥ではリン酸が多いのに対し、乳牛糞堆肥ではリン酸に比べてカリが多い。また乳牛糞堆肥のリン酸とカリの窒素肥効(図3)と比較すると、含量は窒素肥効＜リン酸≦カリとなります。このように乳牛糞堆肥

の特徴として、他の堆肥や窒素肥効、リン酸と比べて相対的または絶対的にカリが多いことが挙げられます。

土づくり効果を狙って乳牛糞堆肥施用量を多くすると、土づくり効果は発現されやすくなりますが、同時にカリが大量に供給されます。例えば、乳牛糞堆肥を10a当たり5 t (水分50%として乾物2.5 t) 施用すると、カリとして28kg／t・乾物(図4より)×2.5 t＝70kgと大量に供給されることになります。これは堆肥利用上の問題点の1つである土壌中でのカリの過剰蓄積につながり、土壌養分バランスの悪化、施設栽培では塩類集積、飼料作では飼料中カリウム過剰などの問題が生じる恐れがあります。このため、カリが多く含まれることを考慮して活用することが乳牛糞堆肥の利用のポイントになります(詳細は後述)。

【ケイ酸が多い】

水稲は肥料3要素以外にケイ酸(SiO_2)を必須元素として大量に吸収します。この成分が不足すると、病虫害への抵抗性が低下したり、倒伏しやすくなる他、登熟や食味も低下するとされています。図5に各家畜糞堆肥のケイ酸の含量を示しました。鶏糞堆肥や豚糞堆肥では含量が低いのに対し、牛糞堆肥では高く、特にもみ殻乳牛糞堆肥では平均で乾物 t 当たり170kg(17%)と大量に含まれています。稲体中ではケイ酸は主に稲ワラに含まれているので、稲ワラも収集する水田ではケイ酸の吸収量(収奪量)は50kg／10a以上(筆者の試算)と他の肥料成分に比べて非常に多くなるため、乳牛糞堆肥は稲ワラ収集水田やWCS用イネ栽培水田に適した資材といえるでしょう。なお水田土壌、畑土壌共にケイ酸の過剰による作物の障害はないとされています。

3 利用のポイント

【堆肥から供給されるカリ成分相当を減肥】

前述したように、乳牛糞堆肥は土づくり

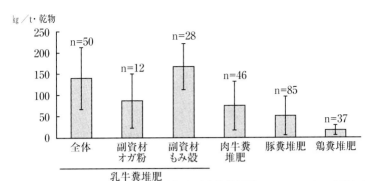

図5　各家畜糞堆肥のケイ酸含量
（畜産環境整備機構、2007にデータを追加）

効果に優れている一方、肥料成分供給はアンバランスで、窒素肥効は少なく、カリ含量は多く過剰になりやすい特徴を持っています。このため、堆肥と併用する化学肥料を加減することにより肥料成分供給バランスを整えることが利用のポイントになります。具体的には、堆肥からの肥料成分供給量を把握し、作物の標準施肥量と比較することで、不足する肥料成分のみを化学肥料で施用します。堆肥の施用量にもよりますが、おおむねカリとリン酸を減肥し、窒素肥料のみ併用する形となります。このような施肥設計により、牛糞堆肥中肥料成分を有効に利用できるようになります。これは低コスト施肥にもつながります。

このような設計による効果の例を**表**に示します。乳牛糞堆肥のカリ成分を考慮せずに高度化成を上乗せ施用すると、過剰となったカリ成分が土壌に蓄積し、土壌ECや塩類集積の原因である硫酸（SO_4）や塩素（Cl）も上昇しました（堆肥＋高度化成区）。これに対し、堆肥由来のカリ成分をカリ肥料として代替し、化学肥料として窒素肥料（尿素）のみを用いることで土壌のカリ集積が低減でき、土壌EC、SO_4、Clの上昇を抑えることができました（堆肥＋窒素区）。

【容量で施用量を把握する】

乳牛糞堆肥は、通常袋詰めではなくバラで施用されるため、重量で施用量を把握することが困難です。施用量が把握できないと肥料成分供給量も把握できなくなります。この対応として、測定が容易な容量で乾物施用量と肥料成分供給量を把握すると良いでしょう（新潟県農林水産部、2008）。

乳牛糞堆肥1㎥当たりの乾物重量は200kgと見なすことができるので、施用容量（㎥）×0.2×各肥料成分含量で肥料成分供給量が算出できます。例えば、10a当たり5㎥の乳牛糞堆肥を施用し、かつ各肥料成分含量が**図3、4**に示す平均値であった場合、乾物が1 t施用されるので、10a当たり窒素（窒素肥効）3 kg、リン酸18kg、カリ 28kgの肥料成分が供給されます。

【堆肥分析と土壌分析を活用する】

図3〜5の誤差線で示したように、個々の堆肥により肥料成分含量が大きく異なることも乳牛糞堆肥の特徴です。利用する堆肥の肥料成分含量を把握しておくと、さら

表　堆肥中カリ成分の活用による土壌カリ集積、EC上昇の抑制

	カリ施用量 g／ポット			コマツナ収量 g／ポット	栽培後土壌		交換態 K_2O mg／100g	SO_4 cmol／100g	Cl cmol／100g
	堆肥由来	化成由来	計		pH	EC dS／m			
堆肥＋高度化成区（カリを上乗せ施用）	2.0	2.0	4.0	233	5.9	1.03	81	1.97	1.21
堆肥＋窒素区（堆肥中カリを考慮し減肥）	2.0	2.0	2.0	254	6.1	0.48	43	0.07	0.35
無肥料区	−	−		84	6.7	0.08	14	0.06	0.02

窒素は両区とも2.0g／potを化学肥料で施用した。高度化成の組成はN−P−K＝12−11−12%　（新潟県農林水産部、2009）

に正確な施肥設計が可能となります。そのための簡易な分析法はウェブ上で公開されています(実用技術開発事業18053 マニュアル作成委員会〈2010〉)ので、活用してみてください。

しかし、作物の収量(吸収量)の変動などにより土壌養分(肥料成分)の過不足が生じてしまう場合が多くあります。これに気付かずにいつも通りの堆肥施用や施肥を継続すると過不足はさらに進行します。そのため一定期間ごとに土壌分析を行い、土壌養分、特にカリが適正範囲内になっているかどうかをチェックし、養分の過不足に応じて堆肥施用量や施肥量を加減することをお勧めします。

このように乳牛糞堆肥は土づくりとリン酸、カリ、ケイ酸供給を兼ねた、耕種農家にお薦めできる優れた有機質資材ですが、水分過多で散布しにくかったり、臭気が強過ぎたりすると敬遠される恐れがあります。酪農家や堆肥センターの皆さんには、耕種農家が喜んで使えるような良質な堆肥づくりをお願いします。

【参考文献】

1) 畜産環境整備機構(2007)「家畜ふん堆肥の肥効を取り入れた堆肥成分表と利用法」pp.1-44

2) マニュアル作成委員会(2010)「実用技術開発事業18053」(http://www.g-agri.rd.pref.gifu.lg.jp/taihi_manual/manual.html)

3) 小柳ら(2007)「有機質資材の分解特性とその指標」『土肥誌』78、pp.407-410

4) 小柳ら(2010)「酸性デタージェント可溶窒素による牛ふんおよび豚ぷん堆肥の窒素肥効評価」『土肥誌』81、pp.144-147

5) 小柳ら(2011)「分解特性からみたバイオマスおよび堆肥の利用方向」『新潟畜セ研報』17、pp.9-14

6) 新潟県農林水産部(2008)「新潟県における施肥コスト低減のすすめ方(暫定版)」pp.34-44(http://www.maff.go.jp/j/seisan/kankyo/hozen_type/h_sehi_kizyun/pdf/cost04.pdf)

7) 新潟県農林水産部(2009)「平成21年度新潟県農林水産業研究成果集」pp.65-66(https://www.ari.pref.niigata.jp/Achievement/2009/katuyou/20/090220.html)

III章 堆肥の利用

3 乳牛糞堆肥の土づくり効果

荒川 祐介

1 堆肥連用による土壌有機物供給

　家畜糞堆肥を草地・飼料畑に施用する意義は大きく3つあります。第1に資源循環により土地基盤に立脚した経営の持続性が得られること、第2に農地の生産力を高め品質の高い粗飼料を安全に生産できること、第3に適切な生産技術と肥培管理により購入飼料よりも低コストで飼料生産でき、所得面での経営の安定化を図ることです。実際、鹿児島県内ではおよそ9割の飼料畑に家畜糞堆肥が施用されていることが報告されています[1]。

　家畜糞堆肥は連用することによって土壌が膨軟になり、あるいは土壌の養分供給能が増して粗飼料の収量・品質が改善することが知られています。例えば、熊本県の黒ボク土飼料畑で行われたトウモロコシ―イタリアンライグラス作の事例では、毎作3t／10a連用の結果、3年目第6作から生育・収量に明らかな効果が認められるようになり、この時期から堆肥と併用する窒素肥料の量を2／3に減らしても乾物収量が慣行施肥と変わらず、11作目以降は慣行施肥を上回ったと報告されています[3]。

　作物の安定多収には、土壌の通気性や保水性、透水性、易耕性が優れているなど物理性が良好であること、養水分の保持能力並びに供給能力が優れていること、異常気象や植物病害虫に対するレジリエンス(回復力)が高いことなどが求められます(**表1**)。これらさまざまな機能と関係が深いのが土壌有機物です。

　土壌有機物は粘土、シルト、砂から成る土壌の粒子同士を結び付け、団粒を形成する糊のような役割を果たしています。さらに、養分の保持や土壌に生息する生物に分解・資化されることで養分供給にも寄与しています。昆虫やミミズなどの小動物、植物根からの分泌物やカビの菌糸なども土壌有機物として団粒形成に寄与しています。こうしてできる土壌の固相の構造、液相および気相の分布状況は、土壌の通気性や保水性、透水性、粘着性、可塑性、易耕性に大きく影響します。

　土壌有機物の量は一見変化が小さく思えますが、実際には集積・分解の動的平衡の上にあります。すなわち集積・分解の速度は、動植物残さや系外から持ち込まれる有機物の量と質、土壌の粒径組成、粘土鉱物組成、pH、温度、水分、通気、土壌生物活性などにより決定されています。通常行われる耕耘(深耕)、砕土などの農作業は土壌に酸素を供給し、好気性の従属栄養微生物の活性を高め土壌有機物の分解が促進されることが知られています。しかし、土壌有機物の増減を数年単位で把握することは非常に難しく、長期間に及ぶ有機物連用試験を参照する必要があります。

2 カリなどの土壌残留に注意

　北海道立総合研究機構十勝農業試験場

表1　作物の安定多収のための土づくりの目的と内容

土壌の膨軟化と 団粒構造の発達	養分供給力 (土壌肥沃度)の向上	レジリエンス (回復力)の向上
・透水性・排水性の向上	・可給態養分の供給	・土壌浸食抑制
・根への水分、酸素供給	・養分の保持	・植物病虫害への対応
・耕土深の確保	・肥料利用率の向上	・異常気象、干害の回避
・易耕性の向上	・pHの調整	

は1975年から30年間にわたって収穫残さの還元と牛糞バーク堆肥施用を組み合わせた有機物連用試験を行っていました[4,7]。

てん菜、大豆、春まき小麦、馬鈴しょの4年輪作を行うとともに収穫残さを持ち出し、堆肥を全く施用しなかった場合には、土壌全炭素が乾土1kg当たり25gから22gに低下し、土壌有機物の消耗が推測されました。一方で乾物として0.5t／10a／年程度の有機物（堆肥や残さ）が圃場に還元されれば、全炭素が10%程度高まることも分かりました。還元された有機物の量と0.5mm以上の大粒径の耐水性団粒、土壌の気相率並びに有効水分との間には高い正の相関が認められ、有機物の連用により通気性や保水性が上昇することがうかがえました。

なお堆肥の施用に当たっては、有機物供給だけに着目せず、硝酸態窒素（NO_3-N）の土壌からの溶脱による地下水の汚染や過剰なリン酸（P_2O_5）、カリ（K_2O）の土壌残留にも注意を払うべきです。

農林水産省が2008年発表した「土壌管理のあり方に関する意見交換会」報告書では、土壌炭素の減少量を補うために必要とされる牛糞堆肥年間施用量の下限値と環境への窒素負荷を避けるための上限値の目安を算出しています[5]。年間の土壌炭素減少量を補うための堆肥施用下限値は地域と土壌ごとに530〜2,561kg／10a、施用上限値は牛糞堆肥の窒素含有率と窒素肥効率並びに施肥窒素基準量から地域・土壌共通で3,490kg／10aとしています（**表2**）。

家畜糞堆肥を過剰に施用すると環境への窒素負荷になるだけでなく、作物体の倒伏や家畜に有害な硝酸態窒素が飼料作物中に蓄積する原因となったり、カリのぜいたく吸収による飼料品質の劣化を招いたりすることになります。鹿児島県内の飼料畑では、有効態リン酸が土壌診断基準値を超過する割合が年を追うごとに増加していました[1]。家畜糞堆肥の施用に当たっては施用基準を参照し、分解特性や成分量に留意して施用することが大切です。

3　土壌有機物の蓄積効果を評価する試み

家畜糞堆肥の有機物組成から土壌有機物の蓄積効果を評価しようという試みが行われています。堆肥の品質形成には数多くの要因が関与し、さらに個々の要因にも大きな変動や幅があるのはご承知の通りです。現場ではさまざまな飼養形態、糞尿の処理方式が導入されており、生産される家畜糞堆肥は品質に大きな変動を有することになります。

家畜糞堆肥の品質形成に関与する主な要因として❶家畜糞の化学特性と性状❷家畜糞に混合される稲わらなどの水分調整材の化学特性❸家畜糞と水分調整材の混合割合❹堆肥化処理の方法と管理状況─が挙げられます。これらは堆肥の肥料成分の含有量、肥効や堆肥中の有機物の分解性、土壌有機物蓄積効果にも影響すると考えられます。堆肥に含まれる難分解性有機物が土壌有機物として残存・蓄積することにより、保肥力向上や団粒形成など土壌改良効果が発揮されるとの考えから、難分解性有機物含有量の指標が検討されました[6]。

施用された有機物の残存量測定法にはガラ

表2　飼料作物における牛糞堆肥の施用下限値と施用上限値（単位：kg／10a）

地力の維持増進の観点から必要とされる堆肥施用の下限値※			
黒ボク土		非黒ボク土	
寒地	暖地	寒地	暖地
1,281	2,561	530	1,060

堆肥施用の上限値**（地域・土壌共通）			
─	3,490	─	─

※牛糞堆肥の炭素含有率を11.3%、年間の土壌炭素減少量（kgC／10kg）を黒ボク土（寒地）145、同（暖地）290、非黒ボク土（寒地）60、同（暖地）120として算出した
**牛糞堆肥の窒素含有率を0.71%、窒素肥効率を60%、施肥基準窒素量を14.95kg／10aとして算定した。
（農林水産省（2008）「土壌管理のあり方に関する意見交換会」報告書から筆者作成）

写真　ガラス繊維ろ紙埋設法
ガラス繊維ろ紙をさらに防根透水シートで包み、小動物、作物根による破損を防いでいる。防根透水シートは約15cmの正方形に裁断し、2つ折りにしている

ス繊維ろ紙埋設法があります[2]。この方法では粉砕ないし細断した有機物を土壌と混和し、ガラス繊維ろ紙に封函します。また有機物を混和しない土壌だけの試料も作製し、併せて埋設します（**写真**）。これらを一定期間後に掘り出して、ろ紙の内容物中の炭素全量を測定し、両者の差を取って、有機物の炭素残存量とします。ガラス繊維ろ紙内の土壌は水溶性の有機物や無機物の拡散や溶脱、または水分移動の観点から、ろ紙外の周辺土壌と平衡関係にあると考えられ、圃場条件における有機物の分解を再現しています。

一方、堆肥の有機物組成の分析法としてはヴァンゾースト（P. J. Van Soest）により開発されたデタージェント分析法があります。デタージェント分析法は粗飼料の繊維成分を化学分析により推定するもので、界面活性剤（デタージェント）を用いて試料を煮沸処理し、繊維成分（ヘミセルロース、セルロース、リグニン）を分離・定量します。中性デタージェント繊維（NDF）と酸性デタージェント繊維（ADF）の差がヘミセルロース画分、ADFと酸性デタージェントリグニン（ADL）の差がセルロース画分、ADLがリグニン画分に相当します（デタージェント分析の詳細については成書〈専門書〉を参照してください）。

4　土づくり効果の指標化

図1には家畜糞のデタージェント分析の測定例を示しました。粗飼料を給餌する乳牛では他の畜種に比べて糞の中の繊維成分の割合が大きいことが示されています[8]。乳牛糞には敷料が混ざったり、稲わらなどの草本やオガ粉などの木質系繊維分が豊富に含まれる水分

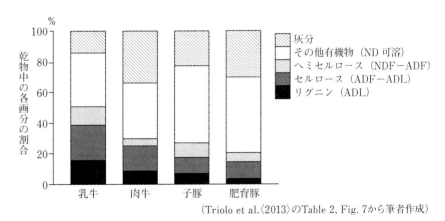

(Triolo et al.〈2013〉のTable 2, Fig. 7から筆者作成)

図1　家畜排せつ物の灰分と有機物各画分の含有率

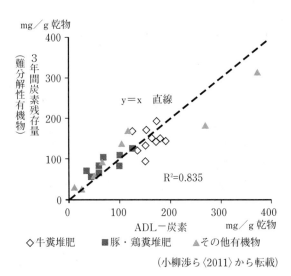

(小柳渉ら〈2011〉から転載)

図2　ADL－炭素と3年間炭素残存量との関係

調整材が堆肥化の際に用いられることから、出来上がり堆肥の繊維成分の割合はさらに高まることになります。

ガラス繊維ろ紙埋設法で測定した3年間分解されずに残存する炭素量と、家畜糞堆肥など有機質資材のADL中の炭素量との関係を図で示したところ、両者の量は1：1でほぼ一致することが分かりました（**図2**）。白抜きの方形で示した牛糞堆肥は、ADL中の炭素の量が他の畜種やその他有機物と比べて多く、土壌中3年間分解されずに残存する炭素の量も対応して多いことが読み取れます（散布図で牛糞堆肥の右上に分布する2つの有機物は腐葉土とバーク堆肥）。リグニンは高分子のフェノール性化合物で、三次元の複雑な網目構造を形成しており、微生物分解に対し強い抵抗性を持つことが知られています。今後も測定例を増やし検証していかなければなりませんが、ADL含量こそ圃場に施用される難分解性有機物含量の指標となり、さらに家畜糞堆肥をはじめとする有機物の土づくり効果を相対的に比べられる指標になるものと考えています。

【参考文献】

1) 西裕之・森田重則・小玉泰生ら(2013)「30年間における鹿児島県農耕地土壌の理化学性の変化」『鹿児島県農業開発総合センター研究報告』、(7) pp.47-61

2) 前田乾一・鬼鞍豊(1977)「圃場条件における有機物の分解率の測定法」『土肥誌』48、pp.567-568

3) 宮沢数雄・塩崎尚郎・伊藤祐二郎ら(1990)「西南暖地の多腐植質黒ボク土における完熟きゅう肥連用基準と施肥改善」『九州農業試験場報告』26、pp.87-220

4) 中津智史・田村元(2008)「30年間の有機物(牛ふんバーク堆肥および収穫残さ)連用が北海道の淡色黒ボク土の全炭素、全窒素および物理性に及ぼす影響」『土肥誌』79、pp.139-145(https://doi.org/10.20710/dojo.79.2_139)

5) 農林水産省(2008)「土壌管理のあり方に関する意見交換会」報告書(http://www.maff.go.jp/j/study/dozyo_kanri/pdf/report.pdf、2019年7月23日閲覧)

6) 小柳渉・村松克久・小橋有里(2011)「分解特性からみたバイオマスおよび堆肥の利用方向」『新潟県農業総合研究所畜産研究センター研究報告』(17)、pp.9-14

7) 田村元・中津智史(2011)「十勝の淡色黒ボク土における有機物連用と炭素集積」『ペドロジスト』55、pp.99-102

8) Triolo JM, Alastair J. Ward, Lene et al. (2013). Characteristics of Animal Slurry as a Key Biomass for Biogas Production in Denmark, In: Biomass Now - Sustainable Growth and Use, Miodrag Darko Matovic, IntechOpen, DOI: 10.5772/54424.

堆肥の利用

III章 4 利用促進のための堆肥の成型技術

原　正之

　家畜糞堆肥は貴重な有機質資源、肥料や土壌改良資材として広く利用されてきました。しかし畜産農家の規模拡大に伴い、糞尿の発生量が増大したことに加え、堆肥の地域内利用を担ってきた耕種農家側も高齢化や機械化に伴って利用量が減少。畜産地帯では堆肥の還元農地確保が困難となり、多量施用による地下水の硝酸汚染といった環境問題も顕在化してきています。こうした畜産地帯における堆肥の偏在化と環境負荷を軽減するには、負荷の高い畜産地帯から畑作地帯などの需要地に広域的に移送し、負荷の平準化を図ることが重要です。しかし、堆積発酵させた通常の堆肥は水分が高く、かさばると同時に製品の価格も安いため、県域を越えるような広域流通に適さないことが偏在化の解消を阻んできた大きな要因でした。

　本稿で紹介する堆肥の成型技術は、成型機などを用いて堆肥をペレット状あるいは球状に成型したのちに乾燥し、製品化するものです。圧縮による容積の減少と重量減少効果によって、従来の堆肥に比べて飛躍的に広域流通への適性を高めることができる上、散布作業にマニュアスプレッダなどの専用機械を必要とせず、耕種農家の保有する各種の肥料散布機で対応できるなど、偏在化の解消や堆肥の利用促進に大きく寄与できます。加えて、近年の肥料価格の高騰に伴って、堆肥成分の肥料利用の期待が高まってきています。これを受けて2012年には肥料取締法の公定規格が改正され、成型や混合割合などに一定の制限はあるものの、堆肥を肥料原料として化学肥料と混合できるようになりました。これによって、畜産農家自身が堆肥を付加価値の高い普通肥料として加工販売することも可能となってきています。こうしたことから、成型技術は養鶏、養豚農家を中心に導入が急速に進んできており、酪農家や肉牛農家でも導入が始まっています。本稿では実際に畜産農家に導入されている代表的な成型機や方法について紹介するとともに、成型堆肥の基本的な特性および技術導入上の留意点について紹介します。

1 成型機の種類と特徴

【押し出し成型】

　押し出し成型は現在最も広く利用されている成型法で、次ｼﾞ図1に示すように成型機はディスクペレッター方式とエクストルーダー方式に大別されます。いずれの方式も複数の直径数ミリの穴が開けられたディスク盤に原料を圧送し、原料堆肥が穴を通過する過程で壁面との摩擦により圧縮され、穴から吐出した棒状堆肥はディスク盤の外に敷設されたカッターで一定の長さに切断され、ペレット状の製品が得られる構造となっています（次ｼﾞ写真1）。両方式の違いはダイス盤への原料堆肥の圧送方法です。ディスクペレッター方式はダイスに接したローラーとディスクとの間に供給された堆肥がローラーの回転によって穴に圧送されるのに対し、エクストルーダー方式はスクリュー構造のオーガの回転によって堆肥が混錬を受けながらディスクに供給される構造となっています。ディスクペレッター方式は直接堆肥を穴に押し込む構造のため高圧をかけることが可能で、流動性の低い20％程度の低水分の堆肥に適するのに対し、エクストルーダー方式はディスクペレッター方式に比べ低圧となるため、流動性が高い40％程度の高水分堆肥に適しま

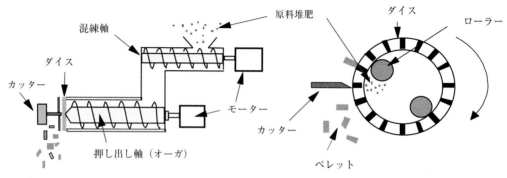

図1 押し出し成型機の種類と特徴

写真1 ディスクペレッター（ローラーリングダイ方式）の主要部（左）と製品ペレット

す。押し出し成型機の場合、原料堆肥中に含まれる獣毛や石などの異物、未分解の稲わらはディスクの穴の詰まりを生じさせるとともに機械の摩耗を起こすため、成型機に原料を供給する前に篩（ふるい）を通して除去する工程を入れる必要があります。ディスクペレッターでは混入した異物はディスク盤とローラーとの間で磨砕されるため、エクストルーダー方式に比べ目詰まりが生じにくく、安定した連続運転が期待できることから、畜産農家で多く導入される要因ともなっています。

【圧縮成型法】

圧縮成型は型に入れた原料にプレスをかけることで成型する仕組みになっています。堆肥用の成型機としては、図2に示すように凹凸を有する2つのローラーを回転させ、ローラー上部から原料を供給することで圧縮成型された堆肥が連続生産できる機械が市販されています。この成型機は圧縮強度が押し出し成型機に比べて低いものの、時間当たり処理能力が大きく、押し出し成型機と比べ安価な造粒が可能です。単純な圧縮成型であるため、稲わらなどの異物による詰まりも少ない利点がありますが、成型物の形状の安定性や歩留まりは押出し成型に比べると劣る場合が多く、水分の調整が製品の形状に大きく影響しがちで

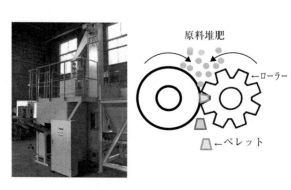

図2 市販されている圧縮成型機（左）と構造

写真2 市販の撹拌造粒装置（左）と養鶏農家で生産された粒状堆肥

す。養豚、養鶏農家で導入実績がありますが、製品形状が押し出し成型機で成型されたものに比べ美しくなく、やや大きくならざるを得ないため、販売に優位性が期待しにくい欠点があります。しかし、土壌改良資材として10a当たり数トン単位で施用する牛糞堆肥では、直径数ミリメートルのペレットである必要はなく、こうした安い造粒法が優位性を示せる場合があると考えられます。

【撹拌（かくはん）造粒法】

撹拌造粒は、酪農の堆肥化装置として広く普及している自走式連続撹拌発酵装置の中で撹拌爪に特定の鉈（なた）爪を用います。こうした方式の発酵装置を用いて堆肥化を進める過程で粒状の製品堆肥ができることがあります（**写真2**）。これは造粒に適した水分条件において、堆肥が鉈爪による撹拌を受ける過程で爪の表面を転がることで生じ、パン型造粒や転動造粒と同様の仕組みで造粒が生じることから、造粒物は球形となります。本方式の特徴は、押し出し成型や圧縮成型が原料堆肥を個々の成型機に適する水分に調整しておく必要があるとともに、成型後も品質劣化を避けるため乾燥工程を必要とするのに対し、原料堆肥や成型後堆肥の乾燥工程に別の機器を必要としない点です。実際の造粒工程は、**図3**に示す通りです。

温室内の堆肥化レーンに投入された生糞は、堆肥化が進みながらレーン後尾に向かって徐々に送られます。この過程で太陽熱と発酵熱により堆肥水分は次第に低下し、造粒適正水分範囲(鶏糞では50〜54％)で造粒が生じ、生成した造粒物は乾燥による硬化が進みながらレーン後尾から搬出されます。造粒適正水分範囲は数パーセント程度と狭いため、夏季のように乾燥が早いと造粒物は小さくなり、冬季は逆に大きくなってしまいます。

このため、散水などの作業を加えることで堆肥の水分を造粒水分範囲に一定期間維持させるような水分調整が必要になります。この方式は、押し出し成型や圧縮成型に比べ処理施設の面積が必要で、用地の確保ができる場合は極めて安上がりな処理技術であるといえます。

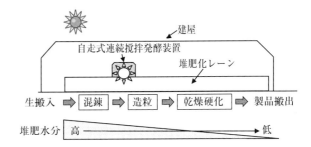

図3 撹拌造粒法の機構と造粒工程

2 成型工程

畜産農家での導入割合が高いディスクペレッターを用いて、牛糞堆肥ペレットを製造する場合の製造工程について**図4**に示します。

一般的な牛糞堆肥を押し出し成型機で造粒する場合、牛糞堆肥中に含まれる未分解の稲わらは機械の詰まりやディスクの摩耗を生じるため、堆肥化段階で十分に分解させておくことが望まれます。また、堆肥化過程で熟度が進むほど、粗大な有機物は分解され、粒度のそろったサラサラの粉状になっていきます。原料の粒度が小さく、均一になるほど圧縮によって粒が均一に並んで造粒しやすくなり、強度の高いペレットが生産できるようになります。

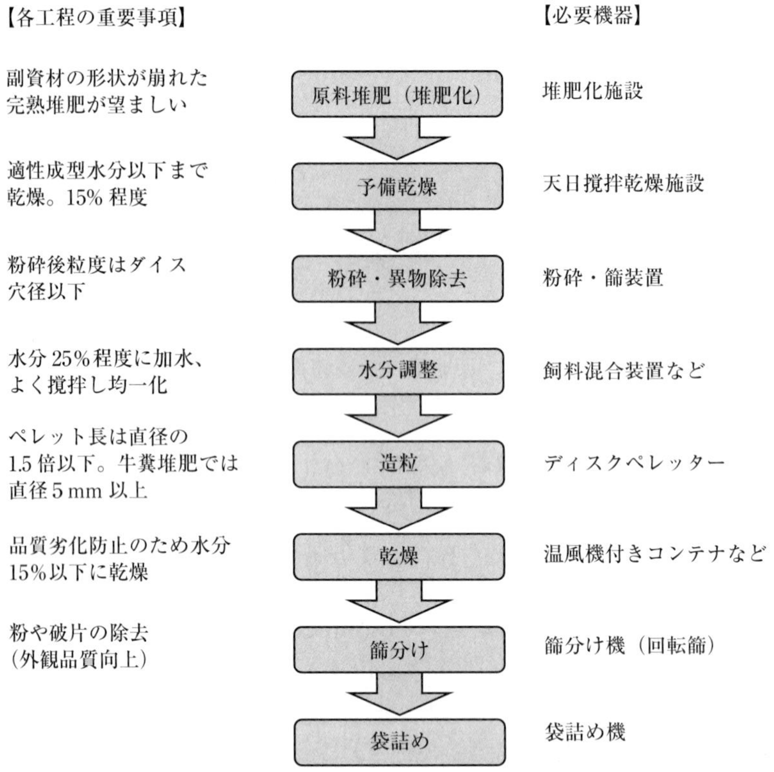

こうしたことから、機械のトラブルが起きにくく、いい造粒物を得るためには、熟度が進んだ良い品質の原料堆肥を生産することが基本となります。それでも堆肥中には石、金属片や未分解の稲わらなどが混ざってしまうことが想定されます。こうした異物による機械消耗を防ぐため、成型機にかける前に異物を除く篩機を通すことが必要となります。さらにディスクペレッターでの造粒で最も重要なポイントは、原料堆肥の水分調整になります。同機での造粒では原料の水分を最適水分(25％程度)に調整する必要があり、最適水分より低いと時間当たりの処理能力が大きく低下するとともに、最悪の場合、押し出しが不能になってしまいます。その場合、ディスク盤の各穴に詰まった堆肥は石のように硬く、復旧は電動ドリルで穴を開けていくしかなく、相当な労力が必要となってしまいます。一方、原料水分が高過ぎても押し出しができ

【各工程の重要事項】

- 副資材の形状が崩れた完熟堆肥が望ましい
- 適性成型水分以下まで乾燥。15％程度
- 粉砕後粒度はダイス穴径以下
- 水分25％程度に加水、よく撹拌し均一化
- ペレット長は直径の1.5倍以下。牛糞堆肥では直径5mm以上
- 品質劣化防止のため水分15％以下に乾燥
- 粉や破片の除去（外観品質向上）

【必要機器】

原料堆肥（堆肥化） → 堆肥化施設
↓
予備乾燥 → 天日撹拌乾燥施設
↓
粉砕・異物除去 → 粉砕・篩装置
↓
水分調整 → 飼料混合装置など
↓
造粒 → ディスクペレッター
↓
乾燥 → 温風機付きコンテナなど
↓
篩分け → 篩分け機（回転篩）
↓
袋詰め → 袋詰め機

図4 押し出し成型機による牛糞堆肥のペレット製造工程

なくなってしまうので、乾燥ハウスを用いて乾燥した上で均一に最適水分になるように加水する工程が必要となります。

このように圧を加えて固める押し出し成型機や圧縮成型機の場合、原料堆肥の水分を事前調整する必要があり、この工程にかかるコストをいかに下げるかが非常に重要になります。また、圧縮造粒された製品は、低水分でも表面にカビが発生しやすく、製品品質の著しい劣化が進みやすくなります。このため、成型後は水分を20％以下にまで再乾燥し、篩機で粉を除去した上で袋詰めする必要があります。

3 成型による効果と土壌中の分解特性

冒頭に書いたように、堆肥の成型（ペレット化）による最大のメリットは、堆肥の容量と重量の減少による輸送性および保管性の著しい向上と耕種農家が保有する各種肥料散布機械での省力散布が可能になることです。こうした減容、重量減少効果は、原料堆肥やペレットの製造条件および形状によ

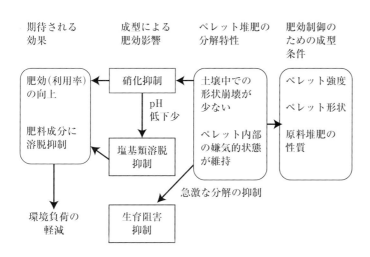

図5 成型（ペレット）堆肥の肥効影響

り変わりますが、筆者が押し出し成型機を用いて鶏糞堆肥や豚糞堆肥で実施した試験によると、減容効果は5mm径ペレットで25～30％、3mm径で35～40％、撹拌造粒では20％程度でした。牛糞堆肥では、押し出し成型機を用いた荒川の試験によると、減容効果は40％、重量減少率が60％と報告されています[3]。減容効果は原料堆肥中の副資材混合割合が高いほど大きく、畜種的には牛糞堆肥の効果が大きくなります。こうした成型堆肥は肥料散布機での散布が可能となりますが、気を付けないといけないのが、ペレット堆肥の場合、直径に対する長さの比です。ペレットの長さが直径の1.5～2倍以上になってくると散布機械のホッパーの中でブリッジを起こしてしまいます。これを避けるため、成型機のカッター位置の調整を行う必要もあります。

成型された堆肥は外観・成分の両面で、耕種農家から肥料としての効果を期待されます。牛糞堆肥でもブレンドキャスタを用いて化学肥料と成型堆肥の同時散布を実施している事例が見られます。この場合、耕種農家で成型堆肥と原料堆肥の肥効の違いを気にする場合が多々見られます。そこで成型による肥効への影響を模式的に**図5**に示しました。成型堆肥の肥効は基本的には原料堆肥の肥効を反映しますが、圧縮された成型堆肥は土壌中でその形状を一定期間維持するため、内部は嫌気的となり、窒素の無機化が遅れたり、塩基類の溶出が遅れるなどの影響が生じることが明らかになってきています。こうした影響は原料堆肥の腐熟度や成型条件によって変化するため、技術導入する際には、その特性を調べておくことが大切です。

◇　◇　◇

これまで述べたように、成型技術の導入には多くのメリットがあり、全国的に導入が進んでいます。しかし堆肥を成型加工するには、施設規模や成型方式によって異なるものの、1kg当たり数円～数十円程度のコストがかかります。これは1t当たりで数千円以上、20kgの肥料袋当たりで100円以上のコストとなります。鶏糞堆肥のように肥料成分の高い堆肥は付加価値の高い有機肥料として販売することでコストの回収が可能ですが、土壌改良資材として使われてきた牛糞堆肥でコストを回収するのはかなり難しいといえます。このため、技術導入に当たっては成型機の種類や製造工程をよく考え、いかに低コストに造粒するかを考える必要があります。

【参考文献】
1)原正之(2017)「家畜ふん堆肥の成型技術に関する研究」『土肥誌』88(5)、PP.383-386
2)原正之・石川裕一・小畑仁(2004)「豚ぷんペレット堆肥の畑土壌中における肥料成分の溶出特性」『土肥誌』74(4)、PP.453-457
3)荒川祐介(2015)「家畜ふん堆肥の化学肥料代替を進めるためのペレット化と窒素付加」『環境バイオテクノロジー誌』15(1)、PP.29-34

III章 堆肥の利用

5 飼料用イネ栽培への牛糞堆肥の活用

草 佳那子

1 活用しやすい飼料用イネ

近年の米消費量減少に伴って主食用米生産が過剰となる一方で、食料自給率(特に飼料自給率)は低迷しており、需要と生産のミスマッチが大きな問題となっています。このような状況下で、水田を活用して飼料を生産する"飼料用イネ"の生産が振興されています。1990年の105万haから2006年の90万haまで、労働力不足などの要因により大きく減少した飼料作物生産面積は、飼料用イネの生産が拡大した10年以降は増加に転じ、16年には99万haまで回復しました[1]（**図1**）。このように近年は、飼料生産における水田の役割が大きくなっています。

飼料用イネ生産の特徴として、地上部乾物重や粗玄米収量が大きく、倒伏しにくい品種が選択されるため、従来の主食用米生産よりも多肥栽培が可能かつ必要となり、家畜糞堆肥を活用しやすいことが挙げられます。このため飼料用イネ生産は飼料生産面だけでなく、家畜糞尿処理問題の解決も期待されています。しかし稲作農家と畜産農家の関係が希薄な地域では、家畜糞堆肥の入手先が分からない、散布機械や労力が不足している、価格が高いなどの理由により、飼料用イネ生産に家畜糞堆肥が利用されていない場合も多くあります。

家畜糞堆肥は窒素、リン酸、カリに加えて多くの有機物や微量要素を含む有用な肥料資材です。飼料用イネが高収量を得るには主食用イネの1.5〜2倍量の肥料を必要とします。このため、飼料用イネ生産において安くに家畜糞堆肥を活用できれば、家畜糞尿処理問題の解決と肥料費の削減が同時に達成できます。

飼料用イネには、地上部全体をサイレージ化する稲発酵粗飼料用のイネ(以下WCS用イネ)と、米を餌として利用する飼料米用イネの2種類があります。**写真1**に示したように、どちらの飼料用イネも従来の主食用イネ品種よりも地上部全体が大きくなる品種が多く、WCS用と飼料米用イネでは穂の大きさが著しく異なります。

「北陸193号」のように子実多収で飼料米生産に適するイネは主食用イネよりも穂が大きく（**写真1**）、地上部乾物重に対する穂重の割合は50％を超えます。一方で近年普

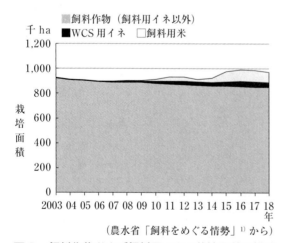

（農水省「飼料をめぐる情勢」[1] から）

図1 飼料作物および飼料用イネの栽培面積の推移

写真1 飼料米向け多収品種と主食用米品種の草姿の比較

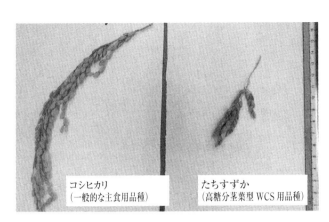

写真2　高糖分茎葉型WCS用品種と主食用米品種の穂の比較

及が進む「たちすずか」に代表される茎葉型の高糖分WCS用イネの穂は主食用イネに比べ非常に小さく（**写真2**）、茎葉重は地上部乾物重の90％程度を占めます。このように一口に飼料用イネと言っても、WCS用と飼料米用では求められるイネの形態が大きく異なります。

また飼料用イネ向けの品種は、多肥栽培しても倒伏しにくいものが多いのですが、極端な多肥の場合、飼料米用イネはなびいて倒伏、茎葉型のWCS用イネは茎元から挫折して倒伏することもあるため、必要以上に多肥としないよう注意が必要です。

2　窒素源として期待される牛糞堆肥

イネWCSは牛に給与されるため、WCS用イネ生産には牛糞堆肥が使われることが多いといえます。豚や鶏にも給与される飼料米生産では豚糞や鶏糞堆肥を水田に施用する事例もあります。ここでは水田での利用が比較的多い牛糞堆肥を飼料用イネ栽培に活用する方法について、茨城県つくばみらい市の農研機構谷和原水田圃場（灰色低地土）で行なった栽培試験の結果を紹介しながら解説します。

初めに、牛糞堆肥を用いて茎葉型のWCSイネの「リーフスター」と「たちすずか」を栽培した試験結果[2,3]を紹介します。「リーフスター」は全重に占める穂重割合が30％程度と、「たちすずか」よりも高い、茎葉型の非高糖分WCS用イネ品種です。どちらも窒素施肥量を増やす、または牛糞堆肥を2t／10a施用することで地上部乾物重は増加し、10〜12kg／10aの窒素施肥を加えることで地上部乾物重が最大となりました（**図2**）。

一方、20kg／10a以上の窒素施肥をした場合には、両品種とも茎元から挫折して倒伏し、地上部乾物重は減少しました。地上部乾物重の多収化が必要なWCS用イネの場合、窒素施肥により茎葉乾物重を増加させることが重要ですが、穂が小さいため、必要以上に窒素を施肥しても乾物重は増加せず、逆に倒伏して減収することにつながります（**図2**）。

図2の結果から、2t／10aの牛糞堆肥と10kg／10a程度の窒素施肥で「リーフスター」および「たちすずか」の多収が得られること、牛糞堆肥2t／10aを毎年施用することで2kg／10a程度の窒素肥料を減らせることが明らかとなっています。

粗玄米収量が高く飼料米に適するイネ品種「北陸193号」の場合[2]、2t／10aの牛糞堆肥を毎年施用することで、窒素施肥量6、10、14kg／10aを施用した全ての試験区に

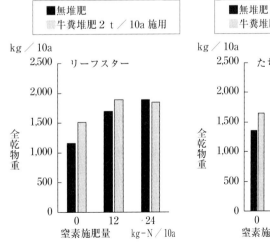
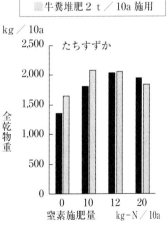

図2　牛糞堆肥と窒素施肥がWCS用イネの収量に及ぼす影響

※「リーフスター」については草ら（2016）[3]から値を引用。無堆肥はリン酸8kg／10aとカリ6kg／10aを施用。牛糞堆肥施用はリン酸およびカリは無施肥で栽培、牛糞堆肥は2〜3月に施用

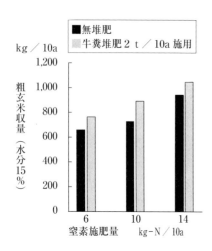

図3 牛糞堆肥と窒素施肥が飼料米用イネの収量に及ぼす影響

※品種を「北陸193号」。無堆肥はリン酸8kg／10aとカリ6kg／10aを施用したが、牛糞堆肥施用はリン酸およびカリは無施肥で栽培。牛糞堆肥は2～3月に施用。草ら（2016）[2]から値を引用

おいて粗玄米収量が約10%増加しました（**図3**）。

WCS用イネと異なり、穂を大きくして収量を多くする飼料米用イネでは、牛糞堆肥2t／10aに加えて窒素施肥量14kg／10aまでは、窒素施肥量に応じて増収しています（**図3**）。また牛糞堆肥2t／10aを毎年施用することで、窒素肥料4kg／10a程度の効果が認められました。しかし2t／10aの牛糞堆肥に加えて14kg／10aの窒素を施肥すると、一部でなびきが見られ、栽培条件によっては倒伏が心配されます。

これらから飼料米用イネ生産では牛糞堆肥を活用することで「窒素施肥量を削減して収量を維持」または「窒素施肥量を減らさずに増収」の両面での低コスト化が図れることが裏付けられました。

ただし、耐倒伏性が強い飼料米用イネを用いる場合でも、牛糞堆肥2t／10aを毎年施用する場合は、倒伏を防止するために、土壌肥沃（ひよく）度が中程度（土壌の可給態窒素量：無堆肥区では約14mg／100g、牛糞堆肥施用区では約16mg／100g、地力改善指針では水田の可給態窒素量の改善目標は8mg／100g以上20mg／100g以下[4]）の水田では窒素施肥量を14kg／10a程度にとどめるなどの注意が必要です。

3 リン酸・カリ肥料無施用でも高収量

また飼料用イネ生産には、窒素だけでなく、リン酸やカリの施肥も必要です。土壌中のリン酸・カリの養分量が診断基準の範囲内の場合、収穫によって土壌から持ち出される養分量を施肥で補うという考え方です。

図4(a)では、飼料用イネ生産時に収穫物として土壌から持ち出される養分量を示しました。WCS用イネ「たちすずか」で約2t／10aの地上部乾物重を得る場合、窒素、リン酸およびカリの吸収量はそれぞれ13.6、6.2および21.6kg／10aでした。WCS用イネは地上部全てを飼料として利用するため、この地上部の養分吸収量に見合うだけの施肥が必要となります。

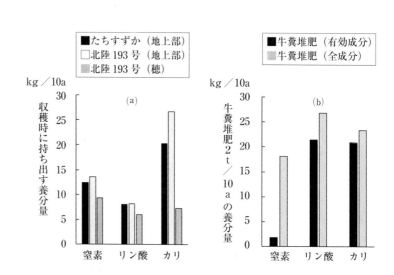

図4 飼料用イネ栽培で収穫時に持ち出す養分量と牛糞堆肥2t／10aに含まれる養分量の比較

(a)「たちすずか」：高糖分茎葉型のWCS用イネ
　堆肥無施用で窒素：リン酸：カリ施用量（kg／10a）＝12：8：6で栽培
　全乾物重：2,062kg／10a
「北陸193号」：飼料米用イネ
　堆肥無施用で窒素：リン酸：カリ施用量（kg／10a）＝10：8：6で栽培
　粗玄米収量（水分15%）：816kg／10a（全乾物重2,012kg／10a、穂重1,021kg／10a、わら重991kg／10a）
(b)牛糞堆肥2t／10aの養分投入量は標準的な成分値[6]を用いて、全成分量と肥効率を考慮した有効成分量[6,7]を示した

飼料米用イネ「北陸193号」で粗玄米収量を820kg／10a程度得る場合の窒素、リン酸およびカリの持ち出し量はわらを水田に戻す場合は9.3、6.0および7.2kg／10aでしたが、稲わらを飼料などとして持ち出す場合は13.5、8.2および26.7kg／10aとWCS用イネ並みの養分持ち出し量となります（**図4**（a））。

同様の考え方により算出された主食用米生産（収量水準500〜600kg／10a）のリン酸およびカリ施肥量の目安が4.0および2.5kg／10aとされている[5]のに比べると、WCS用イネおよびわらを利用する飼料米用イネ生産では、特にカリを多量に施肥する必要があります。

実際に22〜28kg／10aのカリを高度化成肥料（窒素・リン酸・カリ＝14・14・14、20kg／袋）を使って施肥しようとすると7.6〜10袋／10aに相当し、非現実的な施肥量となります。牛糞堆肥は窒素源として期待されていますが、含有成分のうちイネが利用できる有効成分量を見ると、窒素よりもリン酸およびカリ資材としての性質が強くあります[6,7]（**図4**（b））。平均的な牛糞堆肥2ｔで20kg／10a程度のカリと17kg／10a程度のリン酸を施肥できます。実際に図2、3の牛糞堆肥施用区では、リン酸およびカリ肥料を施用しなくても高い収量が得られました。ただ牛糞堆肥2ｔ／10a施用で投入されるリン酸はイネの養分吸収量よりも大きいため、土壌診断結果を活用して堆肥の施用量を調整するなど、リン酸の過剰蓄積を防ぐことが必要になります。

また多収の飼料米用イネを栽培する場合でも、稲わらを水田に戻すときは主食用米と同等の養分持ち出し量となるため、WCS用イネや稲わらを利用する場合よりも牛糞堆肥の施用量を減らすなどの配慮が必要です。

ここまで牛糞堆肥については代表的な成分を基に説明をしてきましたが、実際に利用・流通している牛糞堆肥の成分は**図5**に示すようにさまざまです[8]。

実際に使用する牛糞堆肥の水分や成分を把握して化学肥料の施用量を削減するのが

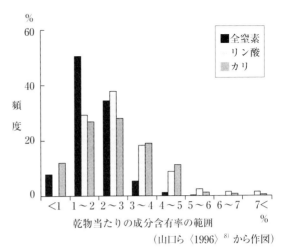

図5　さまざまな牛糞堆肥の成分の比較
※全窒素：400点、リン酸：388点、カリ：401点の分析結果

理想的とはいえ、堆肥成分を個々に把握することが難しい場合も多いのが現状です。従って、まずは**図4**（b）に示したような代表的な牛糞堆肥の成分を参考に、施用した牛糞堆肥からどの程度の養分が供給されているのかを把握し、化学肥料の施用量を決めることが、土壌肥沃度の維持や水田からの養分流亡を防ぐとともに、施肥コストの削減にもつながります。

4 家畜糞尿処理問題などの改善に期待

今回示したのは関東の温暖地水田での事例で、北海道、東北などの寒冷地水田では飼料用イネとして選定される品種が異なります。また、牛糞堆肥の成分および土壌肥沃度は個々に違い、牛糞ではなく鶏糞や豚糞堆肥を使う場合もあると思われます。

しかし家畜糞堆肥の養分を活用して、不足する養分を化学肥料で補うという考え方はどのような場合でも同じです。参考までに現物1ｔの家畜糞堆肥に含まれる有効成分の代表的な値を畜種別に次ページ**図6**に示しました[6,7]。平均的な豚糞、鶏糞堆肥は、牛糞堆肥に比べてリン酸とカリ含有量が高い特徴があります。ここで注意が必要なのは、畜種別の堆肥の成分の中で最も大きく異なるのは水分含有量という点です。畜種別の堆肥の平均的な水分含有量は牛糞堆肥、豚糞堆肥および鶏糞堆肥の順に、56.8、36.6

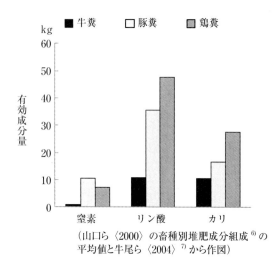

（山口ら〈2000〉の畜種別堆肥成分組成[6]の平均値と牛尾ら〈2004〉[7]から作図）

図6　畜種別の堆肥現物1t当たりの有効成分量の比較

および23.3%で[6]、鶏糞堆肥と牛糞堆肥を同量施用した場合、鶏糞堆肥の乾物施用量は牛糞堆肥の1.8倍程度となります。

　このため鶏糞堆肥を牛糞堆肥と同じような感覚で施用すると、有機物や養分投入量が過剰となり、水田土壌の還元化が強くなり過ぎてイネの生育に障害が出るなどの問題が発生することもあります。一方、密閉縦型堆肥装置で作製した牛糞堆肥のように、牛糞堆肥であっても水分の低いものもあるため、使用する堆肥のおおよその水分含有量を把握して、施肥設計を行うことも大切です。

　これまでに示した施肥量を目安として、栽培を行う水田の特性や地域の状況に応じ、家畜糞堆肥を活用した飼料用イネ生産の多収・低コスト化に取り組んでいただければ幸いです。今後、飼料イネの生産を通して耕種農家と畜産農家の連携が進むことで、水田での飼料生産と家畜糞堆肥の利用が促進され、水田の有効活用、地力維持、飼料自給率の向上、家畜糞尿処理などさまざまな問題の改善につながることを期待します。

【参考文献】

1）農林水産省生産局「飼料をめぐる情勢」(http://www.maff.go.jp/j/chikusan/sinko/lin/l_siryo/index.htm、最終アクセス日2019.6.28)

2）草ら(2016)「飼料用イネ(WCS用イネ・飼料用米)栽培における牛糞堆肥の適切な連年施用量」『農業技術体系追録第27号』第6、原理130の77

3）草ら(2016)「稲発酵粗飼料用品種『リーフスター』の窒素濃度および飼料品質に対する窒素施肥の影響」『土肥誌』87、pp.1-8

4）農林水産省(2008)「地力増進基本指針」(http://www.maff.go.jp/j/seisan/kankyo/hozen_type/h_dozyo/pdf/chi4.pdf、最終アクセス日2019.6.28)

5）農研機構中央農研(2014)「土壌診断評価法の改良とリン酸・カリウムの減肥指針」(https://www.naro.affrc.go.jp/publicity_report/publication/files/narc_sehisakugen_man_s01.pdf、最終アクセス日2019.6.28)

6）山口ら(2000)「家畜ふん堆肥の製造・利用の現状とその成分的特徴」『農業研究センター研究資料』41、pp.1-178

7）牛尾ら(2004)「家畜ふん堆肥の成分特性と肥料的効果を考慮した施用量を示す『家畜ふん堆肥利用促進ナビゲーションシステム』」『土肥誌』75、pp.99-102

8）山口ら(1996)「主な家畜ふん堆肥に含まれる肥料成分の階級別分布」『家畜ふん尿処理利用研究会資料』

Ⅲ章 堆肥の利用
6 混合堆肥複合肥料の開発と今後の展望

水木 剛

1 堆肥と化学肥料の"良いとこ取り"

　2008年の肥料原料価格の高騰以降、国産の肥料資源である堆肥への注目が高まっています。良質な有機質肥料である堆肥は、土壌への有機物の供給源となるだけでなく、肥料成分も豊富に含んでいるため、上手に使えば肥料代の節減にもつながります。しかし、散布労力の不足などの理由により長年にわたって堆肥の投入が行われていない圃場は増えており、土壌中の有機物の指標である腐植が減少したり、微量要素の一部が不足気味になっています。その一方で、化成肥料などの多投入により、リン酸などの肥料成分が過剰気味な圃場も増えています。このように土壌養分のアンバランスな状態が進行することにより、将来の生産性の低下が懸念されています。

　そうした状況の中、12年に肥料取締法施行規則などが一部改正され、堆肥を化学肥料などと混合する混合堆肥複合肥料の公定規格が新設されました（後述）。これにより、堆肥の持つ高い土づくり効果と化学肥料の高い肥料効果を併せ持った肥料の生産・流通が可能となりました。

　この混合堆肥複合肥料には、❶肥料成分と有機物を同時に供給できる❷ペレット状または粒状に成形されているため作業性が高い❸加熱乾燥により堆肥由来の病原菌・雑草などの心配がない―といったメリットがあり、施肥作業などの省力化が可能となります。一方、畜産側にとっては生産した堆肥の需要拡大が期待されます。

　本稿では、比較的新しい肥料である混合堆肥複合肥料の特徴や製造方法、普及に向けた今後の展望などについて紹介します。

　なお、混合堆肥複合肥料の原料には食品由来の有機質物を主原料とする堆肥も認められていますが、本稿では家畜排せつ物を主原料とする堆肥のみを対象とします。

2　混合堆肥複合肥料の公定規格

　酪農家の皆さんになじみの深い堆肥は、肥料取締法では"特殊肥料"というグループに分類されます。特殊肥料は「魚粕、米ぬかのように、農家の経験と五感で簡単に品質の識別ができるものや堆肥のように品質が一定せず、公定規格の設定が困難なもの」と定義され、都道府県知事への届出のみで生産・流通が可能になるなど規制も比較的緩やかです。

　一方、混合堆肥複合肥料は化成肥料などと同じ「普通肥料」というグループに分類されます。普通肥料は「特殊肥料以外の肥料」と定義され、それぞれに公定規格と呼ばれる守るべき基準が設けられています。また普通肥料は、農林水産大臣または都道府県知事への登録をしなければ生産・流通させることができません（※農林水産大臣登録の場合、登録窓口は（独）農林水産消費安全技術センターの本部または支所になります。手続きに必要な書類などを同センターのウェブサイトなどで確認の上、担当者と事前に十分相談することをお勧めします）。さらに普通肥料を生産する工場は、公定規格などの法令順守状況を確認するための国による立入検査を受けるなど、厳しい品質管理を求められます。

　混合堆肥複合肥料には、次ページ**表1**のような公定規格が定められています。公定規格には明記されていませんが、気を付けるべき点を幾つか紹介します。

表1 混合堆肥複合肥料の公定規格（概要）

①原料堆肥に関すること
 ・窒素が乾物当たり2％以上
 ・窒素、リン酸、カリの合計が乾物当たり5％以上
 ・炭素窒素比が15以下
 ・堆肥の割合は乾物重量で50％以下
②生産工程に関すること
 ・造粒または成形後に加熱乾燥すること
③完成肥料の品質に関すること
 ・窒素、リン酸、カリのうち、いずれか2つ以上の合計が10％以上
 ・その他保証成分の最小量
 ・有害成分11種の最大量

※農林水産省告示「肥料取締法に基づき普通肥料の公定規格を定める等の件」から一部改変

❶原料となる堆肥は原則として特殊肥料として届出されたものでなければ使用が認められません

❷造粒または成形は、圧縮による散布作業性の向上や保存・輸送の効率化を目的としています。公定規格には、造粒物または成形物のサイズや強度などについて具体的な記載はありませんが、取引先によっては独自の基準を設けているところがあります

❸加熱乾燥は、主に家畜排せつ物由来の病原性微生物のリスクを排除する目的で行われます。公定規格には乾燥温度や時間、目標とする水分率などの具体的な条件は示されていませんが、人工的な加熱を伴わない天日乾燥や通風乾燥は原則として認められません

3　混合堆肥複合肥料の生産工程

混合堆肥複合肥料は、図1のような流れで生産されます。まず原料の混合ですが、肥料の種類によっては、混ぜ合わせる際に

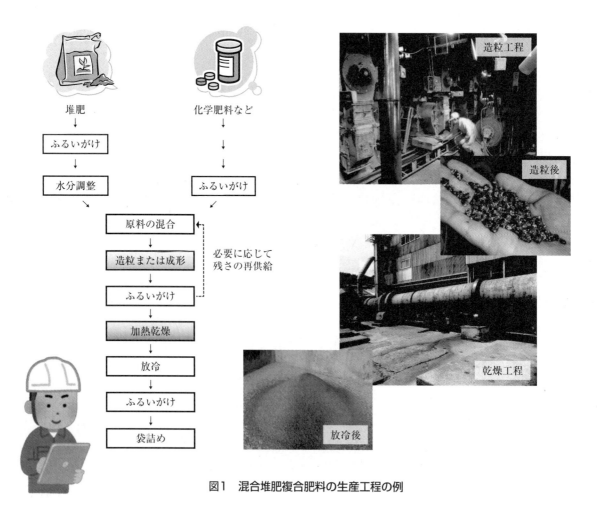

図1　混合堆肥複合肥料の生産工程の例

表2 肥料混合表 (前田正男「肥料便覧・第1版」(社)農山漁村文化協会、1970年1月)

	硫安	塩安	硝安	尿素	石灰窒素	過石	熔リン	苦土過石	重焼リン	硫酸カリ	塩化カリ	草木灰	魚肥・油カス	骨粉	鶏糞	堆きゅう肥	緑肥	生石灰	消石灰	炭カル	硫酸苦土	水酸化苦土	炭酸苦土	ケイカル
硫　　安		▲	▲	○	×	○	×	○	○	○	○	×	○	○	▲	▲	▲	×	×	×	○	×	×	×
塩　　安	▲		▲	▲	×	○	×	○	○	○	○	▲	○	○	▲	▲	▲	×	×	▲	○	×	×	×
硝　　安	▲	▲		▲	×	○	×	○	○	○	○	×	○	○	▲	▲	▲	×	×	▲	○	×	×	×
尿　　素	○	▲	▲		▲	▲	○	▲	▲	○	○	▲	○	○	▲	▲	▲	▲	▲	▲	○	▲	▲	▲
石灰窒素	×	×	×	▲		×	○	×	○	▲	▲	○	▲	○	○	○	○	○	○	○	▲	○	○	○
過　　石	○	▲	○	▲	×		○	▲	○	○	○	▲	×	○	○	○	○	×	×	×	○	×	×	×
熔　リ　ン	×	×	×	○	○	○		▲	×	○	○	▲	○	○	▲	▲	○	○	○	○	○	○	○	○
苦土過石	○	○	○	▲	×	▲	▲		○	○	○	×	○	○	○	○	○	×	×	▲	○	▲	▲	▲
重　焼　リン	○	○	○	▲	○	○	×	○		○	○	▲	○	○	▲	▲	○	▲	▲	▲	○	▲	▲	▲
硫酸カリ	○	○	○	○	▲	○	○	○	○		○	▲	○	○	○	○	○	▲	▲	○	○	○	○	○
塩化カリ	○	○	○	○	▲	○	○	○	○	○		▲	○	○	○	○	○	▲	▲	○	○	○	○	○
草　木　灰	×	▲	×	▲	○	▲	▲	×	▲	▲	▲		▲	○	▲	▲	○	○	○	○	○	○	○	○
魚肥・油カス	○	○	○	○	×	×	○	▲	○	○	○	▲		○	○	○	○	×	×	▲	○	○	○	○
骨　　粉	○	○	○	○	○	○	○	○	○	○	○	○	○		○	○	○	▲	▲	○	○	○	○	○
鶏　　糞	▲	▲	▲	▲	○	○	○	○	○	○	○	▲	○	○		○	○	×	▲	○	○	▲	▲	▲
堆きゅう肥	▲	▲	▲	▲	○	○	○	○	○	○	○	▲	○	○	○		○	×	▲	○	▲	×	×	×
緑　　肥	▲	▲	▲	▲	○	○	○	○	○	○	○	○	○	○	○	○		○	○	○	○	○	○	○
生　石　灰	×	×	×	▲	○	×	○	×	▲	▲	▲	○	×	▲	×	×	○		○	○	○	○	○	○
消　石　灰	×	×	×	▲	○	×	○	×	▲	▲	▲	○	×	▲	▲	▲	○	○		○	○	○	○	○
炭　カ　ル	×	▲	▲	▲	○	×	○	▲	▲	○	○	○	▲	○	○	○	○	○	○		○	○	○	○
硫酸苦土	○	▲	○	▲	×	○	○	○	○	○	○	○	○	○	○	▲	○	○	○	○		○	○	○
水酸化苦土	×	×	×	▲	○	×	○	▲	▲	○	○	○	○	○	▲	×	○	○	○	○	○		○	○
炭酸苦土	×	×	×	▲	○	×	○	▲	▲	○	○	○	○	○	▲	×	○	○	○	○	○	○		○
ケイカル	×	×	×	▲	○	×	○	▲	▲	○	○	▲	○	○	▲	×	○	○	○	○	○	○	○	

(注) ○印：配合してよいもの　▲印：配合したらすぐ用いるもの　×印：配合してはならないもの

注意が必要な組み合わせがあります(**表2**)。pHが高い堆肥(**表2**では「堆きゅう肥」と「鶏糞」が該当)では、高濃度のアンモニアガスの揮散が起こる組み合わせに注意が必要です。その他にも、肥料成分の変化、吸湿による膨化・固結の発生など、肥料の品質低下を引き起こす組み合わせがあるので十分注意してください。

次は、原料をペレット状や粒状に加工する造粒または成形とよばれる工程です(詳しい説明はⅢ章「4　利用促進のための堆肥の成型技術」〈107ページ〉を参照)。造粒または成形は、施肥時の作業性を高めるために必要です。造粒または成形時の歩留まりを高めるには、原料堆肥の低水分化やふるいがけなどによる粒度の均一性の確保などが求められます。造粒または成形の方式により、原料の水分率や粒径分布などの最適な条件が異なります。詳しくは各造粒機メーカーなどに問い合わせてください。

続く加熱乾燥工程は、前述の病原性微生物などのリスク低減の他にも低水分化により強度や保存性を高める効果があります。しかし、過剰な加熱乾燥はコストの増加を招くだけでなく、アンモニアの揮散や肥料成分の変成など肥料価値の低下を引き起こす可能性があるため、費用対効果の高い加熱乾燥条件の検討が必要です。

このように混合堆肥複合肥料の生産には、造粒または成形や加熱乾燥を行うための機械・設備が必要となります。また、肥料取締法などの関係法令に関する知識も必

要です。そのため、畜産農家が単独で生産に取り組むのは現実的ではありません。現状では普通肥料の生産・流通に関するノウハウや販路を有する肥料メーカーとの連携、すなわち、生産した堆肥を混合堆肥複合肥料の原料として肥料メーカーに使ってもらうのが最も現実的です。

4 牛糞堆肥は混合堆肥複合肥料に使えるのか？

家畜排せつ物の中で最も発生量が多いのは牛の糞尿です（**図2**）。堆肥の中で最も土づくり効果が高いとされている牛糞堆肥ですが、残念ながら現状では混合堆肥複合肥料の原料としての利用はあまり進んでいません。

前述の通り、混合堆肥複合肥料の原料として使用する堆肥には、窒素が乾物当たり2％以上、窒素・リン酸・カリの合計が乾物当たり5％以上、かつ炭素窒素比が15以下である必要があります。しかし、**表3**のように国内で生産されている乳用牛糞堆肥の中には、その低い全窒素と高い炭素窒素比のために公定規格をクリアできないものが少なくありません。

ちなみに、窒素を高めるには密閉型発酵槽の利用により堆肥化時の窒素の損失を抑える方法や、堆肥化時の原料に窒素の高い鶏糞または豚糞を混合する方法などがあります。また炭素窒素比を下げるには、水分調整材（副資材）や敷料として広く用いられているオガ粉などの木質系資材の代替として戻し堆肥を使用する方法などがあります。

当然のことですが、原料堆肥は年間を通じて常に公定規格をクリアしていることが求められます。堆肥は生産される条件によっては肥料成分などの季節変動が起きやすいため、品質の安定化には特に注意が必要です。

肥料メーカーが求めるものは堆肥の発酵品質だけではありません。堆肥化後の異物の除去やふるいがけ、乾燥、袋詰めや運搬なども必要になる場合があります。高品質で安全な混合堆肥複合肥料を安定的に生産するには、原料堆肥を供給する畜産側と肥料メーカーとの信頼関係の醸成が重要です。

5 今後の展望

混合堆肥複合肥料が誕生して7年ほどが経過しましたが、19年6月25日現在の登録は65銘柄にとどまっています。また、混合堆肥複合肥料に対する耕種農家側の認知度も今ひとつ低い印象が拭えません。

15年度から始まった農林水産省委託プロジェクト研究「生産コストの削減に向けた有機質資材の活用技術の開発」では、岡山県を含む多くの公設試験研究機関や肥料メー

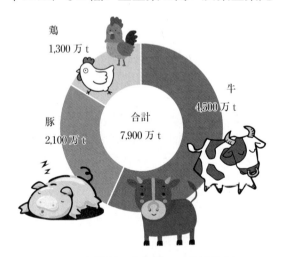

図2 畜種別の家畜排せつ物発生量
※農林水産省「畜産環境をめぐる情勢（2019年6月）」から改変

表3 乳用牛糞堆肥の全窒素と炭素窒素比（サンプル数：319）

（単位：乾物当たり％）

	平均±標準偏差	最小値	最大値	（参考）公定規格
全窒素	2.2 ± 0.7	0.9	5.6	2％以上
炭素窒素比	17.6 ± 5.2	7.0	40.8	15以下

※（財）畜産環境整備機構「堆肥の品質実態調査報告書」(2005年3月) から改変

カーなどが参加して混合堆肥複合肥料の開発などに取り組んでいます。そこでは、土づくり効果を高めることを目的として、既製品ではあまり利用されていなかった牛糞を主原料とする堆肥の割合を高めた混合堆肥複合肥料も開発しています(**表4、写真1**)。開発した肥料を用いた栽培実証試験では、化成肥料主体の慣行の施肥体系と比較して遜色のない生育・収量が得られています(**表5、写真2**)。

今後、さらにデータを積み重ね、施肥管理におけるコスト面や労力面での混合堆肥複合肥料の優位性が明らかになれば、将来の普及に弾みがつくのではないかと期待しています(19年度中にプロジェクト研究の成果を取りまとめたマニュアルを刊行予定)。

なお、本稿で使用した夏まきキャベツ向け混合堆肥複合肥料の試験データおよび写真は、農林水産省委託プロジェクト研究「生産コストの削減に向けた有機質資材の活用技術の開発(平成27～令和元年度)」で実施したものです。(編注：本稿は2019年7月31日時点の情報を基に執筆されたものです)

表4　夏まきキャベツ向け混合堆肥複合肥料の原料

(単位：現物当たり%)

原料	配合割合
堆肥（三畜種混合※）	51.0
尿素	5.0
ハイパーCDU細粒5	22.0
硫酸カリ	10.0
鶏糞燃焼灰	4.0
米ぬか	4.0
硫酸マグネシウム	3.8
ホウ砂	0.2

※牛糞：豚糞：鶏糞＝50：25：25

写真1　夏まきキャベツ向け混合堆肥複合肥料

表5　夏まきキャベツ向け混合堆肥複合肥料の現地栽培実証試験

	定植約1カ月後	収穫時		
	最大葉長(cm)	収量(t／10a)	全重(kg／株)	結球重(kg／株)
混合堆肥複合肥料（全量基肥）	30.1±0.1	8.9±0.5	2.6±0.2	1.7±0.1
慣行分施体系	29.6±0.1	9.0±0.3	2.7±0.1	1.7±0.1

※いずれの項目についてもt検定による有意差なし

写真2　夏まきキャベツ向け混合堆肥複合肥料の現地栽培実証試験

デーリィマン2018年 臨時増刊号

牛と人に優しい牛舎づくり

監修　高橋　圭二（酪農学園大学）

　高水準で推移する乳価や個体価格を反映し、酪農家の増産意欲が高まっています。併せて施設整備関係の国の助成など、酪農経営の投資への追い風が続いており、施設・設備の新築・改修により、省力的で作業効率が高く、かつ乳牛にとって快適な牛舎環境を整えて、生乳の安定供給に貢献することが求められています。

　本書は、牛舎設計のための基礎知識となる乳牛生理から、具体的な牛舎構造・レイアウト・糞尿処理施設の設計、暑熱時・寒冷時の牛舎環境制御、などの情報を現場の実例を含め詳細に紹介します。また、建築後や既存牛舎の診断に活用できる牛舎環境の計測・評価の方法についても取り上げます。

A4判　196頁
定価　本体 4,381円＋税　送料 288円

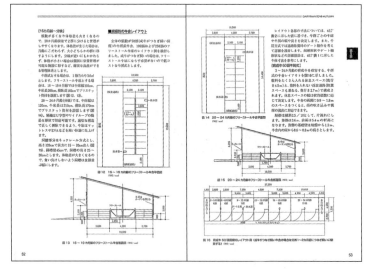

第Ⅱ章「育成牛の施設」から

【主な内容】

第Ⅰ章　牛舎づくりのための乳牛生理
　哺育・育成牛／泌乳牛・乾乳牛

第Ⅱ章　牛舎構造・レイアウト
　哺乳牛の施設／育成牛の施設
　乾乳牛・分娩牛・治療牛の施設
　成牛の施設・タイストール牛舎
　成牛の施設・放し飼い牛舎
　搾乳ロボット牛舎／糞尿処理施設

第Ⅲ章　牛舎環境の制御
　暑熱対策／寒冷対策／換気構造

第Ⅳ章　牛舎評価のポイント
　環境のモニタリング
　アニマルウェルフェア
　乳牛行動／牛体の汚れと損傷・ケガ
　経営面からの投資の判断

第Ⅴ章　新築・改修事例
　つなぎ飼い牛舎／搾乳ロボット牛舎
　哺育・育成牛舎／換気設備

－図書のお申し込みは下記へ－

デーリィマン社 管理部

☎ 011(209)1003　FAX 011(271)5515
〒060-0004 札幌市中央区北4条西13丁目
e-mail kanri@dairyman.co.jp

※ホームページからも雑誌・書籍の注文が可能です。http://dairyman.aispr.jp/

IV章
スラリーなど液状物の処理・利用方法

1. スラリー処理と液肥利用
   高橋 圭二 124

2. メタン発酵とバイオガス利用
   梅津 一孝 130

3. バイオガス発生量の多い発酵技術と処理システム
   亀岡 俊則 136

4. メタン発酵消化液の利用
   山岡 賢／中村 真人／中山 博敬／折立 文子 141

5. メタン発酵消化液の分離固分の敷料利用
   岡本 英竜 145

6. パーラ排水（搾乳関連排水）の概要と低コスト処理
   猫本 健司 148

7. パーラ排水（搾乳関連排水）の浄化処理
   高柳 晃治 156

8. 人工湿地を利用した酪農排水の処理
   加藤 邦彦 160

IV章 スラリーなど液状物の処理・利用方法
1 スラリー処理と液肥利用

高橋 圭二

近年の酪農界は規模拡大により水分調節資材の確保が難しく、堆肥化が困難となり、糞尿をスラリー処理をせざるを得ない経営が増えています。スラリー処理では搬出・貯留・処理・散布の各工程での臭気対策が重要で、このためメタン処理をする大規模経営も増えています。ここではメタン処理を除いたスラリー処理について解説します。

乳牛糞尿のスラリー処理では、処理液は専用の機械での運搬や施用が必要で、こうした機械のない畑作や水田農家での利用が難しいため、ほとんどが自家草地へ肥料として散布利用されます。肥料として散布利用できる草地や圃場が確保できることが低コスト処理・利用の前提となります。

1 牛舎からのスラリー搬出方法

スラリー状の糞尿を牛舎から搬出するには、スキッドローダにバケットやタイヤスクレーパなどを取り付けて除糞する方法や、バーンスクレーパ、バーンクリーナを用いて搬出する方法があります。搾乳ロボット牛舎ではバーンスクレーパの利用が必須条件となります。

フリーストール牛舎内の除糞通路や採食通路の除糞では、集めた糞尿が牛床内に入ったり、横断通路にあふれたりしないよう、牛床後端の縁石の高さ、除糞回数、集糞の開始位置・搬送距離などを調整しなくてはなりません。縁石の高さは牛床の利用性にも影響するので25cm以下とされています。

【スキッドローダによる糞尿搬出】

スキッドローダにスクレーパを装着して除糞します（**写真1**）。スクレーパにはバケットやタイヤスクレーパが利用されます。乳牛が牛舎内にいると除糞の邪魔になるので、乳牛が牛床内にいない搾乳時に除糞をすることになり、除糞回数は1日2～3回となります。スキッドローダは通路以外の待機室や戻り通路、多目的スペースなどの除糞にも利用できます。

【バーンスクレーパ】

放し飼い牛舎の通路を往復移動して除糞をする装置です（**写真2**）。牛舎の一方の端から他方へ糞尿を集めます。集められた糞

写真1　スキッドローダとタイヤスクレーパ

写真2　バーンスクレーパによるフリーストール牛舎通路の除糞

尿は糞尿溝に落とされ、バーンクリーナや自然流下で一次貯留槽へ搬送されます。自動運転で牛舎内に牛がいても除糞が可能です。

寒冷期は停止時間が長いとチェーンやスクレーパ部分が凍結して運転できなくなるので、運転間隔を短縮したり、連続運転する必要があります。また給餌直後の運転は採食行動を妨げることになるので注意が必要です。

バーンスクレーパのブレード調整が適切にできていないと通路に糞尿が残ってしまうため、状況に注意し、きれいに除糞ができるように調整してください。

【バーンクリーナ】

スラリー処理をするつなぎ飼い牛舎の糞尿搬出や、バーンスクレーパを用いた除糞時の集糞ではバーンクリーナを用います。排出部に「立ち上がり」をつくると液状糞尿を搬送できないので、平面で搬送し地下ピットに落とします。

【その他(自然流下方式、スラット床)】

その他の糞尿搬出方法としては、つなぎ飼い牛舎の糞尿溝内に3～5mごとに高さ15cm程度の板でダムを造って糞尿を越流させながら貯留槽まで流下させる自然流下方式や、フリーストール牛舎内通路の地下に糞尿ピットを設置して通路にすのこ状のコンクリートスラットを敷くスラット方式があります。スラット方式はオランダなどでは一般的ですが国内ではあまり利用されていません。

2　スラリーの貯留施設

スラリー処理では、貯留時に固形分と液分が分離し、液に浮かんだスカムと呼ばれる固形分の取り扱いが問題となります。スカムは糞と尿が十分に混合されない場合、あるいは雨水や牛舎排水が大量に混入した場合に発生します。スカムが発生すると散布前に長時間の撹拌(かくはん)が必要となり、作業性が低下するため、あらかじめ十分に撹拌して貯留する、雨水などの混入を防ぐ、時々撹拌するなどの対応が必要です。

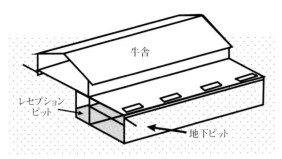

図1　スラリー貯留施設(レセプションピットと地下ピット)

貯留施設には地下ピットの他、半地下や地上式のスラリーサイロがあります。牛舎から搬出したスラリーは牛舎端に設置した貯留容量が1～2週間程度の1次貯留槽(レセプションピット)に集めます。ここで十分に撹拌してから貯留槽や処理槽へポンプで搬送します。高低差を利用して直径が60cm程度の大きなパイプで貯留槽へ送ることもできます。

貯留する糞尿の容量は飼養頭数、1頭当たりの糞尿排せつ量、草地や圃場に散布できない期間などを基に計算します。1頭当たりの糞尿排せつ量は経産牛の場合約64.4kg／日とされています。また散布できない期間は、北海道の土壌凍結地帯は6カ月、温暖な府県の場合でも3カ月は必要です。この他に搾乳関連排水を混ぜる場合や雨水が混入する場合には、その量も見積もっておく必要があります。

スラリー貯留槽の周囲には外部の人が近づけないように柵を回し、致死性ガス発生の危険性を知らせる表示をして、安全に配慮します。

【地下ピット】

地下ピットは地下水位が低く、湧水がない場合に利用できます。スラリーの投入はポンプや越流方式が利用できます(図1)。ポンプでの撹拌の場合は貯留槽の1辺をポンプの撹拌力が届く範囲以下にし、十分な撹拌ができるようにします。仕切りをした各槽には糞尿の撹拌・取り出し口を設置し、必要に応じてポンプを入れて撹拌したり、糞尿のくみ出しができるようにします。

【スラリーサイロ】

円筒形のスラリーサイロも半地下方式、

写真3　スラリーサイロと処理液を積み込むスラリースプレッダ

写真4　遮水シートを設置したシートラグーン

地上式などが利用できます（**写真3**）。上部にコンクリートのふたをしないのが一般的ですが、雨水が入ったり、臭気が拡散するのを防ぐ目的で、シート式のカバーを掛ける場合もあります。外周にポンプを設置して糞尿の攪拌と搬出をします。

【シートラグーン】

シートラグーンは地下水位が低く融雪水や雨水が流れない場所に設置します。深さの約2／3を掘り、残り1／3を盛り土で仕上げると残土も出さずにつくることができます（**写真4**）。建設費が安いので牛舎周辺だけでなく、スラリー散布の効率を高めるため圃場内に貯留槽として設置することができます。

地下から湧き上がるガスが遮水シートの下にたまってシートを浮かし、正常な貯留ができなくなるので、このガスを排気するため遮水シートの下にはガス抜きの配管や砂利層を設置します。

シートラグーンでは貯留容量に対して混入する雨水の量が多いので、雨水分離シートを利用して雨水が混入することを防止します。雨水分離シートの下にスカムがたまるとその除去作業が難しいので、スカムの発生が少ない固液分離液、ばっ気処理液、嫌気発酵処理液の貯留施設とします。

【増頭への対応】

増頭によってスラリー量が増えると、不適切な時期での散布や過剰散布を招きます。スラリー糞尿を適切に管理するには、十分な容量の貯留槽を整備することが大事です。スラリー量が増えた分、貯留容量を増やす必要があります。スラリーサイロでは既存のサイロの径を大きくすることで貯留容量を増やすことができます（**表**）。

3　スラリーの処理方法

【長期貯留】

単純に糞尿を混合し、十分に攪拌してそのまま散布時まで貯留します。貯留時にスカムが発生しないよう時々攪拌し、雨水が混入しないようにします。散布時の臭気が強いので、散布方法に注意する必要があります。またスラリーの粘度が高いので、搾

表　貯留槽の直径拡大による増頭数

拡大する半径（m）	貯留槽の直径（m）	貯留量（m³）	増加頭数（頭）
0	24.4	2,340	基準
1.0	26.4	2,737	34
2.0	28.4	3,257	78
2.5	29.4	3,394	90
3.0	30.4	3,629	110

※200頭、180日貯留、深さ5mの場合の貯留槽を基準とする。1頭当たりの糞尿量は180日で11.7m³とした。貯留量は糞尿のみの試算

乳関連排水などを混合して粘度を下げ取り扱いやすくすることもあります。

【固液分離】

スラリーを固形分と液分に分離させます。固分は水分が低下して堆肥化がしやすくなり、液分は流動性が増して、ばっ気処理が容易になります。分離した固形分はかさ密度が小さくなるので見掛けの糞尿量は増えます。固液分離方式にはローラープレス方式、スクリュープレス方式などがあります。

ローラープレス方式の固液分離機は、パンチングメタルを円筒形にしたものを圧搾用のローラで挟んで糞尿・敷料混合物を搾ります(図2)。原料投入はバケット方式とポンプ圧送方式があり、長ワラの多い糞尿でも搾ることができます。

挟んで搾る単純な構造のため、処理量は比較的多いものの、投入した原料の水分や粘度、ワラの状態などにより分離状況が変わります。石や氷塊など硬いものが混入しているとパンチングメタルを破損する場合があります。固分は空気が入りやすいよう、ほぐして堆肥化します。

スクリュープレス方式は円筒形にしたメッシュ状の網、あるいは穴径が2～15mm程度の円筒形パンチングメタルの中にオーガを配置し、スラリーを押し込んで搾ります(図3)。

原料水分によって所要動力や処理量が大きく変わります。糞尿の粘度を800～1,500mPa·s (水分で92～93%)まで低くすると搾りやすくなり、処理量を多くできます。

長ワラ混入時は大きな穴径の網を使います。搾った後の固形分は膨軟になって空気を多く含み、そのままでも発酵します。

【ばっ気処理】

堆肥処理と同じように液状糞尿に空気を投入して好気発酵する方法がばっ気処理です(次㌻図4)。好気処理のため、液状コンポスト処理とも呼びます。ばっ気処理をすることで糞尿臭が低減され、粘度が低下し、取り扱い性も改善されます。しかし、ばっ気をしている場所の臭気が強く、糞尿中の肥料成分であるアンモニア成分が揮散します。

ばっ気方法には一定量を終了までまとめて処理するバッチ方式と、毎日排出される糞尿を加えてばっ気する連続ばっ気方式があります。バッチ処理では1～2週間ごと入れ替えをし、毎回、最初からばっ気を開始することになります。連続ばっ気方式では毎日一定量が投入されるので、ばっ気槽を2槽にして処理が終わらないまま流下しないようにします。

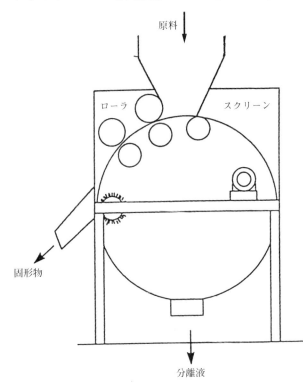

図2　固液分離機(ローラープレス)

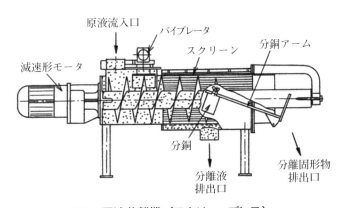

図3　固液分離機(スクリュープレス)

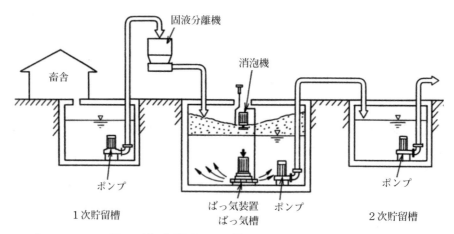
図4　ばっ気処理による糞尿処理施設の模式図

スラリーの粘度が高いと、送気した泡が大きな塊となり、攪拌効果も少なくばっ気効率が低下します。スラリーに効率良く空気を溶け込ませるにはスラリー粘度を下げる必要があります。

水分が93％以上で粘度が800mPa･s以下と低い場合には、スラリー中に微細な気泡を吹き出す散気管方式が利用できます。また水分が92％以上の場合にはエジェクタ方式を使うと効率良く空気を溶け込ませることができます。スラリーの粘度を下げるには、他に搾乳関連排水で加水したり、固液分離をする方法があります。

ばっ気をすると泡が発生します。処理液を上から掛けるなどして泡を消すことができますが、ばっ気が進むと急激な発泡が起こります。この時の泡は処理液を掛けても、消泡機を使っても消えません。この急激な発泡状態は異常ではなく、ばっ気処理が順調に進んでいる証拠ですから、ばっ気をさらに続ける必要があります。

急激な発泡時の泡を消しやすくするには重量比で0.05％の油を加えます。さらにばっ気を続けると、液の色は褐色から黒褐色へと変わり、臭いも糞尿臭から焦げ臭に変わるので、ばっ気を終了します。そのまま貯留すると「ドブ臭」へと変わるため、散気管方式で少量のばっ気を続けます。

このようにばっ気処理では、急激な発泡に対する対策、肥料成分(窒素)低下、ばっ気用ポンプの運転コスト、ばっ気している場所の強烈な臭気発生などが問題点として挙げられます。これらを考慮すると、糞尿臭の低下や取り扱い性の改善のためには、ばっ気処理よりも嫌気発酵処理の方がより効果的であると考えます。

4　スラリー処理液(液肥)の利用方法

【利用方法と問題点】

スラリーを草地や飼料畑への肥料として利用するには、散布量と散布時期を厳守する必要があります。そのため、散布利用する草地の植生調査や土壌分析をしておく必要があります。また散布可能量の範囲であっても、土壌への浸透可能量以上に散布すると表面流去を引き起こすので、数回に分けて散布するなどの対応が不可欠です。

【草地、畑作への散布利用】

草地は牧草の根が張っているので、長期貯留したスラリーからばっ気処理をした液肥まで散布することができます。しかし種から育てる畑作での利用では肥料成分の流出や種バエの発生、有機酸による発芽障害などを引き起こすため、ばっ気処理や嫌気発酵処理をした液肥を散布する必要があります。

【臭気を抑えた散布方法】

スラリーの散布は、衝突板方式のスラリースプレッダで散布することができます。しかし、散布液が霧状となって飛散するため、臭気の強いスラリーでは散布後も臭気の拡散が大きな問題となります。そこでスラリー散布時および散布後の臭気を抑えるため、バンドスプレッダ、トレイリングシュー、浅層インジェクタなどの散布機

写真5　バンドスプレッダによるスラリー施用

写真6　トレイリングシュー散布機

写真7　浅層インジェクタによるスラリー施用

写真8　アンバライカル（ドラッグホース）システムによるスラリー施用

を利用します。

　バンドスプレッダ（**写真5**）は20～30cm間隔で配置されたホースで牧草の下や表面に帯状に液肥を散布します。水分91％以上であれば散布可能です。散布後の臭気はやや少なく、散布コストが低い。

　トレイリングシュー（**写真6**）は、牧草をかき分けるシューを15cm程度の間隔で配置したもので、より地際に散布が可能です。固液分離したスラリーで、92％以上の水分があれば利用可能とされ、臭気は少ないです。

　浅層インジェクタ（**写真7**）は、コールタで深さ5cm程度の溝を切り、スラリーを流し込みます。固液分離したスラリーで、92％以上の水分があれば利用可能。臭気は少ない方式です。草地を切るので天候によっては影響が出る場合があります。

【高能率散布】

　スラリー散布では、圃場での散布時間とタンクへのスラリー充填作業時間がほぼ同じです。散布作業の能率を高めるには、スラリーの充填作業の時間を短くする必要があります。貯留施設を牛舎近くの1カ所だけではなく、草地の中にも設置し、時間がある時に運搬すれば充填作業時間の短縮を図ることができます。

　またタンクを持たずにホースをつないで、貯留槽から直接散布機にスラリーを送るアンバライカル（ドラッグホース）システムも欧米で使われています（**写真8**）。国内でも、スラリー処理が多い北海道で導入試験が実施されています。

IV章 スラリーなど液状物の処理・利用方法
2 メタン発酵とバイオガス利用

梅津 一孝

　家畜糞尿を対象としたメタン発酵処理施設は、1997年に採択された京都議定書以降、建設が開始され、99年の「家畜排せつ物の管理の適正化及び利用の促進に関する法律」の施行後、建設数が増加しています。特に北海道では「バイオガスプラント」の名称で普及が進んでいます。

　道内の畜産系メタン発酵施設設置数の推移を**図1**に示します。2000年には建設数が11基に達しましたが、当時の施設は建設後にトラブルが多発したことや電気事業者による新エネルギー等の利用に関する特別措置法(RPS法)の売電単価が安かったことも影響して、08年から10年にかけて建設はありませんでした。そんな中、東日本大震災による深刻なエネルギー危機を契機に12年7月に固定価格買取制度(FIT)が開始されて以降、発電設備を備えたメタン発酵処理施設の着工件数は増加。18年までに98基の施設が建設されています。

　図2は道内のメタン発酵施設の規模で、経産牛換算で300頭規模以上のプラントが半数を占めています。**図3**はバイオガスプラントよる1日当たりの乳牛糞尿処理量の推移で、15年からの集中型施設の建設増加に伴い、糞尿処理量は施設の大規模化に比例し急増しています。

　図4は道内の酪農用メタン発酵施設の発電出力の推移を示します。FIT制度が始まる以前は、バイオガスの脱硫技術や発電施設の完成度が低く、メンテナンス体制も整備されていなかったことや電気の買取価格が安かったことで経済性が低く、発電施設の導入は進みませんでした。FIT制度の導入を機に道内のメタン発酵処理施設による発電出力は増え、特に大規模集中型施設による発電施設の大型化が急増し、18年の発

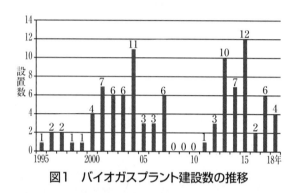

図1　バイオガスプラント建設数の推移

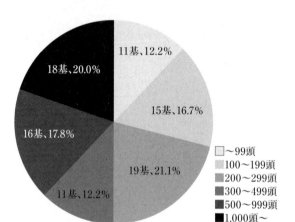

図2　バイオガスプラントの規模（経産牛換算）

電出力は1万2,000kWとなり、FIT制度導入前の発電出力1,692kWの約7倍に増加しています。

1　メタン発酵の基礎

【メタン発酵の原理】

　有機性の廃棄物をメタン発酵させ排水を浄化する技術は下水処理をはじめ多くの産業排水に応用され、水処理技術として広く用いられてきました。家畜糞尿スラリーなど高濃度原料を対象としたバイオガスプラントは、熱、電気といった再生可能エネルギーの生産を主目的とし、処理後の消化液

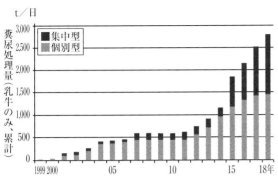

図3 バイオガスプラントによる糞尿処理量

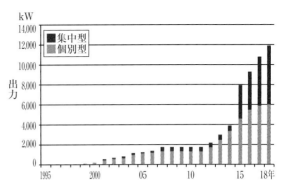

図4 バイオガスプラントによる発電出力

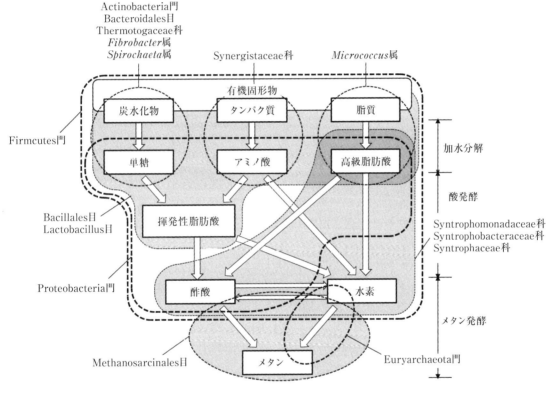

図5 メタン発酵の相変化と関与する細菌群の分類（岩崎、梅津　未発表）

は有機物の分解、有機体窒素の無機化、有機物汚染度を示すCODやBOD、悪臭ならびに有害細菌の減少、雑草種子の死滅などの利点があり、液肥として圃場還元される場合が多い。

図5は家畜糞尿などの有機物からメタンが生成されるまでの相変化と関与する細菌群です。メタン発酵は嫌気発酵とも呼ばれます。嫌気条件で進行する有機物の分解反応で、❶高分子有機物の加水分解❷単糖、アミノ酸、高級脂肪酸からの酸生成❸揮発性脂肪酸または高級脂肪酸からの酢酸生成❹酢酸・水素からのメタン生成─の4つのステップを経て最終的にメタンと二酸化炭素に変換されます（二相四段階説）。これまでに同定されている細菌群の分類では、Firmicutes門とProteobacteria門に属する細菌は有機の加水分解から酢酸・水素生成までの広範な代謝に作用していることが分かっています。これら2つの門には多くの細菌が属し、特にFirmicutes門のClostridium属菌はメタン生成以外のほぼ全ての代謝に関与しています。

高分子有機物は細菌の菌体外酵素により

加水分解され、低分子化したのち菌体内に取り込まれます。加水分解酵素は、炭水化物ではアミラーゼやラクターゼなど炭水化物分解酵素、タンパク質ではプロテアーゼ、脂質ではリパーゼと総称されます。揮発性脂肪酸は解糖系やTCAサイクルによって生じたピルビン酸がさらに分解されることにより生成され、主にFirmicutes門、Proteobacteria門の細菌が代謝に関与します。

解糖系から生成したピルビン酸は酪酸、酢酸、ギ酸、乳酸、プロピオン酸など多様な低分子有機酸(揮発性脂肪酸)に代謝されます。この代謝に関与する細菌群としてActinobacteria門(*Micrococcus*属菌、*Propionibacterium*属菌など)、Firmicutes門(*Bacillus*属菌、*Staphylococcus*属菌、*Streptococcus*属菌など)、Proteobacteria門(*Desulfobacter*属菌、*Pseudomonas*属菌など)の細菌が知られています。

メタン菌との共生で高級脂肪酸から酸、酢酸を生成する細菌はSyntrophomonadaceae科とSyntrophaceae科に分類されます。高級脂肪酸は飽和脂肪酸に分解された後、酢酸と水素を生成します。酢酸は高級脂肪酸の分解による生成以外に、揮発性脂肪酸やアミノ酸の分解によって生成され、Clostridiales目、Syntrophobacterales目の細菌が主体となります。

メタン生成菌は古細菌(Archaea)に分類されます。*Methanomassiliicoccus luminyensis*以外のメタン菌はH_2(水素)/CO_2(二酸化炭素)を基質としてメタンを生成するhydrogenotrophic methanogensで、さらに酢酸を基質としたacetotrophic methanogensが存在します。両者のバランスは酢酸濃度に依存することが知られており、酢酸濃度が低い場合には*Methanosaeta*属菌や*Methanothrix*属菌が、高い場合には*Methanosarcina*属菌が優占種となります。生成するガスはバイオガスと呼ばれ、メタンが約60%、二酸化炭素が約40%、微量の硫化水素、窒素の混合気体です。

【発酵条件】

メタン発酵は嫌気発酵とも呼ばれ、嫌気条件で進行する有機物の分解反応であるため、発酵槽内が嫌気状態であることが絶対条件となります(**写真1**)。発酵槽は十分な気密を確保する密閉構造である必要があり、ガス漏れは致命的な欠陥となり、空気の混入は安全上も好ましくありません。

写真1　発酵槽の内部

【発酵温度】

メタン発酵では、発生したバイオガスなどを熱源として発酵槽内を最適温度に維持する必要があります。発酵温度が高くなるに従いガス生成速度と有機物分解速度は上昇します。メタン発酵の適温領域は低温領域(20℃以下)、中温領域(35～45℃)高温領域(55～65℃)に大別されます。一般には中温発酵と高温発酵に分かれ、現行のメタン発酵施設は中温発酵法が主流です。その理由として、加温熱量と発酵槽からの熱放射が高温に比べて少なくて済むこと、温度変動に対しての緩衝性が高いことなどが挙げられます。

さらに毒性や阻害物質に対しての耐性も強いことが知られています。高温発酵ではBacteroidetes門やProteobacteria門と比較して相対的にFirmicutes門の細菌が多くなり、Thermotogae門も多くなるという報告があります。Thermotogae門は多糖類をエタノール、酢酸、CO_2、H_2に分解し、このうちアルコールは共生菌と共にCO_2とH_2に分解する働きがあります。

中温発酵ではFirmicutes/Bacteroidetes比が高いとメタン生成量が多くなる一方でLignocellulolytic enzymesの量は少なくなります。

発酵の温度が上昇するとアンモニウム塩

はアンモニアにシフトすると同時に、メタン生成菌叢もMethanobacteriales目（*Methanothermobacter*など）やMethanomicrobiales目（*Methanoculleus*など）が優位になる。そのため酢酸の分解経路はAcetate → CH_4（Acetotrophic methanogenesis）からAcetate → $H_2 + CO_2$（Syntrophic acetate oxidization）へシフトすると考えられています。

2 メタン発酵の実際

【投入原料組成】

投入原料に含まれる炭水化物、タンパク質、脂肪を構成する元素量が既知であれば、有機酸類のメタン分解に関する標準式からメタンの生成量が予測できます。

投入有機物のＣ／Ｎ比とＣ／Ｐ比はメタン発酵を効率良く行うために不可欠な要素です。炭素は微生物へのエネルギー源として、窒素やリンは微生物のアミノ酸、タンパク質、核酸などの形成要素として最も重要な栄養源になっています。Ｃ／Ｎ比の最適範囲は12〜16でＣ／Ｎ比の少ない家畜糞尿は、豚糞尿や鶏糞の場合、過剰な窒素がアンモニアに変わり発酵阻害を来します。メタン生成菌はアンモニアによる阻害を最も受けやすく、阻害を受けるとメタン生成量が低下し脂肪酸が蓄積します。

リンはアセチル酸やATPなど生命現象に不可欠な元素で、Ｃ／Ｐ比の最適範囲は100〜500です。牛排せつ物の古生菌群集パターンは飼養方法が異なる牧場であっても似通っており、*Methanocorpusculum*属菌や*Methanobrevibacter*属菌の水素資化性メタン生成細菌が優占していることが報告されています。

メタン発酵の投入原料は一般にスラリー状の流動性があるものが用いられ、高濃度のものは固形分濃度を10％程度に希釈することから湿式発酵と呼ばれています。それに対し、つなぎ飼い牛舎からの敷料を大量に含んだ糞尿、厨芥（ちゅうかい＝野菜・魚介くず）や刈り草、せんてい枝など固形分濃度が15％以上の原料を対象としたものを乾式発酵と呼び、実用機が稼働しています。

【発酵槽の形式】

メタン発酵槽は、最低条件として嫌気状態が保たれる必要があります。発酵槽にはさまざまな形式のものがあり、発酵槽の数から１槽式、２槽式、多槽式に分けられます。代表的な発酵槽の形式は円筒縦型、円筒横型、箱型の３種類。発酵槽のコストは材質と施工法次第で、材質は鉄およびコンクリートが一般的です。発酵槽の加温は温水循環方式が圧倒的に多い。発酵槽内の攪拌（かくはん）は菌体と投入原料の接触、槽内温度の均一化、スカム形成の防止、ガス抜きのために重要です。

【ガス精製と貯留】

バイオガス中には1,000〜3,000ppmの硫化水素が含まれています。硫化水素は発酵物質に含まれるタンパク質やアミノ酸を構成する硫黄、硫酸塩を基に還元硫黄細菌などが生成する気体です。これが燃焼すると亜硫酸ガスや硫酸となってボイラー壁やシリンダー内を腐食させるなどの問題が生じます。また排気ガスは硫化酸化物を多く含み、大気汚染の原因ともなるため、脱硫と呼ばれる硫化水素の除去が必要となります。家畜糞尿を対象としたバイオガスプラントの脱硫法は生物法、乾式法が主で、両者の組み合わせも見られます。

乾式脱硫：水酸化鉄第二鉄を成型した成型脱硫材を充填したガス吸収塔にバイオガスを通し、硫化水素を硫化鉄として脱硫材に吸収させます。装置は比較的簡易ですが、脱硫剤の交換が必要でランニングコストがかかります。

生物脱硫：生物法はエアードージング法とも呼ばれ、硫黄酸化細菌の働きにより硫化水素を除去します。生物脱硫は発酵槽外で脱硫する方法と、発酵槽内で脱硫する方法に大別され、前者は脱硫塔による高い脱硫効率を得ることができ、後者は発酵槽のヘッドスペースに直接微量の空気を注入する簡便な方法です。

バイオガスの貯留設備はガスバッグによるバッグ式（乾式）と水面あるいは消化液面上にタンクを浮かす水封式に大別され、近年の導入例ではガスバッグ式が主流となっ

写真2　ガスバッグ式貯留施設

写真3　北海道興部町の興部北興バイオガスプラント
（1槽式円筒型発酵槽、170kW）
【写真提供・興部町役場】

写真4　北海道内で稼働するバイオガスプラント
（1槽式円筒型発酵槽、300kW）

ています（**写真2**）。原料・発酵槽加温や発電に消費されるバイオガス量を想定し、容量を決定する必要があります。

【バイオガス発電装置】

バイオガスの利用方法としてはボイラーなどで直接燃焼させ、熱として用いるのが最も効率的ですが、電力の固定買取制度の施行に伴い、発電し売電する施設が増えています（**写真3、4**）。メタンの発熱量は8,500kcal／㎥（低位発熱量）であることから、バイオガスの発熱量はおおむね4,500～5,500kcal／㎥となります。

メタンは低級炭化水素で、燃焼によって生じる二酸化炭素は少ないです。バイオガスによる発電方法はガスエンジンにより回転界磁型発電機を駆動しエンジンからの廃熱も回収するコジェネレーション方式が採用され、廃熱は発酵槽の加温に用いられています。最新のシステムはメタンガス濃度の変動に応じ、頻繁に始動・停止を繰り返しても性能が安定しており、信頼性が高まっています。システムは国産機で発電出力25kWが市販されていますが、100kWや200kWの輸入バイオガス・コジェネレーションシステムが普及しています。これらのシステムのエネルギー効率は電力端33～38％、温熱端40～45％で総合効率はおおむね85％程度です。

バイオガスのエネルギー変換技術としては、これら内燃機関による熱エネルギーから機械エネルギーそして電気エネルギーへの変換の他に、直接、化学変化を電気エネルギーに変換する「燃料電池」による変換方法も注目されています。

【メタン発酵消化液】

肥料効果：家畜排せつ物をメタン発酵処理すると有機態の栄養素が無機化し、化学肥料と同等の植物の成長促進効果があることは広く知られています。メタン発酵消化液を液肥として耕地に使用した場合の農作物の収穫量に与える効果を検討した事例は多く、オーチャードグラスやトウモロコシなどの飼料用作物に対する試験、畑作物、露地キャベツなど葉物野菜に対する施用や長期的な連用試験などの報告があります。これらの報告は、いずれも農作物の収穫量に関しては化学肥料と同等で、メタン発酵消化液を施用した場合の土壌の窒素形態や栽培跡地の土壌の性質は化学肥料と差はないと結論付けています。

一方、メタン発酵消化液の施用が農作物の収穫量を増加させるという報告もあります。オーチャードグラスの乾物収量への効果は化学肥料と同等もしくはそれ以上で、飼料用トウモロコシ乾物収量に与える影響は1年目では化学肥料と同等、2年目、3

年目の連用により収量が増加するとの報告があります

機能性：メタン発酵消化液からは植物病原菌の増殖を抑制する$Bacillus$属菌や$Pseudomonas$属菌などが分離されています。$Bacillus$属菌は植物の成長ホルモンを産生して植物の成長を促進することが知られており、この成長促進効果が植物の病害耐性を促進する結果にもなると考えられています。バチルス製剤は化学農薬とほぼ同程度の効果があり、化学農薬の一部を有機肥料やバチルス製剤に切り替えることによって、病気の防除に使われる農薬の費用が削減できることも示されています。またメタン発酵は雑草種子の死滅に効果があり、除草剤の使用削減効果もあります。

【メタン発酵による畜産環境改善】

農畜産環境における病原微生物と薬剤耐性菌による汚染は危惧すべき課題です。帯広畜産大学では、メタン発酵消化液に含まれる大腸菌および大腸菌群、腸球菌、サルモネラ、カンピロバクターの細菌数を測定しています。乳牛糞尿に含まれるこれらの細菌数はメタン発酵処理後の消化液では有意に減少しており、メタン発酵処理による不活化が認められています。

また、植物病原菌であるジャガイモそうか病、バーティシリウム菌、メロンつる割れ病菌に対してもメタン発酵処理による不活化が認められています。

薬剤耐性菌については、酪農業で使用頻度の高いセファゾリン（乳房炎治療に用いられる抗生物質）に対する耐性菌は、メタン発酵による顕著な減少が認められています。このようにメタン発酵消化液は病原微生物や薬剤耐性菌を不活性化しており、メタン発酵消化液を固液分離した固分は乳牛の敷料として用いられています（**写真5**）。

写真5　消化液の固分を利用した戻し敷料

◇　◇　◇

家畜糞尿による水質悪化、悪臭防止対策は不可欠であり、家畜糞尿の適正な管理と利用は家畜生産の基盤になります。環境への負荷が小さいシステムであるバイオガスプラントがおのおのの地域の経営規模や条件に合った形で導入され、地域および酪農周辺環境と経営の改善につながることが必須といえます。家畜糞尿など地域にあるバイオマス資源を電気やガス、熱として地域内で利用することで、域外に流出していた資金が地域内で循環することになり地域経済の活性化が図られ、地方創生にも貢献します。

今後は、国内の多数を占める中小規模農場への小型プラントの開発普及と低出力発電器の系統への連携ならびに地域配送電網での利用推進とともに、災害時に系統電源と独立するシステムとして、TMRセンターやコントラクターと連携した生産基盤の強化に寄与することも求められます。

IV章 スラリーなど液状物の処理・利用方法
3 バイオガス発生量の多い発酵技術と処理システム

亀岡　俊則

1　酪農でガス化率を高めるには

　国内の家畜糞尿を原料にしたメタン発酵施設数は、**表1**に示した2017年3月末の農水省の調査資料によれば、139基を数えます。そのうち、酪農から発生する家畜糞尿を原料とした施設数は、北海道が全体の約61％を占めています。12年度に再生可能エネルギー特別措置法が制定されたことにより、電力の固定価格買取制度であるFIT（Feed-in Tariff）法（以下、FIT）を利用して取り組める糞尿処理法の1つとして、17年度以降も徐々に基数を増やす状況にあります。また、ドイツ企業との技術提携などによりメタン発酵プラントの建設費も200万円／kW以下に抑えられるようになっています。

　最近では、比較的小規模の約1,000頭の養豚農家（処理原料7 t／日）でもFITを利用した売電により建設費を約12年で償却、1,200頭規模の養豚農家では食品残さを混合する処理システムを用いることで約6年で建設費を償却できた事例があります。

　このようにFITを活用して処理経費を軽減するにはガス化率を高める必要がありますが、メタン発酵処理による家畜糞尿のガス化率は畜種や固液分離などの前処理により異なり、給与飼料による関係から牛糞尿が最も低くなります。**表2**に示すように食品残さは非常にガス化率が高く、メタン発酵原料として非常に有効です。豚糞尿に食品残さを混合したガス化率は0.7ℓ／gVS（VS：有機物）との報告があり、前述の豚糞尿に食品残さを混合した事例では、極めて有利な処理システムが組まれています。

　ドイツの場合、国策として30年に電力の

表1　家畜糞尿原料のメタン発酵施設数

	酪農	肉牛	養豚	養鶏	混合型	計
北海道	85	0	7	0	3	95
都府県	12	1	19	4	8	44
計	97	1	26	4	11	139

（2017年3月末時点の農水省の調査資料から作成）

表2　家畜糞尿などのメタン発酵ガス化率

	牛	豚	鶏	食品残さ	ソルガム
ガス化率 ℓ／gVS	0.22〜0.27	0.45〜0.55	0.45〜0.55	0.7〜0.8	＞0.1〜0.7

50％を再生可能エネルギーで賄うとされており、家畜糞尿にトウモロコシを混ぜたものを原料としたメタン発酵が急速に普及しました。それにより、メタン発酵の原料としてトウモロコシの栽培面積は2000年のFIT制定から一挙に80万haに拡大し、メタン発酵施設数も8,000基を超えています。さすがに食用作物と競合するのを恐れ14年度に法改正され、それ以上の栽培農地の拡大は規制されています。メタン発酵の原料は酪農から発生する家畜糞尿30％にトウモロコシ70％を混合した事例が多く、さらに家畜糞尿や食品残さを多く使用するよう奨励されています。

　酪農の場合は食品残さとの組み合わせは困難であることから、ドイツの事例のように飼料作物のトウモロコシやソルガムを原料にしたメタン発酵法によりガス化率を高めることが有効な方法と考えられます。しかし飼料作物は有価物であり、有価物を原料としたメタン発酵は経済収支が基本的に合いません。考え方と処理計画の取り組み

は、あくまで飼料残さの未利用資源としての位置付けで取り組むことが前提となります。

筆者は、これまでソルガムを原料にしたメタン発酵技術に取り組み、幾多の問題点に接し、ソルガムなどのバイオマスのメタン発酵の難しさを痛感しました。ソルガムのガス化率には大きな差が生じ、ハーベスタで裁断した程度の粗大物を原料としたガス化率は0.1ℓ／gVS以下です(**表2**)。これを適正に前処理することにより、ガス化率を0.7ℓ／gVSに高められる極めて有効な技術を確立したので、その技術内容のポイントを紹介します。

2　ソルガム混合による　バイオガス量の増大

酪農から発生する家畜糞尿スラリー（以下、スラリー）と後述する前処理を施したソルガムを2：1（VS比）の割合で混合した原料を用いて、メタン発酵を行いました。この実験では、37℃の湿式中温発酵法を採用し、約15ℓの密閉発酵槽を用いて消化日数を約40日間に設定し、連続運転(毎日1回原料投入)により行いました。なお、スラリーは5mm目のザルで粗大物を除去し、VS負荷量はスラリー単独原料で1.3kgVS／㎥・日、スラリーとソルガム混合原料で2.2kgVS／㎥・日としました。

その結果、**図1**に示すようにスラリー単独のガス化率は0.24ℓ／gVSでしたが、スラリーにソルガムを混合したVS負荷量2.2kgVS／㎥・日の条件では約1.5倍の0.37ℓ／gVSに高めることができました。

実験結果を基に、100頭規模の酪農家から発生する家畜糞尿を原料としたバイオガス発生量を試算すると次のようになります。

【条件】
スラリー：60kg／頭・日、水分90％、VS80％
ソルガム：水分73％、VS93％
スラリーとソルガムのVS混合比：スラリー・ソルガム＝2：1
【試算結果】
スラリーのＶＳ量：１００頭×６０ｋｇ＝

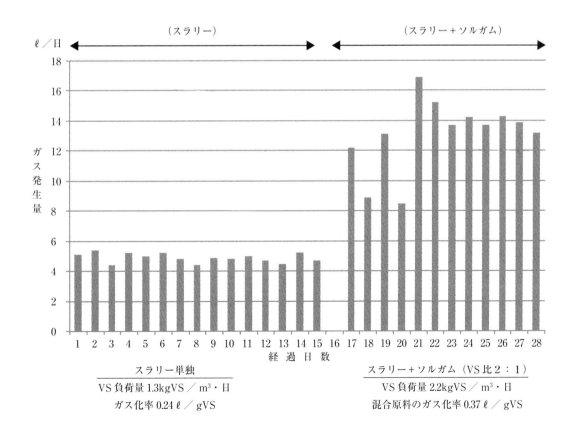

図1　スラリーにソルガム前処理原料を混合したメタン発酵効率化実験

6,000kg→6,000kg×0.1×0.8＝480kgVS／日
バイオガス発生量：480kgVS／日×0.24ℓ／gVS＝115㎥／日
ソルガムの混合量：480kgVS×1／2＝240kgVS→240kgVS÷0.27÷0.93＝956kg／日
混合原料：6,000kg＋956kg／日＝6,956kg／日
混合原料のVS量：480kgVS＋240kgVS＝720kgVS／日
バイオガス発生量：720kg／日×0.37ℓ／gVS＝266㎥／日

ゆえに、スラリー単独に対してソルガムをVS比2：1で混合した条件では、バイオガス発生量が約2.3倍に増加することが期待されます。

3　メタン発酵原料の前処理技術

家畜糞尿や生ごみなどのメタン発酵で障害となる要因には、中温発酵でNH_4-N濃度が4,000mg／ℓ以上になる場合とVS負荷量が3.0kg／㎥・日以上になる場合が挙げられます。しかし、ソルガムのメタン発酵では次に示す大きな障壁が4つあります。これらはソルガムに限らずトウモロコシや他のバイオマスにも共通し、克服しない限り、正常なメタン発酵を維持し、かつ効率的なバイオガス発生量を期待することはできません。

【ソルガムの適切なサイレージ処理】

ソルガムなどのバイオマスをメタン発酵原料として利用する場合は、サイレージ処理して保存する必要があります。このサイレージ処理のとき原料水分が高く、十分な嫌気条件でない場合などでは異常発酵が起こりメタン菌に対する阻害物質が生成します。その結果、バイオガス中のCO_2（二酸化炭素）濃度が上昇してエネルギー利用に不具合が生じ、次第にメタン発酵機能が消失することになります。従って、阻害物質を生成しない対策が最も重要で、サイレージ処理原料の水分を73％程度以下にして嫌気度を高め、乳酸菌などを添加することが有効です。

【ソルガムの成分比】

本設定のようにスラリーを2倍混合した場合は原料の成分調整の必要はありません。しかし、ソルガムなどのバイオマスの混合比を高めた場合、メタン菌の増殖に必要な成分比はC：N：P：S＝600：15：5：1です。これに対して、ソルガムの成分比はほぼC：N：P：S＝600：9：3：NDと、炭素成分が同等なのに対して窒素やリンの成分が必要量の半分程度。これではメタン発酵を継続する段階で発酵液のpHが低下して継続困難になるため、ソルガムの成分比に合わせて化成肥料などの添加が必要となります。

【ソルガムの破砕処理】

前述のようにソルガムをハーベスタで裁断した原料をメタン発酵すると、そのガス化率は0.1ℓ／gVS以下となり、エネルギー利用は期待できません。

写真1および**表3**にソルガムの破砕方法と参考程度に処理コストの比較を示しました。なお、ガス化率をさらに高めるために後述するアルカリ処理を行いました。

ソルガムの破砕程度は破砕方式により異なり、すりつぶし式はかなり粗くガス化率

写真1　破砕方法によるソルガムの破砕程度

表3　破砕機種ごとの破砕度、コストの比較

破砕度	ハーベスタ裁断	すりつぶし式	ハンマー式	エクストルーダ
動力（kW／t）	-	10	15	70
アルカリ剤添加（％）	0.8	0.8	0.8	-
ガス化率（ℓ／gVS）	＞0.1	0.46〜0.56	0.63〜0.7	0.63〜0.7
参考コスト（円／t）	560	760	860	1,400

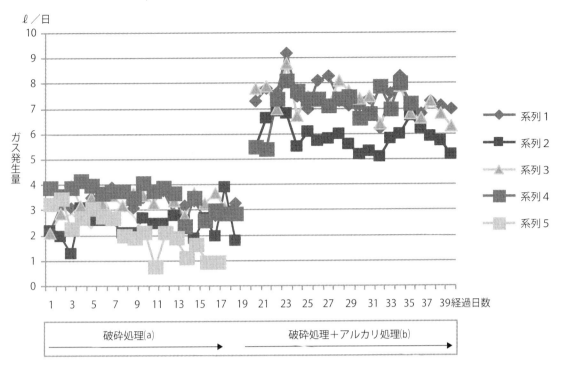

図2　ソルガムの品種別、前処理別バイオガス発生量の違い

表4　ソルガム品種別、前処理別ガス化率

品種	プロピオン酸(乾物%)	ガス発生量(ℓ/日)		CO_2 (%)	ガス化率(ℓ/gVS)
No1.	0.13	(a)	3.2	35%	0.49
		(b)	7.25		0.67
No2.	0.34	(a)	2.4	38%	0.35
		(b)	6.0		0.52
No3.	0.04	(a)	3.3	33%	0.56
		(b)	6.88		0.70
No4.	0	(a)	3.5	24%	0.53
		(b)	7.45		0.68

成績はハンマー式破砕機により綿状まで破砕した原料を使用しています。

図2は破砕処理単一原料(a)と、破砕処理とアルカリ処理した原料(b)のガス発生量を示しています。ソルガムの成分は約80％が繊維類で、VSの理論ガス発生量は約0.81ℓ／gVSと家畜糞尿や下水汚泥など(C:53～55％で1.0ℓ／gVS)に比べ低くなります。また、品種により総繊維の中にリグニン質を12～22％含有しており、メタン発酵では嫌気条件のため分解できません。No2.の品種はリグニン19％と高く、その他の品種は約13％と低いため、ガス化率もNo2.の品種は低く、他の品種は高くなります(**表4**)。また、ガス発生量は、アルカリ処理を加えることによりほぼ2倍になり、ガス化率ではほぼ20～30％高めることができます。No3.の(b)の前処理では、ガス発生量0.7ℓ／gVSと高く、理論ガス発生量の約86％に達し、エネルギー作物として有効です。

前述したように、サイレージ処理で原料中のプロピオン酸濃度が高くなるとバイオガス中のCO_2濃度が高くなります。**表4**のデータに表れているように、プロピオン酸濃度の上昇に伴ってCO_2濃度は高くなる傾向を示しています。こうして、原料の保

も低いのに対し、ハンマー式は綿状まで破砕されてガス化率もやや高くなります。エクストルーダ式は粉状まで破砕できるものの消費電力が大きく、機械の摩耗も大きくなります。実験的にはハンマー式がガス化率やコスト面から有効ですが、破砕機にはさまざまな機種があるため、バイオマス原料の現物を綿状まで破砕できる機種選定を行うことが重要です。

【アルカリ処理による効率化】

ソルガムの品種別前処理別のガス化率を**図2**、**表4**に示しました。なお、次に示す

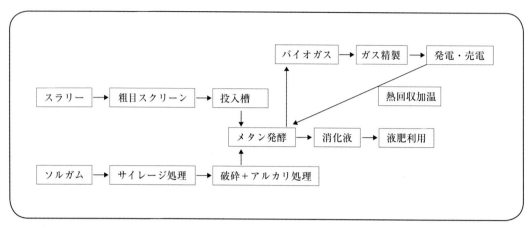

図3　スラリーにバイオマス混合メタン発酵処理の基本型処理システム

存状態が悪く異常発酵したものを継続してメタン発酵すると、阻害物質が増加してCO_2濃度が40％を超え、50％以上になるとCO_2濃度の上昇が加速し、正常なメタン発酵を継続することができなくなります。

4　バイオマス混合の基本型処理システムの構成

スラリーにソルガムを混合した基本型メタン発酵処理システムを図3に示しました。スラリーのメタン発酵事例の多くは、固液分離など前処理をせずにメタン発酵槽へ投入されていますが、スラリー中への粗大物や異物、砂などの混入は避け難く、これらの物が機械類を損耗したり、発酵槽中に堆積して有効容積を小さくしたりと、メタン発酵性能に支障を来すことになります。そのため、粗目スクリーンと投入槽でそれらを除去する必要があります。またソルガムなどのバイオマス原料は、適正に破砕処理しないとガス化率を高めることはできません。アルカリ処理は装置的にも技術的にもかなり複雑になるため、大規模のメタン発酵に適しています。

酪農から発生するスラリーのメタン発酵は、基本的にガス発生量が少ないため、FIT制度を活用しても処理経費の軽減に大きく貢献することは難しく、液肥の有効利用と悪臭防止が大きなメリットとされています。ドイツの事例のように、むしろ飼料作物を主原料としたメタン発酵が、FIT制度を活用することで経営的にも国策である再生可能エネルギー生産に貢献しています。新たにメタン発酵施設を設置するときや現有するメタン発酵施設に余裕があるときなど飼料作物残さが得られるのであれば、本稿のシステムを参考に技術的な工夫を施すことにより有効なメタン発酵を実現することは可能であると思われます。

本稿で紹介したソルガムのメタン発酵の成績は、徳永毅氏と譜久山剛氏にメタン発酵研究の機会と研究協力をいただき、得ることができました。この場をお借りして謝意を申し上げます。

【参考文献】
1) 亀岡俊則ら(1988)「メタン発酵システムによる豚舎汚水の処理」『日本畜産学会報』59(8)、pp.675-681
2) 河原林孝由基(2017)「"トウモロコシだらけ"ドイツからの警鐘―エネルギー作物栽培とバイオマス発電の実際―」『調査と情報(農林中金総合研究所)』58、pp.22-23
3) 徳永毅・亀岡俊則・譜久山剛(2018)、特願2018-133947

Ⅳ章 スラリーなどの液状の処理・利用方法

4 メタン発酵消化液の利用

山岡 賢／中村 真人／中山 博敬／折立 文子

1 消化液の性状、成分

消化液は、家畜糞尿や食品廃棄物などのバイオマスをメタン発酵処理した後の残さです。消化液の成分・性状は**表**のように、原料とメタン発酵過程に左右されるため千差万別ですが、一般的には次のような特徴があります[1]。

❶湿式メタン発酵の場合、家畜糞尿に由来する消化液の水分量は90％以上で、どろどろとした液状を呈する（次ジ**写真1**）。作物残さなどを原料とした乾式メタン発酵の場合、残さの水分量は80％以下となる

❷消化液は、原料となる糞尿や腐敗した食品廃棄物などがメタン発酵される過程で悪臭が低減される。また、メタン発酵は密閉された状態で行われるため、悪臭が外部に漏れることがない。悪臭の低減効果は、メタン発酵の大きなメリットといえる

❸原料中に含まれる有機物の多くは、低分子化されて大きな塊は見られない一方、ワラやオガ粉などの敷料は分解されにくく消化液に残存する

❹原料中に含まれる有機態の窒素のうち、半分程度はアンモニア態窒素に変換される。硝酸態窒素はほとんど含まれない

❺メタン発酵の過程で原料から取り除かれる主な物質はメタン、二酸化炭素、水分、硫化水素で、リンやカリウムはそのまま残存する。❹で記載したようにアンモニア態窒素への変換はあるが、原料に含まれる窒素はほぼそのまま消化液に残存する

表 消化液の成分・性状（例） （中村ら〈2013〉から作成）

	単位	施設 A[a]	施設 B[a]	施設 C[a]	施設 D[a]	施設 E[a]
主な原料		乳牛糞尿	乳牛糞尿	豚糞尿（洗浄水含む）	生ごみ	食品加工残さ・生ごみ
含水率	％	93.9	95.9	98.3	98.2	97.4
pH	―	8.03	7.66	7.79	8.04	8.09
伝導度（EC）	S／m	1.97	1.96	0.82	2.05	1.49
浮遊物質（SS）	mg／ℓ	33,900	26,700	9,630	10,500	15,900
VSS[b]	mg／ℓ	22,300	17,900	7,510	6,340	10,600
COD_{Mn}[c]	mg／ℓ	17,800	14,100	3,290	4,200	8,010
TOC[d]	mg／ℓ	6,250	6,220	738	406	1,860
塩化物イオン	mg／ℓ	1,100	1,390	307	1,520	1,030
全窒素	mg／ℓ	3,270	3,390	1,290	2,710	1,640
アンモニア態窒素	mg／ℓ	1,480	1,740	731	1,550	961
硝酸態窒素	mg／ℓ	<0.3	<0.3	<0.3	<0.3	<0.3
全リン	mg／ℓ	949	536	267	320	238
リン酸態リン	mg／ℓ	7.08	169	8.71	35.2	6.90
カリウム	mg／ℓ	2,940	3,210	490	1,190	1,900

a) 本表は、消化液の成分値が多様であることを示しており、各原料での消化液の代表値を示すものではない
b) SSの強熱減量　c) 過マンガン酸カリウム酸性法による化学的酸素要求量　d) 全有機性炭素

写真1　消化液（千葉県香取市・山田バイオマスプラント）
原料は乳牛糞尿および野菜のしぼり汁である。同プラントのプロセスは夾雑（きょうざつ）物を発酵前に取り除くため、消化液は滑らかな性状になっている

写真2　消化液で栽培された作物
山田バイオマスプラントの消化液は、農事組合法人和郷園で葉菜類などの栽培に用いられた

2　消化液の肥料利用

　消化液は、原料に含まれる窒素、リン、カリウムなどの肥料成分がそのまま残存しているので、肥料として利用できます。特に窒素分はアンモニア態窒素に変換されており、速効性の窒素肥料として化学肥料と代替可能です（**写真2**）。

　一方、堆肥化の過程でも有機態窒素がアンモニア態窒素に変換されますが、発酵熱で高温下に置かれるとともに、通気によってアンモニア態窒素の多くが揮発し、堆肥に残存するアンモニア態窒素はあまり多くありません。

　このため、堆肥の用途が土壌改良材など「土づくり」が主体であるのに対して、消化液は「速効性の窒素肥料」「化学肥料の代替」といえます。具体的には、施肥基準として定められた化学肥料の窒素施用量を消化液のアンモニア態窒素量に置き換えて、相当する消化液を施用します。このとき、消化液から供給されるリンとカリウムの量も考慮することで、減肥が可能です。なお、カリウムの含有量が多い消化液やカリウムの施用量が制限される農地の場合、消化液の施用量はカリウムの施用が許容される範囲までとなることがあります。

　後述するように、消化液は基肥としての施用が主体で、元肥の窒素施用量を消化液で置き換え、追肥が必要な場合には化学肥料を施用する必要があります。なお、基肥と併せ追肥に代わるような緩効性の被覆肥料を散布している場合、単純に消化液で置き換えると作物生育の後半に窒素不足となる恐れがあるため、注意が必要です。

　同一のメタン発酵施設でもアンモニア態窒素などの濃度が変動する消化液は、肥料の施用量に鋭敏な作物や高い品質が求められる作物の生産には使用を避けた方がいいでしょう。従って、消化液は低コストで大規模生産を行う際の窒素肥料という位置付けで使うのが最も適しています。

3　消化液の安全性と殺菌、雑草種子対策

　消化液を肥料として利用する場合、堆肥と同様に肥料取締法（昭和25年法律第127号）の規定に基づき、ひ素、カドミウム、水銀、ニッケル、クロム、鉛などの有害成分の許容量を順守する必要があります。

　しかし桑原らの調査では、消化液の重金属含有量は肥料取締法の基準上限値より低く、問題はありませんでした[2]。メタン発酵の過程では物質収支として質量の小さなガスが回収され、原料に含まれる物質がほぼそのまま消化液に排出されます。このため、特定の成分が消化液に濃縮されることはありません。原料への有害成分の混入を避ける措置を取ることで、有害成分の許容量を満たす消化液を生成できるでしょう。

　原料に病原菌が含まれる場合、中温メタン発酵（37℃加温、滞留日数20日以上）では病原菌は死滅しません。病原菌を死滅させるには70℃で1時間、55℃で6時間といった熱による殺菌を施すことが推奨されています[3]。なお、高温メタン発酵（55℃加温、滞留日数10日以上）では熱による殺菌は不要です。また、原料に含まれる雑草種子も中温メタン発酵では死滅しませんが、熱によ

る殺菌によって死滅します。メタン発酵の前段もしくは後段に、スクリュープレスなどを用いて目開き1mm以下のスクリーンを通し、雑草種子を取り除くことが推奨されています[3]。

4　消化液の農地施用の環境影響

　消化液は原料の家畜糞尿に比べ臭いが低減されているものの、悪臭成分であるアンモニア態窒素を含有するため、消化液を農地に散布する際には周辺に悪臭が漂います。このため、民家に隣接する農地は消化液の散布を避けた方がいいでしょう。消化液の散布後は、速やかに農地を耕運して消化液と土壌を混和します。そうすることで、悪臭を低減するとともに、肥料として有効なアンモニア態窒素を土壌に多く保持できます。中村らによると、消化液を農地に表面施用しただけでは消化液中のアンモニア態窒素の10～25％がアンモニアとして揮散します[1]。それに対して、消化液を散布後速やかに土壌と混和すると、消化液に含まれる窒素の約6割が速効性の肥料成分として利用できるといいます（図1）。

　また、施用された窒素の動態について、消化液と化学肥料の硫安を比較した結果、液状の消化液は土壌を速やかに浸透して地下水を汚濁することはなく、溶脱量は硫安とほぼ同じでした（図2）[1]。

　消化液は液状ですが、浮遊物質（SS）が多く、ゆっくりと土壌に浸透していきます。このため、1回当たりの施用量が多かったり、

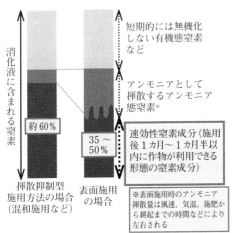

図1　施用方法による消化液由来窒素の利用可能割合

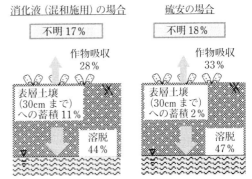

図2　施肥された窒素の動態（4年間の窒素収支）

土壌の浸透性が悪かったり、農地が傾斜していたりすると、消化液が農地の表面を流れて低いところにたまって耕運を困難にしたり、農地外に流出したりしてしまいます。

　消化液の施用量は化学肥料の代替量から求めますが、農地での浸透状況に応じても消化液の施用量の調整が必要です。

5　消化液の輸送・散布

　肥料としての消化液は速効性の窒素肥料で化学肥料への代替ができますが、農地への輸送・施用の作業は、化学肥料に比べ不便と言わざるを得ません。この点は堆肥よりも劣るといえます。

　例えば、10aの畑に窒素5kgを施用する場合を試算します。化学肥料の硫安（窒素含有量21％）だと約24kgで済みます。アンモニア態窒素2,000mg／ℓの消化液では2.5㎥（≒2.5t）が必要となります。

　2.5tの液状の「物」を農地に運んで施用することは、日ごろ化学肥料のみで栽培している耕種農家には容易にできるものではありません。

　このため、消化液を肥料として利用している福岡県大木町や京都府南丹市などの先行地区では、消化液を農地まで輸送するためのバキュームカーや農地で消化液を施用するための散布車をメタン発酵施設側で所有するとともに、それらの車両を運転するスタッフを雇用して消化液の輸送・散布を行っています。

　これらの地区では、農家が安い費用をメタン発酵施設側に支払い、希望する時期に消化液を散布してもらいます。

写真3　散布車による畑地（作付け前）への消化液の散布（千葉県香取市）

写真4　スラリータンカによる草地への消化液の散布（北海道別海町）

　なお、消化液の農地への施用には多くの場合、散布車が用いられます。散布車は**写真3**のように農地の中を走行するため、作物が植えられた畑では消化液を施用できません。このため、消化液は基肥としての利用が主となっています。水田の場合、消化液をかんがい用水に混ぜて流し込むことで追肥も可能です。草地の場合では、草丈が低い早春と牧草刈取後にメタン発酵施設から消化液をスラリータンカで輸送し、そのまま散布します（**写真4**）。消化液を農地で利用する場合、もう一つの問題点として挙げられるのが、メタン発酵施設での消化液の生成量と農地での消化液の需要量に、時間的なギャップが存在することです。消化液は、施設規模に応じた原料の投入量によって、ほぼ一定量が生成されます。

　一方、消化液の農地での需要は、主に作物を植える前の基肥施用の時期に限定されます。水田単作の地域では田植え前に集中します。また、積雪のある時期には消化液を散布できません。

　このため、消化液を肥料として利用するメタン発酵施設には、消化液の貯留槽が設けられます。消化液の貯留槽は通常、約6カ月分の容量が必要とされ、発酵槽と比較しても巨大な槽となります。

6　消化液の輸送・散布体制の計画法

　消化液の輸送・散布は、消化液の生成量、施設と農地の距離、地域での作物栽培などの条件に応じて、必要な人員や車両の数、消化液の貯留槽の必要容量が異なります。このため、地域条件に応じた人員や車両の数、貯留槽の必要容量が算定できる消化液の輸送・散布作業のシミュレーションモデルを構築しています[4]。同モデルのマニュアル（全95ページ）は農研機構のホームページで閲覧、ダウンロードできます。（http://www.naro.affrc.go.jp/org/nkk/soshiki/soshiki07-shigen/01shigen/methane_manual.html）

◇　　　◇　　　◇

　消化液は、かさ張ることが一番の難点です。一度、原料をメタン発酵によって消化液に変換してしまうと、地区外への持ち出しはほぼ不可能になります。このため、メタン発酵施設を計画する段階で、同時に発生する消化液の利用計画を検討しておく必要があります。過大な規模のメタン発酵施設を建設して消化液全量を農地還元すると、地下水汚染などの地域環境の悪化を招くか、もしくは消化液の遠距離輸送を強いられて最終的にメタン発酵施設の運転が困難になります。また、消化液の利用によって化学肥料の代替を進めると、地域で化学肥料の販売量が低下するので、地域社会への影響を考慮しておく必要があるでしょう。

　消化液の利用は、地域資源の循環利用の要といえます。無理・無駄なく進めることで、地域の環境保全と地域の振興に貢献します。

【引用文献】
1) 中村ら（2013）「畑地におけるメタン発酵消化液の液肥利用—肥料としての特徴と利用に伴う環境影響」『水と土（農業土木技術研究会）』169、pp.72-79
2) 桑原ら（2019）「乳牛ふん尿由来のスラリー連用による草地土壌化学性と牧草品質への影響」『農業農村工学会論文集』308、pp.73-82
3) 財団法人畜産環境整備機構畜産環境技術研究所（2011）『メタン発酵消化液の水田利用および堆肥の燃焼利用マニュアル』pp.3-4
4) 山岡ら（2012）「メタン発酵消化液の輸送・散布計画支援モデルの機能拡張—消化液輸送車の複数台運用と中間貯留槽の導入に対応」『農業農村工学論文集』280、pp.53-61

IV章 5 メタン発酵消化液の分離固分の敷料利用

スラリーなど液状物の処理・利用方法

岡本　英竜

　戻し堆肥という言葉があります。家畜糞を積極的に堆肥化させるため、いったん仕上がった堆肥を原料糞に混ぜて水分を調節するというものです。また、仕上がった堆肥を牛床の敷料に利用する場合も戻し堆肥と呼ばれています。このように、完成した堆肥を肥料として施肥せずに、別の場面で利用することを総じて戻し堆肥と呼んでいるようです。

　これに関連して、畜舎の床で堆肥化する技術として発酵床、通称・バイオベッドがあり、こちらは家畜を飼養しながら畜舎床で堆肥化させて、家畜に快適性を与えるといわれています。欧米でも家畜糞由来の原料を固液分離し、その固分を牛舎敷料に利用しています。その技術をいち早く導入したバイオガスプラントを持つ酪農家の事例を概説します。

1 導入の背景

　北海道江別市の㈲小林牧場は、野幌原始林に挟まれた地にあり、中学校と高校が隣接、近隣には住宅地が広がっています。

　兄弟で酪農経営を引き継いだ経営者は、農地面積185haで搾乳頭数300頭規模を計画していた2005年ごろ、担い手育成事業の補助を受けて最先端の施設導入を模索していました。その際に頭を痛めていたのが排せつ物の処理だったそうです。

　立地条件から悪臭対策に配慮したバイオガスプラントの導入は念頭にあったものの、液状糞尿の堆肥化には相当量の副資材が必要であり、300頭分の排せつ物を堆肥化するには年間3,000本の麦稈ロールが必要となります。敷料分を加えるとその麦稈ロールの入手自体が困難であり、購入できたとしても、そのコストは単純計算でも1億円近くになり、経営を圧迫することが目に見えていました。

　ちょうどその頃、アメリカでRecycled Manure Solidsなるものを敷料にして飼養しているところがあるとの情報を得たそうです。家畜排せつ物から液分を絞り取り、固形分を敷料にするというもので、自前での敷料調達という悩みを一掃できる事例でしたが、実例を見ずに導入するには不安があったといいます。そのため、09年にアメリカのウィスコンシン、イリノイ両州で5戸の酪農家を視察し、その帰国後に導入に踏み切りました。

2 再生敷料の導入〜試行錯誤〜

　牧場の新体制に向け、フリーストール牛舎(300頭)とミルキングパーラ(20頭ダブル)を建てるとともにバイオガスプラントも設置して、東日本大震災が発生した11年に稼働を始めました。

　乳牛糞尿のメタン発酵でガス発生が認められ、設置された固液分離機(スクリュープレス)の試運転も終え、本格的に再生敷料の生産が始まりました。消化液をバイオガスプラントのメタン発酵槽から発酵槽直近(建屋2階)に設置した固液分離機に送り込み、液分はスラリーストアに貯留し、分離固分は1階に落下させて堆積する構造です。「再生敷料」の生産が前提だったため、無駄のない設計となっています。

　当初は固液分離した固分をそのままフリーストール牛舎の牛床に敷いていましたが、高い水分含量と強烈なアンモニア臭があったそうです。メタン発酵消化液はスラリーよりもpHがアルカリに傾くことから、

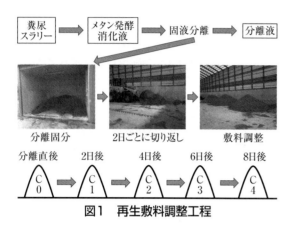

図1　再生敷料調整工程

アンモニアが揮散しやすいためです。これでは牛の快適性が損なわれると判断し、直接散布をやめ水分蒸散とアンモニア揮散のために2日ごとに切り返しと堆積を数回繰り返す方式で短期間の堆肥化を組み入れることにしました（**図1**）。

堆肥化の高温による殺菌効果にも大いに期待したそうです。この過程では外部からの汚染を最小限にするために、専用のホイールローダを移動や切り返しに使用しています。

メタン発酵消化液の水分は約95％で固形分は5％ほど、スクリュープレスから出た分離固分の水分含量は75％ほどです。堆肥化をスタートするにはやや高い水分含量ですが、プレスから常圧に戻された分離固分の隙に空気が入り込むことと中温メタン発酵由来であるため、分離固分は42℃から好気環境となり、速やかに堆肥化が進行していきます。実際、分離固分堆積直後から堆積物の中心温度は60℃を超えています。

最初の堆積物を4回切り返して再生敷料が完成しますが、この間の堆積物の中心温度は夏季には80℃に達することもあり、気温が−20℃の厳冬期でも60℃を超える温度が持続します。このことから再生敷料となる分離固分自体に断熱性があることが理解できます。このような工程で再生敷料が生産されますが、固液分離機の設定条件など細やかな試行錯誤があったことは理解してもらえると思います。

再生敷料が排せつ物由来であり、それを乳牛の寝床に敷くと乳房と接することになるので、乳房炎の発生が懸念されます。

12年春、この再生敷料中に乳房炎原因細菌が存在するか不安になった経営主から筆者のところに調査依頼が舞い込みました。環境性乳房炎原因細菌を調査する方法を模索し、再生敷料という環境材料に対し、定法に従って各種寒天培地を用い、データをまとめました。暑熱期（8月）と厳寒期（2月）のデータを**図2、3**に示します。

検出された細菌コロニーが全て乳房炎原因細菌というわけではなく、その近縁の細菌が再生敷料生産工程の進行とともに低減し、検出限界以下となったものもありました。細菌の密度の低下は明らかですが、経営者が知りたい安全性について「安全宣言」することは控えました。この再生敷料については17年から18年にかけて長期の調査が行われ、牛床に散布される再生敷料のほとんどで大腸菌は検出限界以下だったというデータもあります。この間に何を改良し、改善したのかは経営主のみが知るところでしょうか。

再生敷料の導入前後で乳房炎発症の頻度と原因細菌について経営主に尋ねたことがあります。「細かくは比較していないが、発症頻度が増えているとは思えない。むしろ減っているかもしれない」との返答でした。特定できた乳房炎原因細菌はCNSや*E.coli*でした。

3 再生敷料の現況と情勢

新しい経営スタイルに変更して8年たった小林牧場ですが、再生敷料についてはおおむね計画通りで満足しているそうです。酪農経営における費目別生産費（「畜産物生産費」農林水産省統計）では、北海道の麦稈の購入費（2017年度）は導入前当時より25％高くなっています。自前で敷料が調達でき、購入コストを抑えることに経営への影響が大きいとのことでした。また、再生敷料の導入には牛体に汚れが付着するのを防ぐメリットがあるようです。これも乳房炎発症を抑える一つの要因かもしれません。フリーストール牛舎で飼養されている割に牛体がきれいなのは視察した者には一目瞭然

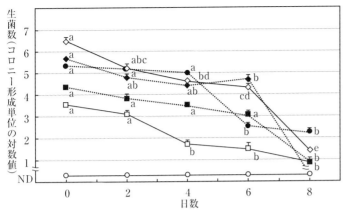

図2 夏季の調整工程における再生敷料中の乳房炎原因菌の生菌数の推移

○: *Staphylococcus aureus* (SA)
●: coagulase negative staphylococci (CNS)
□: *Escherichia coli*、■: Coliform (CO)
◇: Streptococci、◆: Enterococci and *S. uberis*
ND: 検出限界以下
エラーバーは標準誤差を示す
異なる符号間で有意差あり ($p > 0.05$)

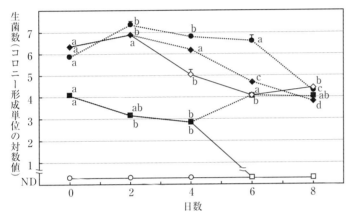

図3 冬季の調整工程における再生敷料中の乳房炎原因菌の生菌数の推移

○: *Staphylococcus aureus* (SA)
●: coagulase negative staphylococci (CNS)
□: *Escherichia coli*
■: Coliform (CO)、◇: Streptococci
◆: Enterococci and *S. uberis*
ND: 検出限界以下
エラーバーは標準誤差を示す
異なる符号間で有意差あり ($p > 0.05$)

です(**写真**)。さらに、再生敷料使用牛舎では臭気が低減し、糞の臭いに集まるハエの飛来はなくウジが湧くこともないそうです。

先に、東日本大震災について触れましたが、バイオガスプラント立ち上げの際に「再生可能エネルギー特別措置法」(2012年7月施行)が成立し、発電機導入と売電の機会を得たそうです。経営戦略は運も味方に付けているようでした。

アメリカから技術を取り入れ、改良を重ねて国内で初めて実用化させた再生敷料ですが、アメリカでは堆肥化させないで分離固分をそのまま利用することが推奨されています。乾燥した大陸のお国柄でしょうか。

小林牧場の再生敷料は先進事例として、多くの視察を受け入れ、多方面で応用されています。分離固分を無人で短期間に堆肥化させる機械を輸入・導入し、省力化を進める酪農家もいます。再生敷料は、牛のルーメン微生物や腸内細菌が分解できなかった有機物をメタン発酵槽でメタン生成菌などに嫌気消化させ、それでも分解し切れない有機物(多くは木質<リグニン>)がプレスされる小林牧場の再生敷料の事例を良いと評価する声も多いように思えますが、やはり糞便由来の再生敷料には何かしらの微生物が存在していることを認識しておくことも大切だと思います。

写真 再生敷料を利用している牛舎の乳牛

IV章 スラリーなど液状物の処理・利用方法
6 パーラ排水（搾乳関連排水）の概要と低コスト処理

猫本 健司

1 パーラ排水（搾乳関連排水）の概要

酪農場の搾乳施設から毎日排出される排水は、「パーラ排水」「処理室排水」「酪農雑排水」とも呼ばれています。同排水には、搾乳機器の洗浄により生じる白濁した排水や強アルカリ・強酸性の洗剤を含む殺菌・洗浄水、乳房炎などにより出荷できず廃棄する生乳、床洗浄や洗濯排水などが含まれ、これらは総称して「搾乳関連排水」と呼ばれています。

1970年代に登場したパイプライン搾乳方式（図1）とともに発生するようになった同排水は当初、比較的少量であったため問題視されませんでした。しかし90年代から、フリーストール牛舎に併設される集約的搾乳施設（ミルキングパーラ、図1）の普及で排水量が増加した上、糞尿を含む床洗浄水（プラットフォーム洗浄排水）により汚濁度合いが著しく高まり、パーラ排水として注目されるようになりました。言い換えれば、新たに生じた排水すなわちポスト排せつ物として注目され、さまざまな浄化処理方法が検討されるようになりました。

2 搾乳機器の洗浄工程と発生する排水

【パイプライン循環洗浄水】

つなぎ飼い牛舎やミルキングパーラに設置されている搾乳パイプラインは、朝・夕の1日2回の搾乳ごとに循環洗浄・殺菌が行われ、その際に発生する白濁した排水（パイプライン循環洗浄水）は、搾乳関連排水の大部分を占めています（図2）。

搾乳や牛乳出荷のたびに、一般的には次の①〜④の工程で搾乳パイプラインやバルククーラーの殺菌・洗浄が行われます（④に続いて酸性洗剤による洗浄が行われる場合もあります）。

①殺菌（酸）→【搾乳】→②前すすぎ→③アルカリ（酸性）洗剤→④後すすぎまたは酸リンス…

パイプライン循環洗浄の場合は、①〜④の工程で使われる洗浄（殺菌）水が、それぞれ洗浄槽（写真1）に準備され、そこから吸い上げられて牛舎やパーラ内の牛乳パイプラインを循環した後に排水されます（写真2）。これらの工程は主に自動制御で行わ

つなぎ飼い―カウシェード用
パイプラインミルカ

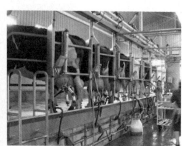
放し飼い―
ミルキングパーラ

放し飼い―
自動搾乳機

図1　牛舎形式と搾乳方式

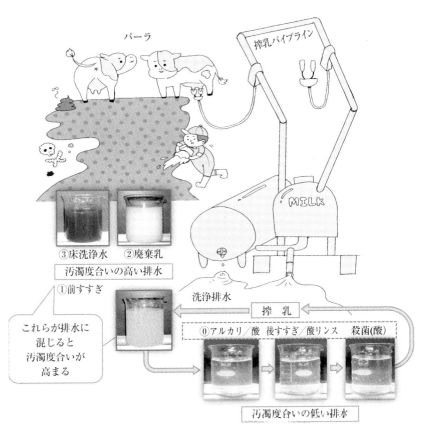

図2　パイプライン循環洗浄水

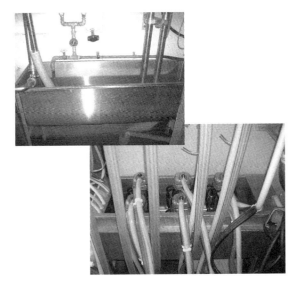

写真1　洗浄槽（牛乳処理室）

写真2　パイプライン洗浄排水（生乳処理室）

れ、洗浄槽の大きさに応じて、1回の循環洗浄で40〜150ℓ程度の洗浄水が使われます。洗浄槽が100ℓなら、100ℓ×4工程（①〜④）×2回（朝・夕）＝800ℓの排水が1日で発生します。

【プラットフォーム洗浄排水】

一般的なミルキングパーラでは、乳牛が入る人より一段高い位置はプラットフォームと呼ばれ（次㌻図3）、その床洗浄水（プラットフォーム洗浄排水）には、搾乳中に排せつした糞尿が含まれ、搾乳関連排水に混ざると汚濁度合いは著しく高まります。

プラットフォームの洗浄は、口径が32〜40Aの太いホースを用いて水道圧で行う場

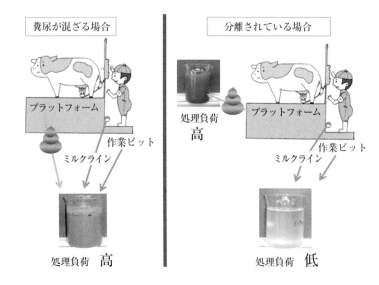

図3 プラットフォームと洗浄排水

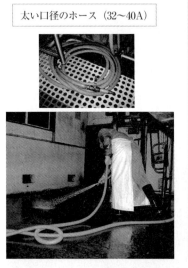

図4 プラットフォームの水洗浄

図5 プラットフォームの除糞と高圧洗浄

合と、高圧洗浄機を用いる場合があります（**図4**）。水道圧で洗浄する場合の排水量は1,300±750［ℓ／日］(n＝11)、高圧洗浄機の場合は200±76［ℓ／日］(n＝4)で、高圧洗浄機を用いると排水量は、水道圧の１／６程度です。すなわち、太い口径のホースを用いて水道圧で洗浄する場合は、水の使用量が多いため薄い排水が大量に排出されます。一方、高圧洗浄機では使用水量が節約されるため、濃い排水が少量排出される傾向になり、貯留して圃場還元することも処理の１つの選択肢となります。

いずれの洗浄方法でもBODなどの水質分析項目は排水基準を大幅に超過しています。高圧洗浄機の場合のBOD負荷量（690［kg／日］）の平均は、水道圧の場合（1,400［kg／日］）の約１／２です。この原因については、水道圧の場合は大量の水流で糞を押し流すことができるのに対し、高圧洗浄機の場合は水の勢いで糞が飛び散るため、水洗浄の前にスクレーパなどを用いてプラットフォーム上の除糞をしっかり行う傾向があるからです（**図5**）。その結果として排水に混じる糞の量が少なくなるため、処理負荷も軽減します。

3 搾乳関連排水の量や性状

搾乳関連排水の量や性状は事例により大きく異なります。沈殿槽を経る程度の簡易な処理で排水できる場合もあれば、廃棄乳や糞尿が混じり著しく汚濁度合い

①糞尿が混じる
（汚濁度合いは極めて高い）　　②廃棄乳が混じる
（汚濁度合いは高い）　　③残乳が混じる
（汚濁度合いは比較的低い）

図6　搾乳関連排水のさまざまな性状

が高い事例もあります（**図6**）。国内の搾乳施設の約7割を占めるつなぎ飼い－カウシェッド用パイプラインミルカの場合は、生乳が0.30±0.13％（n＝11）含まれる白濁した排水が比較的少量（870±97［ℓ／日］、n＝7）発生します。排水のBODは260±210mg／ℓ（n＝19）と比較的低いのですが、廃棄乳が混じると汚濁度合いは高まります。

　一方、ミルキングパーラにおける同排水量は1,500±830［ℓ／日］（n＝10）と比較的多量で、搾乳中の排せつ糞尿が含まれるプラットフォーム洗浄排水が混じる排水のBODは730±500mg／ℓ（n＝3）と汚濁度合いは著しく高まります。近年増加している自動搾乳機（搾乳ロボット）では、床洗浄がなくパイプラインも短いため、1頭当たりの排水量は従来施設比の1／3程度ですが、BOD負荷量はミルキングパーラと同程度です（**表**）。

4 排水の汚濁度合いとその要因

　排水が発生する場所や洗浄工程によって、排水の汚濁度合いは著しく異なります。例えば**図2**の①に示した、アルカリや酸による循環洗浄や後すすぎなどの工程で出る排水はほぼ透明で、一時貯留して中和されれば、そのまま排水しても問題はありません。しかし、搾乳後にぬるま湯で行う前すすぎ工程で生じる排水（**図2**①）は、生乳が混じって強く白濁しています。この前すすぎ排水が混じることによって、施設から出る排水全体が白濁して汚濁度合いは高まり、排水基準を満たさなくなります。さらに、②廃棄乳（乳房炎などにより出荷できずに廃棄する生乳）を排水に混ぜると汚濁度合いは著しく高まるため、簡易な処理では浄化が困難になります。そしてパーラ搾乳では、③の床洗浄水が排水に混じることにより、数千万円程度の高度な浄化処理施設でなければ排水の浄化対応はできなくなります。

　従って、搾乳関連排水を畑に還元せずに処理する場合は、糞尿や廃棄乳といった汚濁度合いの高い排水をいかに混入させないかが大きなポイントとなります。

5 搾乳関連排水の管理

　糞尿（排せつ物）が混じる排水を環境に流出させることは、家畜排せつ物法により禁じられています。たとえ排せつ物が混じらない排水であっても、残乳や廃棄乳が含まれると水質汚濁防止法の排水基準を満たしません。（※透き通っておらず不透明で白濁した排水のほとんどは排水基準をクリアしていません。ただし、水質汚濁防止法は1日の排水量が50㎥以上の事業場を対象としており、多くの酪農場はこの規制の対象外です）

　搾乳関連排水を未処理のまま放流すると、行政機関に苦情が寄せられたり、長期的には河川の汚濁や地下水汚染を招く恐れがあります。環境と酪農が共存

表　搾乳関連排水量とBOD負荷量

		つなぎ飼い (n=7)	ミルキングパーラ (n=10)	自動搾乳機 (n=2)
総排水量	（ℓ／日）	870 ± 97	1,500 ± 830	300
1頭当たりの排水量	（ℓ／頭／日）	17	18	5.3
1頭当たりのBOD負荷量	（g／頭／日）	4.6	13	15

できるよう、排水を適切に管理・貯留・処理することが望まれます。

搾乳関連排水の最終処理は圃場還元が基本で、適切な貯留施設が備えられていることと作物の生育期に散布することが必要条件となります。草地酪農に多い液肥(スラリー)による糞尿管理を行う地域では、排水をスラリーに混ぜて適切に貯留した上で圃場還元する事例が多く見られます(**写真3**)。一方、適切に圃場還元できない場合は浄化して放流する必要があります(公共下水道が利用できる場合もあります)。近年は経営規模が大きいパーラ搾乳施設を中心に、生物膜などを利用した高度な活性汚泥法による浄化処理が普及し(**写真4**)、高価ながらも運用上の手間がかからないなどユーザーの評価は比較的高い傾向にあります。しかし中小規模の経営で、排水処理のために数百〜数千万円かけて高度な処理施設を導入することは現実的ではないため、低コストな排水処理方法を選択することが必要となります。

6 搾乳関連排水を低コストに処理・利用するには

搾乳関連排水の汚濁度合いを高める原因は、①前すすぎ排水(搾乳終了後に最初に

写真4　浄化処理(膜分離活性汚泥法)の一例

行う循環洗浄で生じる白濁した排水)②廃棄乳③プラットフォーム洗浄排水─の3つです。これら①〜③が排水に混じらない場合、同排水は沈殿槽などの簡易な処理を施すだけで放流することが可能となります。

工業廃水の浄化処理とは異なり、畜産では汚れたものを「分解」するよりも、混ざらないように「分離」すべきで、分離した有機物を循環利用することが大切です。例えば、搾乳後の配管内に残った生乳をしっかり回収すれば、越流式沈殿槽のような低コストな方法でも処理は可能です。さらに、前すすぎ排水やプラットフォーム洗浄排水を分離できれば、より低コストで処理ができます。

【越流式沈殿槽】

つなぎ飼い─パイプラインミルカの場合、排水の中味はパイプラインやバルククーラーの殺菌・洗浄排水が主体で、糞尿の混入はありません。従って、排水は搾乳機器内の残乳が混じり、薄く白濁する程度で汚濁割合は比較的低いものの、圃場還元など肥料としての利用価値が低い上に、排水基準を満たしていません。搾乳機器に残る生乳の回収が悪いと、前すすぎ排水の白濁が強くなり、排水全体の汚濁度合いも高まります。

越流式沈殿槽(**図7**)のような簡易な方式を選択する場合は、廃棄乳を混ぜないだけでなく、できる限り排水に残乳が混入しないよう、日々の排水管理努力が必要になります。具体的には、搾乳パイプラインの「配管傾斜」を利用し時間を

写真3　搾乳関連排水の圃場還元

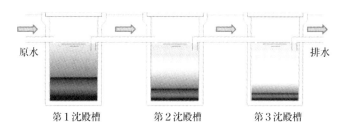

図7　3槽越流式沈殿槽
（北海道H町の酪農家約150戸に導入されている）

かけて（10分以上を推奨）しっかり残乳を回収します（**写真5**）。傾斜による回収を行ってから、エアー回収（パイプラインに空気を循環させて残乳を回収する。以前はスポンジを循環させて残乳を押し出しましたが、衛生上の理由から現在はスポンジは使われません）をするとさらに効果的です（**写真6**）。搾乳終了後、残乳を回収せずに、直ちに循環洗浄を開始すると、配管内に残っている多量の生乳が排水に混じってしまうため、排水の汚濁度合いが高まり、簡易な方法では浄化が困難になります。

【前すすぎ排水の分離】

構造上、パイプラインの残乳回収が困難な場合（排水の白濁が強く、越流式沈殿槽などでは浄化が困難）は、前すすぎ排水を分離して排水に混ぜない方法もあります。

北海道十勝地方のある牧場（搾乳牛64頭のつなぎ飼い、パイプラインミルカで搾乳）では、牛乳処理室内の排水経路に自動制御の電磁バルブを設置。前すすぎ排水は搾乳関連排水と混ぜずに分離され、バーンクリーナを経由して尿だめ（地下の貯留槽）に流れる構造としていま

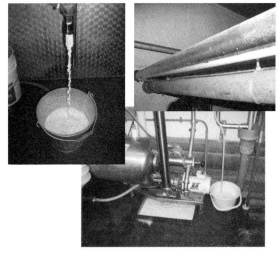

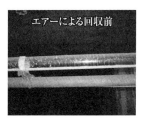

写真5　配管傾斜を利用した残乳の回収例　　　写真6　エアーを利用した残乳の回収例

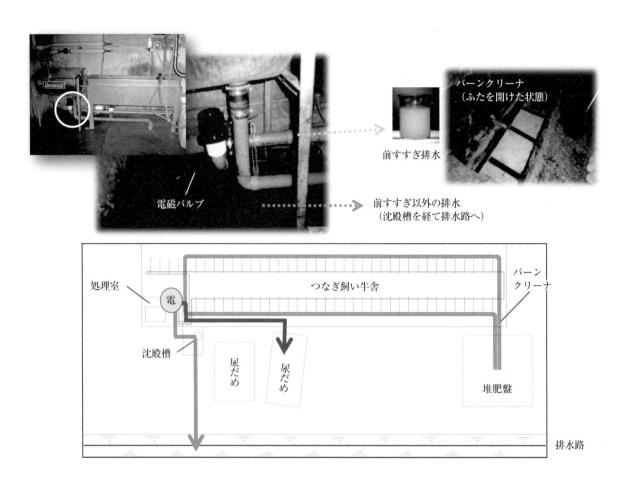

図8　前すすぎ排水の分離処理

す(**図8**)。同バルブの設置後は、沈殿槽のBODは320mg／ℓから170mg／ℓに、排水路では570mg／ℓから33mg／ℓにそれぞれ減少し、排水路ではBODを含め全ての分析項目が排水基準をクリアしました。

　これは簡易で有効な方法ですが、成牛数頭分の尿液に相当する前すすぎ排水が、毎日尿だめに流入します。尿だめの容量によってはあふれる可能性があるため、導入に当たっては慎重な検討が必要です。

【プラットフォーム洗浄排水の分離】

　プラットフォーム洗浄排水は排水基準を大幅に超過した状態にあり、これが搾乳関連排水に混じることで汚濁度合いを著しく高めています。従って、プラットフォーム洗浄排水の量はなるべく低減させて別途処理し、搾乳関連排水に混ぜないことが、同排水の処理負荷を低減させる一手法となります。

　高圧洗浄機を利用すると、プラットフォーム洗浄排水の量を低減できることは先に述べました。

排水量が200ℓ／日程度であれば、50㎥程度の貯留槽で半年分の貯留が可能となります。同排水50㎥中にはT－Nが22kg、T－Pが8kg、T－Kは23kg程度含まれ、1ha程度の面積に散布すれば、およそ1万円程度の化学肥料費の削減が見込まれます。実際にプラットフォームの洗浄排水をスラリー貯留槽へ投入している酪農場からは希釈効果もあるとの声も聞かれ、スラリー自体の物理性状が向上します。このことから、飼料畑を有する場合は、プラットフォーム洗浄排水の量を減らして適切に貯留し、飼料作物に施用することが有効で、搾乳関連排水の処理負荷低減にもつながります。

　北海道十勝地方のある牧場(搾乳牛248頭、フリーストール)では、プラットフォーム洗浄排水と前すすぎ排水を搾乳関連排水に混ぜずに分離して貯留できるシステムが、新設されたロータリーパーラに導入されています(**図9**)。糞尿が混じるプラットフォーム洗浄排水(排水量は未計測)と、白濁した前すすぎ排水(800[ℓ／日])はスラ

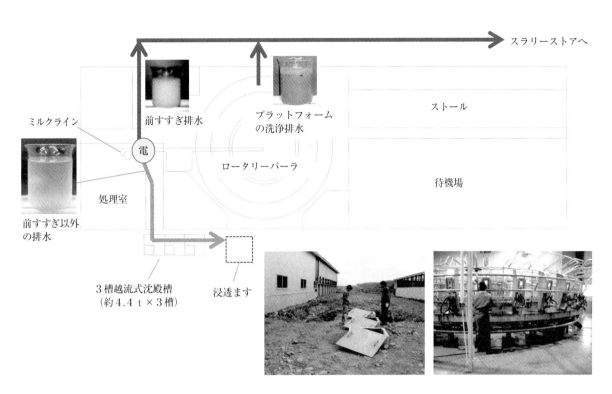

図9　前すすぎ排水とプラットフォーム洗浄排水の分離処理

リー貯留槽に投入され、それ以外の比較的汚濁度合いが低い搾乳関連排水（3,600[ℓ／日]）のみが越流式沈殿槽に流入します。沈殿槽上清のBODは180mg／ℓ、CODは47mg／ℓで、この値は、一般的な牧場における値（糞尿が混入する場合のBOD1,000mg／ℓ程度、糞尿が混ざらない場合は同500mg／ℓ程度）に比べ著しく低く、処理負荷が著しく低減しています。

なおプラットフォーム洗浄排水の分離処理は、適正に貯留でき、飼料畑に施用できることが前提のため、対象はスラリー処理を行う牧場に限られます。堆肥処理の場合における同排水の低コスト処理は今後の検討課題として残されています。

◇　◇　◇

近い将来、搾乳関連排水の処理に高額な出費が必要になるのではと心配されている経営者が多いのではないかと考え、本稿では排水の処理・利用だけでなく、低コストで処理する手法にも触れてみました。簡易な方法では、排水の汚濁度合いを高めないよう日々の排水管理をしっかり行うことが必要です。一方、たとえ高価でも手間がかからない浄化施設が良いと考える経営者もいます。牧場内の糞尿処理との関係も含め、経営規模やスタイルに合わせて、適切な排水処理の方法を検討することが大切です。

【引用文献】

1）河合紗織、猫本健司、干場信司、森田茂（2015）「搾乳システムからの残乳回収改善による搾乳関連排水の処理負荷低減」『日本畜産学会報』86(4)、pp.497-504

2）河合紗織、猫本健司、干場信司、森田茂（2017）「プラットフォーム洗浄排水と前すすぎ排水の分離による搾乳関連排水の処理負荷低減」『日本畜産環境学会誌』16(1)、pp.33-41

3）猫本健司、永谷万里菜、岩堀拓哉、河合紗織（2019）「自動搾乳機を有する搾乳施設から生じる搾乳関連排水の実態調査」『日本畜産環境学会誌』18(1)、pp.35-41

IV章 スラリーなど液状物の処理・利用方法
7 パーラ排水(搾乳関連排水)の浄化処理

高柳 晃治

ミルキングパーラでは、バルククーラやパイプラインの洗浄水、パーラ室や待機場の床洗浄水など、さまざまな排水が発生します。しかし、農場ごとの管理方法の違いにより排水の内訳が異なります。

これらのパーラ排水(搾乳関連排水)には河川や地下水の水質汚染の原因となる汚濁物質が多く含まれているため、浄化処理が必要で、水質汚濁防止法上も一定の水質基準(牛房面積200m²以上が対象)をクリアすることが義務付けられています。

栃木県畜産酪農研究センター(以下、センター)では、栃木県内におけるパーラ排水処理施設(以下、施設)の実態調査や管理手法の確立に関する試験研究を行ってきましたので、パーラ排水の性状や施設の事例、管理上の留意点などについて紹介します。

1 栃木県内のパーラ排水性状

栃木県内の11戸の酪農家の搾乳頭数、総排水量、排水の内訳についての調査結果は次の通りでした。

【排水量と排水の内訳】

排水の内訳として、バルクやパイプラインの洗浄水とその他の排水(パーラ室や待機場の床洗浄水、搾乳時の雑排水など)に大別すると、その他の排水の割合が高い農家が多く(平均値67%、中央値77%)、一部には廃棄乳を処理している事例も見られました(表1)。

【BOD(生物化学的酸素要求量)】

表2は排水の内訳が異なる4戸におけるBOD濃度の違いを示しています。待機場の床洗浄水や廃棄乳の一部を混入させると、希釈しなければ処理できないほどBODが高くなるため、施設設計の段階で廃棄乳や糞尿を可能な限り入れないよう工夫することが重要となります。

表1 排水量および排水の内訳

農家	頭数	総排水量(ℓ/日)	排水の内訳(%) バルク洗浄水	パイプライン洗浄水	その他	廃棄乳の処理
A	32	2,022	7.9	47.5	44.6	○
B	46	1,884	11.6	63.7	24.6	
C	52	5,375	6.0	17.9	76.2	
D	80	10,400	4.0	9.6	86.3	○
E	109	3,907	7.7	46.1	46.2	
F	120	7,240	6.9	11.0	82.0	
G	127	5,940	3.4	13.5	83.2	
H	140	8,500	4.9	11.8	83.3	
I	170	17,000	2.1	10.4	87.5	○
J	195	8,856	3.3	18.1	78.6	
K	250	5,570	5.4	43.1	51.5	○

表2 排水の内訳とBOD濃度

区分	農家A	農家G	農家J	農家K
バルク洗浄水 パイプライン洗浄水	○	○	○	○
床洗浄水 パーラ室	×	○	○	○
床洗浄水 待機場	×	×	○	×
廃棄乳の一部	×	×	×	○
BOD濃度(mg/ℓ)	373	913	2,067	1,768

○:含まれる ×:含まれていない

【排水量と原単位】

その他の排水として廃棄乳などを処理していない7戸(その他の排水の内訳が床洗浄水と搾乳雑排水のみの農家)では、排水量と搾乳頭数の間に高い相関がありました(図1)。

調査結果を基に、センターで考案した施設設計のための総排水量の求め方は次の式の通りです。

総排水量(ℓ/日)=搾乳頭数×40+1,500

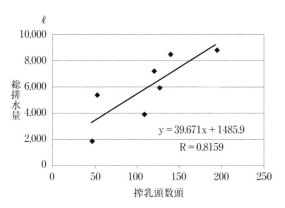

図1　搾乳頭数と総排水量の関係

2 主要なパーラ排水処理方式

主な排水処理方式の特徴と栃木県内での設置事例を紹介します。

【回分式活性汚泥法】

1つの槽でばっ気工程と沈殿工程などを兼ねる排水処理方式です（**図2、3**）。栃木県内ではこの方法が多く用いられています。

　長所：設備が少なくて済むため、低コストです

　短所：適正な活性汚泥管理をしないと汚泥が流出する可能性があります

〔連続式活性汚泥法〕

ばっ気槽や沈殿槽、汚水槽が別々に設けられており、活性汚泥法の中で標準的な方法です

　長所：回分式より、ばっ気時間を長く設定することができます

　短所：槽が多くなるため、管理する箇所が多く、コストも高くなりがちです

【連続式活性汚泥法（膜分離方式）】

連続式活性汚泥法の一種で、活性汚泥と処理水の分離を膜ろ過により行う方法です（**図4**）。

　長所：SS（浮遊物）除去率が大変高く、沈殿槽を別に設ける必要がありません

　短所：管理が不適切な場合は膜が破れてしまい、排水ができなくなります。また、膜用のブロワが必要となるので、ランニングコストが高くなります

【施設の概要】
・排水量は6m³（待機場の洗浄水は入っていない）
・施設は原水槽+スクリーン+ばっ気槽のシンプルな構造

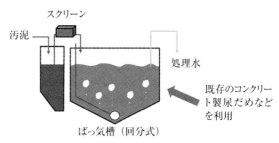

【特徴】
・ばっ気槽、原水槽は地下サイロなどを再利用、イニシャルコストが抑えられていた
・ばっ気槽の容積が大きいため、BOD容積負荷が小さくなり、ばっ気槽での汚水の滞留時間を延長できていた
・現地踏査の結果では、同様の施設が良好に運転していることが確認された

図3　回分式活性汚泥法処理施設の設置事例②

【施設の概要】
・排水量は約9m³（待機場の洗浄水も含まれる）、ばっ気槽の容積は約90m³
・ばっ気槽、原水槽など各槽に繊維強化プラスチック（以下FRP）を使用

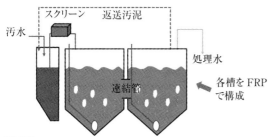

【特徴】
ばっ気槽に既存の施設を利用している場合より、冬季の水温が下がりにくい傾向が見られた

図2　回分式活性汚泥法処理施設の設置事例①

【施設の概要】
・原水槽（3槽）、ばっ気槽共にFRPを採用
・原水槽とばっ気槽の間に汚水1日分の濃度調整槽を設けることにより、負荷の変動を軽減。1回の排水量は2m³で糞尿が全く混入されない配管

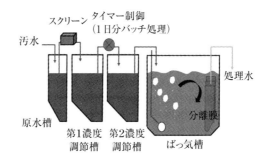

【特徴】処理水は水道水と同様の外見で水質もかなり良好
【留意点】膜ユニットは半年に1回程度次亜塩素酸ソーダで洗浄する必要がある。耐用年数は5年程度

図4　連続式活性汚泥法処理施設の設置事例

3 パーラ排水処理施設の管理

【水質管理】

ばっ気槽のSV30（静置30分後の活性汚泥沈殿率）と処理水の透視度を定期的に確認することにより水質を管理します。

SV30が高くなったら、汚泥抜きを行います。活性汚泥の量が多過ぎると汚泥が処理水と共に引き抜かれるなど、トラブルの原因になりますが、定期的に汚泥抜きを行うことにより、ばっ気槽の活性汚泥の量を一定に保つことができます。

なお透視度が目安より低くなっている場合は、水質の悪化が懸念されるので、原因を探る必要があります。

また膜分離方式では、ばっ気水を静置しても汚泥がほとんど分離しないため、SV30の代わりにMLSS（活性汚泥浮遊物）という指標で汚泥の量を管理することになります（図5、6）。

【機器の管理】

ポンプやフロートスイッチの動作：まれにポンプに毛や繊維質が絡まり、送水できなくなることがあります。また、施設にあるパトランプや各槽の水位は毎日チェックし、異常の早期発見に努めます。

ブロアの動作や散気管の目詰まり：ばっ気は活性汚泥法にとって最も重要です。ばっ気槽を毎日確認し、ばっ気装置が正常に稼働しているかチェックしましょう。また、ばっ気槽の溶存酸素量（DO）を測定することができる場合は、DOが0.1mg／ℓ以上になるようにばっ気量を調整します。

排水の流路：生乳や消毒薬が大量にばっ気槽に入ってしまうと、ばっ気槽の状態が正常に戻るまでに時間がかかり、処理水の水質にも問題が生じます（**表3**）。そのため、作業中のミスにより生乳などが原水槽に入った場合、原水槽のポンプを止め、汚水ポンプなどで引き抜きます。

図5　SV30の測定方法と管理の目安

図6　透視度の測定方法と管理の目安

表3　ばっ気槽への混入によるトラブル事例

廃棄乳投入による処理水質の悪化			
	SS（mg/ℓ）	BOD（mg/ℓ）	pH
投入前	51	14	7.5
投入後	1,389	3,400	4.6
排水基準値	180	140	5.8〜8.6

次亜塩素酸ソーダ投入による処理水質の悪化			
	SS（mg/ℓ）	BOD（mg/ℓ）	pH
投入前	20	51	7.2
投入後	397	220	7.2
排水基準値	180	140	5.8〜8.6

4 ORP値で見るばっ気槽の管理

センターでは、ばっ気時の酸化還元電位（ORP）を測定することで、ばっ気槽の状態を把握する試験研究を行ってきました。その成果として、市販されているモニター付きのORP計を用いて、値を常に確認する方法を考案しました。

ORPとは、酸化還元反応系における電子のやりとり時に発生する電位のことで、正の値であれば好気的で酸化力が強い状態、

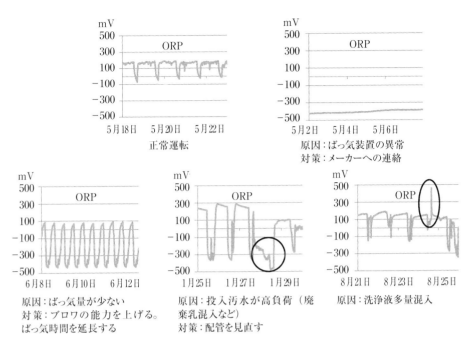

図7　ORP値から見るばっ気槽の状態

負の値であれば嫌気的で還元力が強い状態であるといえます。**図7**は、ばっ気槽のORPの変化から見たばっ気時の状態と問題の原因、その対策を示したものです。

左上のグラフでは、ばっ気時間にORPが100mV以上で推移し、良好な運転ができているといえます。このような良好なORPの変動パターンをあらかじめ把握しておくことで、施設の異常を速やかに察知できます。

5 ORP値に基づいた処理水水質の改善事例

センターでは現地農場におけるORP測定機器の運用性を検討するため、栃木県内の酪農家に整備されているパーラ排水処理にORP測定機器を設置し、調査を実施しました。その例を紹介します。

調査農場では、ORPのモニタリング結果とSV30の結果から、ばっ気量の不足が懸念されました。そのため、ばっ気時間の変更を行いました（変更前：8時間ばっ気、4時間停止を1日に2回→変更後：20時間ばっ気、4時間停止）。変更後、ばっ気槽のORPの最大値が100mV以上で推移するようになり、処理水水質が改善されました（**図8**）。これらの結果から、ばっ気時間を延長したことにより、活性汚泥中の好気性微生物の活性が上昇し、ORPの上昇も確認され、水質の汚濁物質がより除去されるようになったと考えられます。

本稿ではセンターが過去に取り組んだ試験研究の内容と2018年3月に作成した「パーラ排水処理施設管理のポイント」から抜粋して紹介しました。詳細な内容は、栃木県のホームページ（http://www.pref.tochigi.lg.jp/g70/kenkyuseika/documents/parlorhaisui30.pdf）で公開していますので、パーラ排水施設の管理のための参考資料として活用してください。

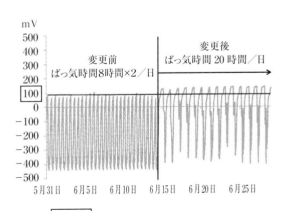

図8　ORPに基づいた処理水水質改善事例

IV章 スラリーなど液状物の処理・利用方法
8 人工湿地を利用した酪農排水の処理

加藤　邦彦

酪農施設、養豚場、養鶏場などから排出される汚水は、生活排水よりも有機物濃度が高く、そのまま放流されると地下水や河川の汚濁源となるため、低コストで省力的な汚水処理法が求められています。

伏流式人工湿地はヨシなどを植栽した砂利や砂の層で汚水をろ過して水を浄化するもので、生活排水や産業排水などを経済的に浄化する手法として1970年代以降、ヨーロッパから世界中に広がった新しい技術です。筆者らは05年から、北海道や東北の寒冷地で酪農・畜産排水などの高濃度有機排水を浄化する伏流式人工湿地システムの開発を始め、好気・嫌気のろ床を組み合わせたハイブリッド構造の採用や、目詰まりや凍結を回避する独自の工夫などにより、面積当たりの浄化効率を高め、適用対象と適用地域を拡大してきました。

本稿では、同システムの仕組みや普及状況、浄化効率の季節・経年安定性などを概説するとともに、メタン発酵（バイオガス）や固液分離（堆肥化）の技術と伏流式人工湿地システムの組み合わせにより、有機資源の利活用と水環境保全を両立させる取り組みを紹介します。

1　水質浄化用の伏流式人工湿地ろ過システムとは

自然の湿地の持つ水質浄化機能を効率的に高めて活用することを目的に人為的につくられた湿地は人工湿地（Constructed wetland）と呼ばれ、水質浄化を目的とすることから浄化用湿地（Treatment wetland）とも呼ばれます。浄化用の湿地は、大きく分けると表面流式（Free water surface flow）と伏流式（Subsurface flow）があります。伏流

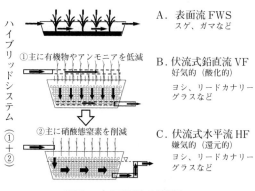

図1　人工湿地の種類

式はヨシを植えた砂利や砂の層で汚水をろ過して浄化するのでヨシろ床（Reed bed）とも呼ばれます。伏流式人工湿地は、生活排水を始め、畜産排水、食品工場排水、重金属廃水など、さまざまな排水処理に利用されています。伏流式には汚水をろ床の上から散布して上から下方向にろ過する好気的な鉛直流式（Vertical flow）と、浅い地下水として水平方向にろ過する水平流式（Horizontal flow）があります。鉛直流と水平流を組み合わせたハイブリッド式は、特に窒素浄化能力に優れています（**図1**）。伏流式人工湿地は、水が表面を流れる表面流式の人工湿地よりも面積当たりの浄化能力が高く、冬季も浄化機能が持続し、汚水の濃度や量の変化に対応でき、表面が冠水しないので蚊やアブなどの害虫や悪臭が発生しないなどのメリットがあります。またヨシなどの植物には目詰まりを軽減し、人工湿地の生態系を支えるなどの役割があり、水質浄化のために植物を刈り取る必要はありません。

2　伏流式人工湿地ろ過システムの仕組み

【開発したシステムの概要】
開発した人工湿地ろ過システムの多く

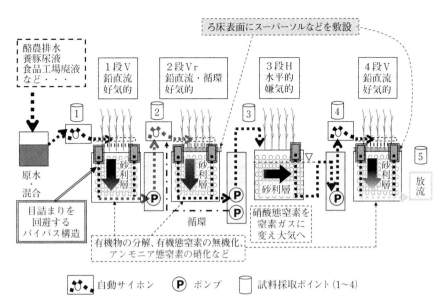

図2　ハイブリッド伏流式人工湿地ろ過システムの流れ（4段の例）

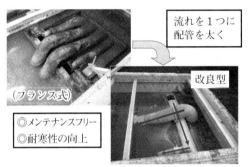

図3　自動サイホンの改良

図4　目詰まりを回避する工夫

は、好気的な鉛直流ろ床（V：Vertical flow）と、嫌気的な水平流ろ床（H：Horizontal flow）を組み合わせたハイブリッド式で、原水の濃度と量、目標水質に合わせてろ床の面積や段数を設計しています（**図2**）。面積が広い鉛直流ろ床への汚水供給には、重力を利用したフランス式の自動サイホンを改良したものを用いています（**図2、3**）。自動サイホンの役割は2つあり、1つ目は汚水を短時間に一気に散布してろ床表面に広げ、面積を効率良く利用すること、2つ目は水を供給しない間、ろ床に水分代わりの空気が入り、ろ床表面を乾かすことです。一部の鉛直流ろ床には、必要に応じて排水の一定割合を循環させて再びろ過する循環型の鉛直流ろ床（Vr：Vertical flow with recirculation）を用いて浄化効率を高めています。

好気・嫌気のハイブリッド構造および循環型鉛直流ろ床の採用によって、硝化と脱窒の組み合わせによる効率的な窒素削減が期待できます。

【目詰まりを回避する工夫】

高濃度有機排水を浄化処理し続けるには、有機物によるろ床表面の目詰まりを軽減する必要があるため、目詰まりを回避する独自の手法を考案・採用しました（**図4**）。まず、立ち上げパイプの周囲に格子状のカゴを配置し、目詰まりし始めたら、表面の余剰水を取り除くバイパス機能を強化しました。

また、鉛直流ろ床の表面を分割して夏季には順番に使い、ろ床表面にたまった有機物の乾燥を徹底しました。

これらにより有機物による表面の目詰まりが軽減され、ヨシなどの植物や有機物を食べるミミズの繁殖が旺盛になり、好気性微生物による有機物分解が促進され、従来の鉛直流ろ床より面積当たりの処理能力が向上しました。

3 システムの普及状況

【酪農排水処理から家畜の糞尿処理へ】

05年秋に、㈱たすく、農研機構、道立根釧農業試験場（当時）が協力して、北海道根室管内別海町に400頭規模の搾乳牛舎パーラー排水を処理する日本初のハイブリッド伏流式人工湿地システムを開発・導入しました（図5）。

09年には農水省高度化事業（代表・北海道大学、井上京教授）の予算をメインとして、北海道千歳市の養豚場に養豚尿液を処理するための伏流式人工湿地システムを導入しました（図6）。そこでは、養豚の糞尿を固形分が沈殿しない程度に軽くばっ気してから振動スクリーンで固液分離し、その分離液を人工湿地に投入して浄化しています。

【システムの導入事例】

伏流式人工湿地ろ過システムは18年12月までに23カ所の現地に導入され、酪農排水、養豚尿液の他、畜産糞尿を原料としたメタン発酵の消化液（分離液）、国立公園の来園者施設2次処理水（近隣の面源排水を含む）、チーズ工場排水、鶏卵施設、家庭生活排水など、低濃度から超高濃度までさまざまな有機性汚水の処理に利用されてきました（図7、表1）。

4 システムの季節・経年安定性

【長期間の調査を実施したシステム】

システムの浄化効果の安定性を評価するため5〜10年間にわたる長期間のモニタリング調査を行った4つのシステムの概要を表2に示しました。

各システムが処理対象としている汚水は、別海町および北海道北部の留萌管内遠別町にある酪農施設の搾乳牛舎パーラ排水、北海道中央部の千歳市にある養豚場の糞尿スラリー尿液、および岩手県雫石町の養鶏場の鶏卵洗浄施設排水です。ろ材の深さは60〜80cm程度、主なろ材は軽石や砂利などで細粒の土壌は用いていません。目詰まりを軽減するため、必要に応じてガラスリサイクル資材のスーパーソルなどを鉛直流ろ床の表層に5cmほどの厚さで被覆しています。

【原水と処理水の平均水質と浄化率】

有機物、懸濁物質、大腸菌群数は全ての施設で9割以上の高い浄化率を示しました。全窒素や全リンの浄化率は、原水の濃度が低いため窒素・リンを除去する設計にしていない養鶏Cでは1割程度ですが、それ以外の施設では約7〜9割の浄化率でした（164ペ表3）。

【浄化率の経年変化】

有機物（BOD）と全窒素、全リンの浄化率は年を経ても安定していて、特に有機物の浄化率は経年的に向上する傾向がありました（164ペ図8）。全リンの浄化率は経年的に減少する傾向があるものの、9〜10年経過した施設でも5割程度以上の浄化率を維持していました。ろ材の吸着機能が飽和すると低下すると考えられるリン浄化の機能が、予想以上に長期間維持されていた要因

図5 日本初のハイブリッド伏流式人工湿地
（道東、別海町）

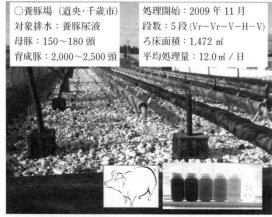

図6 養豚尿液を浄化する伏流式人工湿地
（道央、千歳市）

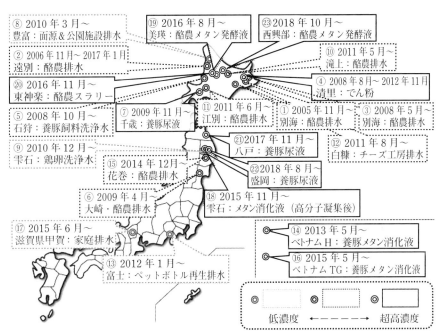

図7 伏流式人工湿地ろ過システムの導入事例（2018年12月まで）

表1 伏流式人工湿地システムの導入事例リスト（図7に対応）

No	処理開始年月	所在地	処理対象汚水	搾乳牛数	飼養豚数（育成豚換算）	段数	ろ床面積（㎡）	主な施工企業
1	2005年11月	北海道別海町	搾乳牛舎パーラ排水	400		4段	1,686	㈱たすく
2	2006年11月	北海道遠別町	搾乳牛舎パーラ排水	120		3段	656	㈱たすく
3	2008年5月	北海道別海町	搾乳排水・チーズ工房排水	350		4段	2,913	㈱たすく
4	2008年8月	北海道清里町	でん粉工場デカンタ廃液			5段	2,151	㈱中山組
5	2008年11月	北海道石狩市	養豚場液状飼料加工場洗浄水		1,500	3段	168	㈱たすく
6	2009年6月	宮城県大崎市	搾乳牛舎パーラ排水	30		5段	111	㈱たすく
7	2009年11月	北海道千歳市	養豚場スラリー尿液		1,500	4段	1,277	㈱たすく
8	2010年3月	北海道豊富町	面源&国立公園施設処理水			4段	470	藤建設㈱
9	2010年12月	岩手県雫石町	鶏卵施設洗浄水			2段	46	小岩井農牧㈱
10	2011年5月	北海道滝上町	搾乳牛舎パーラ排水	400		3段	3,048	㈱たすく
11	2011年6月	北海道江別市	搾乳牛舎パーラ排水	260		1段	529	㈱たすく
12	2011年8月	北海道白糠町	チーズ工房洗浄排水			4段	109	㈱たすく
13	2012年1月	静岡県富士市	ペットボトル粉砕工場洗浄水			3段	145	㈱たすく
14	2013年5月	ベトナムハイズン省	養豚スラリー、メタン発酵消化液		2,700	5段	1,220	㈱たすく
15	2014年12月	岩手県花巻市	搾乳牛舎パーラ排水	160		4段※1	117	㈱たすく
16	2015年5月	ベトナムタイグエン省	養豚スラリー、メタン発酵消化液		4,000	4段	1,868	㈱たすく
17	2015年6月	滋賀県甲賀市	家庭排水			2段	5.3	NPO法人碧いびわ湖
18	2015年11月	岩手県雫石町	メタン消化液（高分子凝集後）			5段	320	小岩井農牧㈱
19	2016年8月	北海道美瑛町	酪農スラリー、メタン発酵分離液	500		3段	2,800	㈲ライフワーク
20	2016年11月	北海道東神楽町	酪農スラリー&搾乳排水	100		5段※2	1,660※2	㈲ライフワーク
21	2017年12月	青森県八戸市	養豚スラリー、沈殿分離液		4,800	6段	1,245	㈲武田鉄工所
22	2018年8月	岩手県盛岡市	養豚スラリー、沈殿分離液		200	3段	155	小岩井農牧㈱
23	2018年10月	北海道西興部村	酪農スラリー、メタン発酵分離液	900		6段	16,200	㈱たすく

※1 3段＋簡易ばっ気
※2 固液分離ろ過部分を含めると段数6段、面積2,240㎡

表2 長期間の調査を実施した伏流式人工湿地ろ過システム

略号	所在地	処理開始年月	処理対象汚水	搾乳牛／育成豚／養鶏（頭数）	排水量（㎡／日）	ろ床面積合計（㎡）	段数	ろ床の形式※1	主なろ材※2	表層被覆資材※3
酪農K	道東・別海町	2005年11月	搾乳パーラ排水	200→400頭	30.4	1,686	4	V-Vr-H-V	軽石	SPS、チップ
酪農S	道北・遠別町	2006年11月	搾乳パーラ排水	120頭	4.8	656	3	V-Vr-H	砂利、砂、CA	SPS、ALC
養豚O	道央・千歳市	2009年11月	養豚スラリー尿液	2,500頭	9.9	1,472	5	Vr-Vr-V-H-V	軽石、ALC	ALC、SPS
養鶏C	岩手県雫石町	2010年12月	養鶏場洗卵施設排水	56,000羽	8.7	38	2	V-V	軽石	SPS

※1 V:鉛直流、Vr:鉛直流・循環あり、H:水平流　※2 CA:クリンカアッシュ、ALC:発泡コンクリート　※3 SPS:スーパーソル（supersol）

表3　原水と処理水の平均水質と浄化率（調査頻度 12～6回／年）

略号（調査期間）		酪農 K（10 年間）			酪農 S（9 年間）			養豚 O（5 年間）			養鶏 C(5年間)※2		
項目※1	単位	原水	処理水	浄化率%	原水	処理水	浄化率%	原水	処理水	浄化率%	原水	処理水	浄化率%
BOD	mg/ℓ	1,072	36	96.6	1,468	77	94.8	1,859	36	98.0	56.2	2.9	94.8
COD$_{Cr}$	mg/ℓ	2,397	132	94.5	3,880	208	94.6	6,116	362	94.1	90.9	10.5	88.4
懸濁物質（SS）	mg/ℓ	637	18	97.1	650	15	97.7	1,693	37	97.8	32.4	1.0	96.9
全窒素（TN）	mg/ℓ	97	26	72.8	168	22	86.8	1,374	398	71.0	6.3	5.6	10.1
全リン（TP）	mg/ℓ	18.2	6.2	65.9	27.7	7.4	73.5	155.1	14.3	90.8	0.9	0.8	3.8
大腸菌群数	個/mℓ	48,963	646	98.7	145,992	1,535	98.9	30,004	102	99.7	ND	ND	

※1 BOD（生物化学的酸素要求量）COD$_{Cr}$（化学的酸素要求量クロム）大腸菌群数のNDは分析値なし
※2 養鶏Cの施設は窒素・リンの原水濃度が低いため窒素・リンを除去する設計にしていない

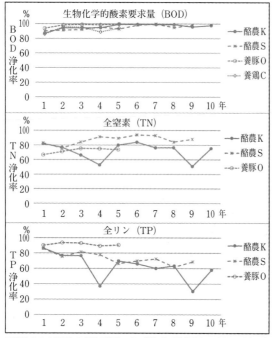

※酪農 K の 4 年目と 9 年目の窒素・リン浄化率の低減要因：4 年目は原水の流量増と原水濃度低下に伴う相対的な浄化率の低下、9 年目はバルククーラにある大量の牛乳が誤って人工湿地に混入したため

図8　浄化率の経年変化

として、ろ床表面に腐植などの安定な形態で蓄積する有機物に含まれるリンが多いと考えられます。

【浄化率の季節による違い】

気象庁統計データによる各地域の冬季（11～4月）と夏季（5～10月）の平均気温は、別海（冬−2.4℃、夏13.1℃）、遠別（冬−1.7℃、夏14.8℃）、千歳（冬−0.9℃、夏15.4℃）、雫石（冬1.5℃、夏17.4℃）で冬季と夏季の平均気温の差は15.5～16.4℃もあります。しかし、冬季と夏季の浄化率にはほとんど差がなく、気温の低い期間も気温の高い時期と同様に水質を浄化できることが示されました（**図9**）。浄化は物理的なろ過、化学的な吸着、生物的な分解の組み合わせで総合的に進みます。冬季に浄化率が低下しないのは、物理的なろ過機能と化学的な吸着機能が寒い季節にはむしろ安定して働いているためでしょう。夏季に浄化率が向上しないのは、冬季にシステムに蓄積した有機物や栄養塩類が夏季に分解して処理水中に溶出することが影響している可能性があります。

5　メタン発酵（バイオガス）技術との組合せ

東日本大震災後に再生可能エネルギーの利用が推進され、地域分散型のバイオマス資源利用が促進されています。家畜糞尿や食品残さなどの有機資源を活用したメタン発酵バイオガス発電は、高い売電価格（39円／kWh）の設定により、近年、主に大規模な酪農家で普及が進んでいます。

メタン発酵後の消化液にはその原料である糞尿と同じ量の無機養分（窒素、リン酸、カリウムなど）が含まれています。消化液を固液分離して、固形分は牛舎の敷料や堆肥として活用し、液分も全て畑地還元するのが理想です。しかし、還元すべき農地の面積が足りない場合には、余った消化液を伏流式人工湿地で低コストに浄化する組み合わせも有効になります（**図10**）。

16年に、北海道上川管内美瑛町の酪農家（搾乳牛500頭規模）のバイオガス発電プラントの余剰消化液の一部を浄化するため、伏流式人工湿地システムを㈲ライフワーク（菊馬啓三社長）と共同で開発し、現地に導入しました（**図11**）。18年には、オホーツク管内西興部村の酪農家（搾乳牛900頭規模）にバイオガス発電プラントからの余剰消化液（分離液）を浄化する施設が導入されました（**図7、表1**）。

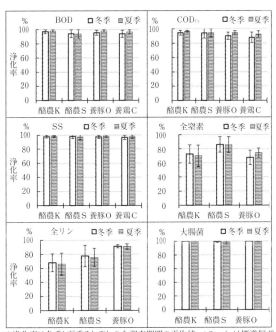

※浄化率は冬季と夏季それぞれの全調査期間の平均値、エラーバーは標準偏差
図9　冬季と夏季の浄化率

6　固液分離（または堆肥化）技術との組み合わせ

　地域のバイオマス資源の利用法として、メタン発酵の他にも木質バイオマスを直接燃焼して発電する技術が普及しています。中規模以下の畜産農家が糞尿処理する場合、バイオガス発電はコストパフォーマンスが悪くなるため、堆肥化が主な選択肢となりますが、水分調整材として用いるオガ粉などがバイオマス発電の燃料として競合するために品不足となっています。

　そこで、㈱たすく、㈲ライフワーク、農研機構が協力。水分の多い糞尿を重力や空気吸引を利用して固液分離することにより、オガ粉などの水分調整材を多用せずに糞尿から良質な堆肥を生産し、分離液は伏流式人工湿地で低コストに浄化するシステムを開発して、16年秋に上川管内東神楽町の酪農家(搾乳牛100頭規模)に導入しました(次ページ図12)。また17〜18年にかけ、青森県八戸市や岩手県盛岡市の養豚場に、養豚スラリーの固液分離液を浄化する施設が導入されました(図7、表1)。

　機械的な固液分離も含めて、固液分離(堆肥化)技術と伏流式人工湿地による液分の

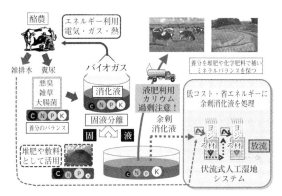

図10　メタン発酵（バイオガス）との組み合わせのイメージ

図11　バイオガスと伏流式人工湿地（美瑛町）

浄化を組み合わせたシステムは、良質な堆肥(または敷料)の生産と水環境保全の両立を低コストで実現できる手法として、今後の普及拡大が期待されます。

7　システムを導入・運用する際の留意点

【設置面積】
　このシステムは原水の水質・量に応じて処理水質が予測でき、ろ床の面積や段数などの構成を設計できます。システムの設置面積は活性汚泥処理法などの機械的処理法に比べると大きくなりますが、従来の伏流式人工湿地に比べ1／5〜1／2とコンパクトです。これは、家畜糞尿などを肥料として還元する場合に必要となる農地面積(例えば搾乳牛1頭当たり0.5〜1ha)の1／300程度に相当します。ただし、施設導入後に汚濁負荷が極端に増えると処理水質が悪化する危険があるため、将来計画を含めたユーザーのニーズを的確に把握して設計することが大切です。

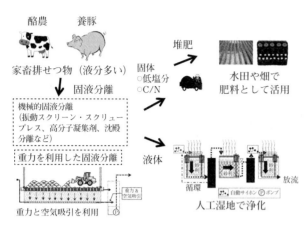

図12 固液分離ろ過と伏流式人工湿地の組み合せ

【コスト比較】

処理水量と処理水質(原水および処理水のBOD濃度)が同じ条件で活性汚泥処理法と人工湿地ろ過システムのコストを比較すると、導入費用は3／4程度で大きな差はありませんが、電気代などの運転費用は1／20程度に抑制できると試算されます。ただし、導入費用は資材の価格や現地の地形条件、施工する企業の価格設定などに応じて大きく変わるので、必ずしもこの試算通りとはなりません。

【保守管理】

システムの性能を良好に保つためには、夏季における1週間に1回程度の交互乾燥ゲートの切替え、ヨシの生育状況の確認、処理水の量や色の確認など、日ごろの管理と観察が重要です。また、2～3カ月に1回程度の頻度で点検する部分として、自動サイホン、汚水ポンプ、バイパス強化カゴ、散水用の配管類などがあり、故障や破損などの不具合がある場合には補修や交換する必要があります。また、1段目のろ床表面に蓄積する有機物が多い場合は、10年に1回程度、必要に応じて堆積有機物の除去を行います。除去した有機物は肥料として農地に還元できます。

筆者らが開発した伏流式人工湿地は、寒冷地での高濃度の有機性処理への挑戦から始まったおかげか、結果的に、世界標準よりも面積当たりの浄化能力が高いのです。そのため、従来の人工湿地よりもコンパクトに設計でき、導入コストも削減できます。

成功事例の積み重ねと連携協力の拡大により、今後普及が進むことが期待されます。

本技術の開発については、農水省高度化事業、農水省実用技術開発事業、環境省地球環境保全等試験研究費、JSPS科研費26292185、JST A-STEP、環境省アジア水環境改善モデル事業の助成を受けました。

また、現地施設のユーザーの皆様、共同で開発を進めた㈱たすくの家次秀浩社長、㈲ライフワークの菊馬啓三社長、北海道大学農学研究院の井上京教授とその学生諸氏、岩手県立大学の辻盛生准教授とその学生諸氏、日本大学文理学部の故・宮地直道教授とその学生諸氏、北海道立総合研究機構の木場稔信様、小岩井農牧の菊池福道様、佐々木理史様、サージミヤワキ(元岩手県職員)の川村輝男様、農研機構北海道農研の菅原保英様、農研機構畜産環境研究部門の和木美代子様、農研機構東北農研の福重直輝様、青木和彦様をはじめ、数多くの関係者の皆様に大変お世話になりました。深く感謝の意を表します。

【参考文献】

1) 加藤邦彦・家次秀浩・木場稔信(2006)「伏流式人工湿地システム」特許第4877546号(特願2006-249667)

2) Kato, K., Inoue, T., Ietsugu, H., Koba, T., Sasaki, H., Miyaji, N., Kitagawa, K., Sharma, P.K. and Nagasawa, T.; Performance of six multi-stage hybrid wetland systems for treating high-content wastewater in the cold climate of Hokkaido, Japan. Ecological Engineering, 51, p.256-263, 2013.

3) 加藤邦彦・井上京・家次秀浩・菅原保英・辻盛生・原田純・張暁萌・泉本隼人・青木和彦(2016)「伏流式人工湿地ろ過システムは有機排水を冬期も含め長期間安定して浄化できる」『農研機構2015年度普及成果情報』

4) 加藤邦彦・井上京・家次秀浩・辻盛生・菅原保英・張暁萌・原田純・泉本隼人・青木和彦(2016)「有機排水を冬期も含めて長期間安定して浄化できる多段型の伏流式人工湿地ろ過システム」『日本土壌肥料学雑誌』87(6), pp.467-471

5) 家次秀浩・加藤邦彦(2017)「人工湿地浄化システムの日本とベトナムにおける実用化と展望」『環境技術』46(11), pp.581-587

6) 加藤邦彦「畜産系有機排水を安定して浄化する伏流式人工湿地ろ過システム―有機資源の循環利用と水環境保全の両立に向けて―」『農業』2018年10月号(会誌1643号)、pp.33-41

V章 糞尿処理施設の長寿命化

1. 糞尿処理施設の補修・改修
　　　　　　　　　　　　　　　　　　　　　道宗　直昭　168

2. 堆肥化施設の補修事例
　　　　　　　　　　　　　　　　　　　定森　久芳/羽賀　清典　172

V章 糞尿処理施設の長寿命化

1 糞尿処理施設の補修・改修

道宗　直昭

　家畜排せつ物の処理の適正化及び利用の促進に関する法律(家畜排せつ物法)が1999年11月に施行され、およそ20年が経過しました。法施行当時は畜産経営が急激に大規模化し、高齢化に伴う労働力不足などもあって家畜排せつ物の利用が困難になりつつありました。加えて、その不適切な管理により地域の生活環境を悪化させる問題も生じており、家畜排せつ物の野積み、素掘りの禁止を推進するため国費を投じて堆肥化施設や汚水の浄化処理施設がつくられてきました。しかし、20年が経過し施設の経年劣化が進み、何らかの対応が必要となっています。

1　共同利用型堆肥センターの長寿命化対応

　共同利用型堆肥センターは昭和50年(1975年)代から農協主導でつくられ始め、平成になってからは市町村営の堆肥センターも多く建設されるようになりました。これらの施設は建築後20年以上経過し施設の老朽化が進みつつあり、補修、補強、更新などを余儀なくされています。新たに整備するには膨大な費用がかかるため、現在稼働している堆肥化施設の老朽化などにより機能低下した部分に補修、補強、更新などの対策を取る(予防保全対策)ことで、供用年数を効率的に伸ばし施設の長寿命化を図ろうとしています。こうした対策手法はストックマネジメントといわれています(図1)。

　建設費の高い施設で機能が低下した場合、再整備(施設のつくり直し)ではなく、補修、補強、部分更新で機能を回復させ維持していくことは長期的に見ると施設運営

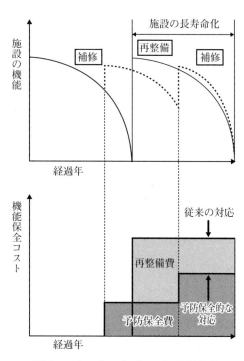

図1　ストックマネジメントの考え方

に関わるコスト低減につながることが期待されます。すでに農業水利施設分野ではこの考え方が取り入れられています。畜産環境分野でも、特に大型の共同利用型の堆肥化施設で、この考え方が適用されています。農業水利施設などと違うのは、家畜排せつ物処理施設では、家畜糞中の有機物が微生物によって分解されるときに腐食性の強い物質が発生・生成するため、通常よりも施設の建屋・機械の金属部が腐食しやすく、老朽化の進行が早くなることです。堆肥化施設などでは早期の部分的な補修、補強、更新が求められています。

　堆肥化施設におけるストックマネジメントについては、農林水産省が「家畜排せつ物処理施設における機能保全の手引き」(2010年12月)で取り上げています、その基本指針(総論)のポイントを紹介します。

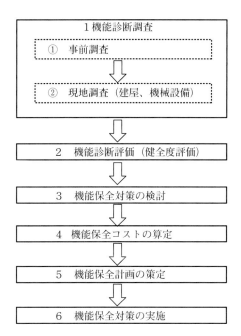

図2 機能診断調査の実施フロー

【ストックマネジメントの前提条件と考え方】

ストックマネジメントを実施するための前提として、家畜排せつ物処理施設が日常的に施設管理者により適切に管理されていることが必要です。その上で施設の機能を保全するため継続的に行う機能診断調査とその評価を踏まえ、複数の取り得る対策工法の組み合わせを比較検討し、適時・的確に所要の対策工事を選択して実施するのを基本とします。日常管理は、建屋の3ヵ月に一度程度の目視や手の届く範囲での点検、機械設備の作動前後の日々の点検を指します。

【ストックマネジメントの取り組み方と手順】

家畜排せつ物処理施設のストックマネジメントは❶機能診断調査❷機能診断評価（健全度評価）❸機能保全対策の検討❹機能保全コストの算定❺機能保全計画の策定─の5段階で行います。これらを終えたら機能保全対策を実施します（図2）。

機能診断調査は、家畜排せつ物処理施設の日常管理（日常点検・定期点検などによる機能監視）の記録を前提に行われます。整備における工事関係図書はもちろん、施設管理者が自ら行う日常管理の情報を適切に記録しておくことがストックマネジメントを行う上で非常に重要です。このため日常管理が実施されていない施設は、ストックマネジメントの対象外とされています。

機能診断調査は施設管理者が行う日常管理からの情報や、過去の修理経歴などの基礎資料による情報を踏まえ実施されます。原則として専門的知見を持つ技術者などの現地調査による目視が基本で、施設の状況によって対策が必要と判断された場合には精査するなど段階的な調査が行われます。また、過去の施設の使用状況や管理状況を踏まえて対策を講じる際は、㈠財畜産環境整備機構が実施しているスーパーアドバイザー研修の修了者などの専門家の助言を求めることとしています。

【家畜排せつ物処理施設の機能診断と健全度評価】

ストックマネジメントでは、家畜排せつ物処理施設の機能と性能を一定水準維持するため、主に構造的な機能・性能を劣化状況の視点から定義した健全度指標（S－5～S－1）による性能管理を行います。また家畜排せつ物処理施設の機能診断評価は、現地調査の結果を踏まえて行います。この場合、調査の過程で明らかになった「施設の状態」に基づき、「施設の健全度」の指標を決定します。健全度評価はひび割れ、破損など計測可能な変化に着目し、施設の性能に与える劣化状態をS－5からS－1まで区分することを基本とします。なお変状が複数ある場合は、最も健全度が低い評価を原則的に代表値とするものの、施設の性能や耐力に与える影響が大きい部位の健全度指標も十分に考慮して決定します。こうした場合は、健全度が低い部位について部位ごとに補修などを検討します。総合評価については、今後の性能低下により影響されると思われる支配的要因を検討し、その評価区分を採用します。健全度指標を最も低いS－1と評価する施設については、対応する対策は再整備が基本となるものの、評価者が技術的観点から総合的に判断します。

【施設の機能診断調査】

機能診断評価を行うには、事前調査と現地調査からなる徹底した機能診断調査が求められます。事前調査では設計図書、管理・

事故・修理記録などの文献調査、施設管理者からの聴き取り調査などによる効率的な機能診断調査に関わる基本情報の把握、それらが現地調査をどのように実施するかの検討資料となります。

現地では目視、聴覚などの五感や簡易な計測による調査を行い、施設の健全度を把握します。施設管理者などによる直近の点検記録に調査項目が網羅されている場合は、その記録を活用することも有効です。なお施設の調査は、通常の維持管理時と比べた相対的な判断が必要な場合もあるため、施設管理者を伴って判断することも必要です。現地調査で、今後の調査方法の事項(想定される劣化要因)や調査に要するコストがおおむね決まることから、調査は専門的知見を有した技術者を主体に行うことが望まれます。

機能診断調査の結果明らかになった「施設の状態」に基づき、施設の劣化傾向や対策工法の検討を行うため、対象施設の変状がどのレベルにあるかの点数評価および専門技術者による判断などにより、施設などの健全度を総合的に判断します。そして機能診断結果に基づく施設の劣化傾向を踏まえ、技術的・経済的に妥当であると考えられる対策の組み合わせを検討のシナリオとして複数作成し、シナリオごとに機能保全コストの比較を行って妥当性を検討します。その結果を踏まえて機能保全計画の策定、機能保全対策の実施へと進みます。

2 個別農家の堆肥化施設の長寿命化

長年使用して老朽化し、一部破損などが見られる個別農家の堆肥化施設の長寿命化対策は、前述した共同利用型堆肥センターのように補助事業で対応できないので、ストックマネジメントのような手法を使うことはできないものの、長寿命化を図る対策は共通しています。19年度には㈳農畜産業振興機構が「堆肥舎等長寿命化推進事業」を開始しました。個別農家を中心とした堆肥化施設の老朽化などを対象とした稼働実態調査事業(1年間)で、共同利用型堆肥センターにおけるストックマネジメントを個別農家に適用するのではなく、まずは個別農家の老朽化した堆肥舎などの実態を調べるというものです。今後どのような対策を行うかについて情報が得られる事業です。

老朽化した堆肥舎を上手に使い続けるには、どのようにすれば良いのか。まずは堆肥舎などの施設、機械を丁寧に扱うことが大事です。例えば、切り返し用のローダのバケットが旋回時に側壁と接触・破損しないよう、ローダ作業には十分気を付けます(**写真1、2**)。また、コンクリート部分のひび割れ幅が0.5mm程度以上に大きくなると、そこから堆肥の廃汁や臭気成分を含んだ液が入り込み、コンクリート内部の鉄筋を腐らせたり、コンクリートを中性化し強度を弱めたりするのでコーキング剤などで

写真1 建屋支柱のサビとコンクリート部の破損

写真2 ローダによる破損により鉄筋まで露出

写真3　堆肥舎の側壁にクラック（ひび割れ）が入りコーキング剤で修理

写真4　堆肥舎の屋根を補修（白い部分）

写真5　木材を使った堆肥舎（腐食に強い）

写真6　機械類は注油、グリスアップの励行などで長持ちさせる

割れた部分を穴埋めします（**写真3**）。床のひび割れも、廃汁が外部へ流れ出てしまう前に割れ目をふさぐことが必要です。

屋根や外壁の破損は経年劣化によるケースが多く、放っておくと破損が大きくなってしまうので、それが広がる前に修理することが必要です（**写真4**）。軽量鉄骨はどうしても腐食に弱いので、強度に留意しながら木造とするのも1つの方法です（**写真5**）。部分的な破損は、鳥獣が出入りする場所にもなるので早めに修理することが望まれます。

機械撹拌（かくはん）による切り返し装置やショベルローダなどは、日常の保守点検を必ず行ってください。始業前は異常音や振動の有無、作業部の摩耗程度などの点検を日常的に行い、ベルト、チェーンのたるみと張り具合のチェック、軸受け部などへの注油、グリスアップなども月1回必ず行って下さい（**写真6**）。点検と早めの補修、修理が機械類を長持ちさせるポイントです。点検に当たっては、必ず機械を停止し電気駆動の装置は電源を切ることが大事です。

個別農家の堆肥化施設の長寿命化を図るには施設の早めの修理・補修をこまめに行い、機械類は日常の保守点検を欠かさず、壊れる前の修理が求められます。

【参考資料】
畜産環境整備機構ほか(2011)『堆肥センターだより』No.23

V章 2 堆肥化施設の補修事例
—岡山県奈義有機センターのストックマネジメント事業

糞尿処理施設の長寿命化

定森　久芳／羽賀　清典

1 奈義有機センターの概要

奈義有機センター(**写真1**)は酪農家6戸400頭、肥育牛農家1戸200頭、繁殖和牛農家1戸10頭、養豚農家1戸1,800頭が搬入する年間7,250 tの家畜糞原材料を処理し、年間約4,000 tの堆肥を生産する堆肥センターです(2018年現在)。

1993〜94年度、畜産活性化総合対策事業によって、約6億円(国庫補助金50%)の経費をかけて奈義町が施設を設置。施設の管理運営は勝英農業協同組合が当たっています。

有機センターは**写真1**のように、堆肥を生産する工場棟とその堆肥を完熟させる完熟棟から成っています。敷地面積は1万4,330㎡で、**図**に示すように、工場棟(3,306㎡)には混合機、発酵槽、養生槽などがあり、養生槽の堆肥を完熟棟(1,802㎡)の完熟槽で完熟させ出荷します。

2 堆肥の製造工程と臭気対策

各畜産農家が搬入した家畜糞原材料に、オガ粉とカンナクズなどの副資材を混合機(**写真2**)で混ぜてから発酵槽に投入します。この作業は原材料の水分を75%以下に調整することで通気性を改善し、発酵を促進させるために重要です。なお、発酵を促進させるため、酵素を含むバイオ系の発酵補助剤を1日に2kg添加しています。

発酵槽は開放横型発酵装置(2基並列、**写真3**)で、スクープ式撹拌(かくはん)機で槽内をかき混ぜます(**写真4**)。発酵槽で14〜21日間、1次発酵させた後、養生槽に移動させます。養生槽は80m×7mのものが2槽あり、約3カ月間二次発酵させます。

写真2　工場棟内に設置された混合機

写真1　奈義有機センターの全景

写真3　2基並列の発酵槽

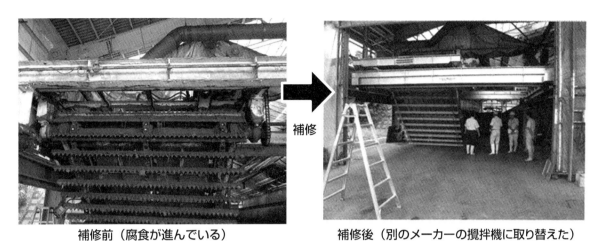

補修

補修前（腐食が進んでいる）　　補修後（別のメーカーの攪拌機に取り替えた）

写真4　発酵槽のスクープ式攪拌機

写真5　完熟槽（完熟棟内部）

写真6　脱臭装置（脱臭装置の内部に詰めたロックウール層の表面）

　その後、完熟槽（**写真5**）で6カ月〜1年間熟成した後、出荷されます。以前は未熟な堆肥も安く出荷していましたが、2014年4月からは、完熟堆肥のみの出荷となっています（**図**）。また、畜産再編総合対策事業（環境保全型畜産確立対策事業で約8,000万円〈国庫補助金50％〉）の経費をかけて、1998年にロックウール脱臭装置（**写真6**）を設置し、堆肥化に伴い発生する臭気の対策に努めています。20年経過し、2018年度にはロックウールの切り返しと散水装置の改修工事を実施し、脱臭効果の回復を図っています。

3 施設の長寿命化対策

　1994年の設置から年月が経過し、施設の老朽化に伴って機能に支障が出るようになってきました。そこで、2012年度家畜排せつ物処理施設ストックマネジメント事業を活用して、補修・改修工事を行いました。

　ストックマネジメントとは、施設の更新整備が必要となる致命的な状況となる前に、補修・改修工事を行うことによって、施

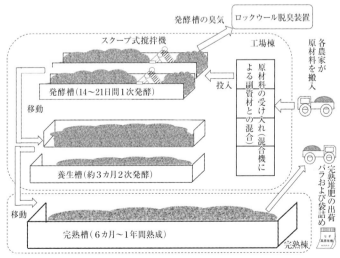

図　奈義堆肥センターにおける堆肥化処理の流れ

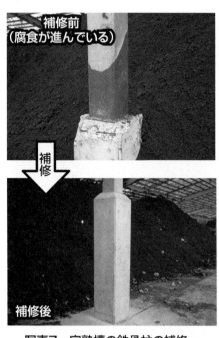

写真7 完熟槽の鉄骨柱の補修

写真8 混合機のスクリューの取り替え

設の長寿命化を図ることです。

同センターにおける改修工事の内容はスクープ式撹拌機の取り替え(**写真4**)、完熟棟の鉄骨柱の補修(**写真7**)、混合機のスクリューの補修(**写真8**)、防臭シートの張り替え、発酵槽ブロワの配管(通気管)。事業主体は岡山県畜産協会で、費用は約8,700万円でした(国庫補助金50％)。

その結果、混合機において副資材が適切に処理できるようになり、発酵槽では通気管により空気の通りが十分になったため、発酵が円滑に進むようになりました。以前は堆肥に臭気が強く残っていましたが、これらの改修によって臭気は低減し、堆肥が生き返りました。さらに、このストックマネジメント工事によって施設の長寿命化を図ることができました。

4 堆肥を利用した水田の土づくり

堆肥は「高原有機」の名称で出荷販売しています。搬出は、ダンプに直接積載し、それを圃場にマニュアスプレッダで散布するバラの形態が92％とほとんどで、後は40ℓの袋詰めで販売されています。

価格は2tダンプ1台で7,560円(税込)で、散布する場合は散布料金が4,320円かかります。また、旧勝北町、旧美作町、旧作東町など離れた場所に運搬する場合の運賃は2,160〜4,320円。

堆肥の成分は**表**に示す通りです。全中の家畜糞堆肥の品質保全推進基準では窒素、リン酸、カリの肥料三要素が1％以上、炭素窒素比(C／N比)が30以下となっており、それに合致しています。堆肥の利用先は90％以上が水田で、水田の土づくりに役立っています。

◇　◇　◇

同センターはストックマネジメント事業で施設の長寿命化を図ることができたものの、経年劣化の程度を確認する調査で見逃した箇所がありました。ストックマネジメント事業により長寿命化を図る計画のある施設で修繕箇所を判断する際、十分に時間をかけて調査して方がいいでしょう。

表　高原有機の肥料成分

肥料の名称	高原有機	
肥料の種類	堆肥	
肥料成分	窒素(N)	2.1%
	リン酸(P_2O_5)	2.5%
	カリ(K_2O)	4.3%
	炭素窒素比(C/N比)	19.9

VI章 悪臭対策

1. 酪農における臭気の特徴と対策
   ……………………黒田 和孝 176

2. 脱臭装置
   ……………………田中 章浩 181

3. 軽石脱臭装置と導入事例
   ……………………関上 直幸 186

VI章 悪臭対策

1 酪農における臭気の特徴と対策

黒田 和孝

臭気の発生は畜産の経営と不可分の関係にあり、農家にとって常に頭を悩ませる問題です。臭気の発生は、経営内では家畜や作業者の健康に影響を与え、経営外では周辺住民に不快感や畜産に対するネガティブなイメージをもたらすことに加え、酸性雨や土壌の酸性化など、広域な環境問題の原因にもなります。環境と調和した持続型農業の在り方が問われている中で、悪臭対策は畜産経営の長期的、安定的な存続を図る上で重要な課題となっています。

1 環境中の悪臭の規制（悪臭防止法）

わが国では、環境中の悪臭に対する規制は悪臭防止法（1971年）に基づき、自治体が規制地域を定め、そこに一定の規制をかける形で行われています。規制は、特定悪臭物質（法律で指定された代表的な悪臭物質全22種類）の濃度による規制と臭気指数による規制の2種類があり、それぞれの規制に臭気強度（2.5、3、3.5）に相当する3つの段階があります（注）。規制地域には、いずれかの規制がかけられ、その水準はそれぞれ3段階あるうちの1つの段階が適用されています。規制がかかるのは、事業所の敷地境界線（1号規制）、気体排出口（2号規制）、排水口（3号規制）の3つです。規制地域内で悪臭苦情が発生すると、臭気の発生源である事業所について、苦情が生じている場面（例えば敷地境界線）で悪臭の調査が行われます。当該地域の規制基準値を上回る臭気が確認された場合は、事業所内に立ち入り調査が入り、改善勧告が行われます（**図1**）。

臭気指数による規制は、低濃度の複合臭（含まれている個々の悪臭物質の濃度は低いが、それらが混合した全体としては嗅覚に強く感じられる臭気）の規制を目的としており、特定悪臭物質による規制よりも厳しく、近年この規制を採用する自治体が徐々に増えています。

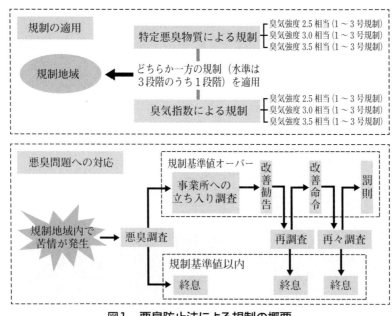

図1　悪臭防止法による規制の概要

表1 排せつ物の主要な悪臭物質と悪臭防止法による規制基準
（敷地境界線での規制〈1号規制〉）

			規制基準値		
		規制のレベル	厳しめ	中間	緩め
		対応する臭気強度	2.5	3.0	3.5
悪臭防止法による規制基準	特定悪臭物質[1]（ppm）	硫黄化合物類 メチルメルカプタン	0.002	0.004	0.01
		硫化水素	0.02	0.06	0.2
		硫化メチル	0.01	0.05	0.2
		二硫化メチル	0.009	0.03	0.1
		低級脂肪酸 プロピオン酸	0.03	0.07	0.2
		ノルマル酪酸	0.001	0.002	0.006
		イソ吉草酸	0.001	0.004	0.01
		ノルマル吉草酸	0.0009	0.002	0.004
		アンモニア	1	2	5
		トリメチルアミン	0.005	0.02	0.07
		臭気指数	10～15	12～18	14～21
養牛業での臭気指数[2]			11	16	20

1) 特定悪臭物質の中で、家畜排せつ物からの発生濃度の高い物質10種類の規制基準値を示す
2) 測定事例からの各臭気強度に対応する臭気指数の平均的な数値

2　酪農から発生する臭気の特徴と悪臭対策

　畜産経営からの臭気の発生源は家畜の排せつ物（糞と尿）です。糞の臭気は低級脂肪酸類および硫黄化合物類が高く、トリメチルアミンも検出されます。尿の臭気は、排せつ直後はフェニル化合物類が主体ですが、時間の経過に伴ってアンモニアが高濃度に発生します。乳牛の排せつ物は、豚や鶏の排せつ物に比べて臭気は低めですが、排せつ量が多く糞の含水率が高いことから糞尿混合のスラリー状になりやすく、このような状態になると臭気の発生が強まります。

　悪臭防止法で規制の対象となる特定悪臭物質のうち、4種類の低級脂肪酸類（プロピオン酸、ノルマル酪酸、ノルマル吉草酸、イソ吉草酸）、4種類の硫黄化合物類（硫化水素、メチルメルカプタン、硫化メチル、二硫化メチル）、アンモニア、トリメチルアミンの10種類は排せつ物からの発生濃度が高く、排せつ物臭気の主要な悪臭物質と見なされています。従って、これらの濃度を低減することが悪臭対策の焦点となります（表1）。排せつ物は元々強い臭気がありますが、時間の経過や状態の変化に伴って、臭気の質、濃度、発生量は大きく変化します。このため排せつ物が滞留する各場面で、臭気の発生に応じて個別に有効な対策を講ずる必要があります。

3　悪臭対策の基本原則

　排せつ物の臭気には、元々の臭気に、排せつ物中の有機物が微生物による分解を受けて生成する悪臭物質が加わっています。空気が通う条件（好気的条件）が保持された場合、排せつ物の有機物は最終的な分解物である水、炭酸ガス、アンモニアなどにまで迅速に分解されていきます。この場合、アンモニアは高濃度で発生しますが、それ以外の悪臭物質の発生は低く、全体として比較的単純な刺激臭となります。一方、空気が通わない条件（嫌気的条件）に放置されると、有機物の分解の進行が緩慢で、分解過程の中間産物である低級脂肪酸類や有機性硫黄化合物類などが生成され、蓄積します。これらは低濃度でも嗅覚に強い臭気を感じる悪臭物質で、全体として不快度の高い腐敗系の臭気となり、発生も長期にわたります（図2）。

　臭気の発生を抑える基本原則は、メタン発酵を除いて、各場面で排せつ物をできるだけ好気的条件に保持することです。また、排せつ物は単に臭気がなくなればよいわけ

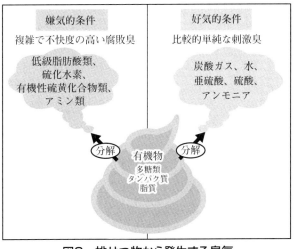

図2　排せつ物から発生する臭気

ではなく、適正な処理を行って汚染を生じないよう自然界に還元したり、あるいは有効利用したりする必要があります。各場面での排せつ物の適正な管理、処理を前提とし、その上で悪臭対策を考えることが必要です。

4　各場面での基本管理

【清掃の励行】

畜舎、貯留・処理施設、各施設間の連絡経路で、排せつ物が広い範囲に散乱していると、臭気の発生が増大します。各施設の内部や周辺、経路で清掃を丁寧に行うことは、臭気発生抑制のための共通の原則です。

【畜舎】

畜舎では常に糞尿が新たに排せつされるため、新しい排せつ物の臭気が主体となります。臭気は比較的低濃度ですが、排せつ物が広い範囲に散乱するため発生面積が大きく、風量が大きいのが特徴です。また、糞尿が床面で混合されると臭気の発生が強くなります。基本管理の中では、定期的な清掃によって排せつ物が長時間滞留するのを防ぐことが臭気の発生抑制に最も有効です。固液分離や敷料の敷き込みによる堆積物の水分の低減化、換気による乾燥の促進なども臭気低減につながります。

畜舎構造の簡素化や建設コストの軽減、飼養管理の簡易化などを見込んで、フリーバーン型式の畜舎が普及しつつあります。フリーバーンでは、床面で糞尿が排せつされる範囲が広くなり牛の踏みつけによって排せつ物が混合され臭気が発生しやすい状態になります。床面への敷料の敷き込みによって、堆積した糞尿の水分を低減させ好気的条件にすることが有効ですが、つなぎ飼いの牛舎やフリーストール式牛舎に比べ敷料の必要量が多くなることから、敷料素材の安定的な確保が課題です。

【排せつ物の貯留・処理】

排せつ物の貯留・処理は、排せつ物を比較的小さい面積の施設に大量に集積して行うことから、畜舎と反対に風量は小さく、臭気の発生濃度が高くなります。また、それぞれの処理で排せつ物中の有機物の分解から発生する臭気が主体となります。

固形分の処理：堆肥化処理は、糞を主体とする畜舎堆積物を堆積し、微生物により有機物の分解・安定化を促進して、作物の肥料となる堆肥を製造するもので、最も一般的な家畜排せつ物の処理方法です。処理の初期には有機物の活発な分解の結果、堆積物の品温が60～80℃に上昇し、アンモニアが極めて高濃度で発生する他、温度上昇期の短い期間にはメチルメルカプタン、硫化メチルなども高濃度で発生します。

堆肥化処理では、処理期間中に堆積物を好気的条件に保持することが主な管理です。処理開始時には低水分の素材(オガ粉、裁断したわら、出来上がった堆肥など)を混合し、水分を低減して通気性を良くします。また、処理期間中に強制通気を行えば、好気的条件の保持に有効です。堆積物は自重で徐々に圧密化し、内部の通気性が低下するので、これを避けるために定期的に切り返し(堆積を切り崩して混合し、再度堆積し直す作業)を行います。

乾燥処理は、ハウス内での太陽光の照射や人為的な加熱により水分を蒸散させるもので、有機物の分解は少なく、元々の排せつ物の臭気が水分の低下に伴って低減されます。

これらの処理では、適正な管理下でも高濃度の臭気が発生するため、原則的には脱臭処理の適用が必要です。

液分の処理：スラリー貯留槽や自然流下式畜舎のピットに貯留されている糞尿混合スラリーからは、嫌気的条件由来の強い臭気が発生します。一方、スラリーにばっ気を行って、固形分の堆肥化と同様の発酵を促進する液状コンポスト化処理では、固形分の堆肥化処理と同様に処理の過程で高温となり、アンモニアが高濃度に発生します。スラリーの処理あるいは悪臭対策としてはばっ気が基本で、ばっ気量はスラリー１㎥当たり３～６㎥／時です。ばっ気時間は、臭気の低減だと75時間程度、液状コンポスト化だと150時間程度が必要とされています。

固液分離した畜舎排水やパーラー排水については、活性汚泥などにより浄化した後、河川などに放流する処理も行われています。浄化処理では、処理施設の容量を順守し、汚濁物質の過負荷が生じないように適正な管理が行われていれば、臭気の発生は低く抑えられます。

　メタン発酵は、スラリーを嫌気的条件に保持し、燃料として利用できるメタンガスを生産するもので、古くから排せつ物の利用方法として用いられています(130ジーIV章2節参照)。発酵は密閉状態の発酵槽で行われることから原則として臭気発生がなく、排せつ物の有効利用に加えて悪臭対策としての意味も併せ持つ処理方法です。ただし、生成するメタンガスには高濃度の硫化水素が含まれるため、大気中に放出すると悪臭問題を引き起こす危険があります。また発酵消化液が排出されることから、この消化液の処理・利用の方法を確保しておくことが必要です(141ジーIV章4節参照)。発酵消化液は当初のスラリーに比べ臭気は低減していますが、臭気の残存は依然としてあるため、作物肥料として農地施用する場合は残存臭気の程度に留意する必要があります。

【農地施用、排水】

　排せつ物の農地施用に由来する悪臭への苦情は、畜産経営由来の悪臭への苦情に劣らず発生件数が多く、強い臭気が残るものが施用されている事例が多いことがうかがわれます。また排水口は悪臭防止法による規制がかかり、明確な臭気が残る排水は、浄化処理が不十分であることを示しています。遮へい物のない場所に臭気の強いものを放出すると臭気の拡散を防ぐ方法はないので、処理を適正に行い、事前に臭気を十分に低減しておくことが必要です。

5　積極的な悪臭対策

【遮へい物の設置】

　経営の敷地境界線に沿って塀の設置や植樹を行うと、上方向への空気の流れが形成されて臭気が拡散希釈され、敷地外で感知される臭気を緩和することができます。敷地内でも、畜舎や排せつ物処理施設の周囲に塀を設置することで効果が高まります。臭気の希釈に加えて、臭気の発生源を視覚的に遮ることによる心理的な効果も期待できます。

【脱臭処理】

　脱臭処理は、発生した悪臭空気を回収し、何らかの処理を行って悪臭物質を除去して無臭の空気を放出するものです(181ジーVI章2節参照)。主な利用場面は畜舎と排せつ物処理施設で、特に堆肥化処理では極めて高濃度の臭気が発生するため、脱臭装置を併設するのが一般的です。

　脱臭処理にはさまざまな形式があり、それぞれ長短所があるため、使用場面と発生する臭気の特徴を踏まえて方式を選択する必要があります。また、脱臭槽へ水を供給する方式のもの(水洗式、薬液式、生物脱臭など)は、必要量の水が確保できる場所に使用が制限されることに加え、脱臭槽からの廃液の処理も必要になります。

【噴霧】

　暑熱対策や粉じんの飛散防止のため、畜舎や排せつ物処理施設では水の噴霧が行われています。粉じんは悪臭物質を吸着して臭気の媒体となることから、噴霧は悪臭対策としても有効です。また、悪臭対策の目的で消臭剤溶液を噴霧する場合もあります。堆肥化処理では切り返しの際に特に強い臭気が発生しますが、噴霧を行うことで臭気の拡散を抑えることができます。

【悪臭対策資材】

　畜舎や排せつ物処理施設で家畜の飼料や飲水に添加したり、排せつ物に散布混合したりすることで、臭気の発生を抑える効果をうたった資材が数多く市販されています。これらの資材は、使い方が簡易で脱臭処理に比べ低コストであることから農家の関心は高く、広く利用されています。その一方、実際の効果は曖昧なものも多く、技術としての普遍性は高いとは言えないのが現状です。これらの資材は、適正な基本管理を行う中で使用すれば、若干の濃度低減や不快度緩和の効果が得られると考えるべ

きです。

資材の選択と使用に関しては、**表2**に示したのが留意事項となります。このうち⑤については、資材の使用に限らず排せつ物の取扱いを含めた飼養管理全体を見て、どのような管理で効果が出ているかを確認することが必要です。

表2 悪臭対策資材に関する留意事項

選定における留意事項（加藤〈1991〉に基づく）
① 使われている素材を確認する
② 効果判定試験の内容、担当機関、実施場所などを確認する
③ 安全性確認試験の有無、内容を確認する 　（急性毒性、慢性毒性、アフラトキシン）
④ いつごろから売られているものかを確認する
⑤ 資材を使用している経営を訪問し、効果の程度を確認する
⑥ メーカーのアフターケアの有無を確認する
使用においての留意事項
⑦ 適正な飼養管理・排せつ物管理の下で使用する
⑧ 効果は限定的である
⑨ 経営ごとに有効利用の工夫が必要（特に微生物資材）

【その他】

臭気の発生状況の簡易な調査方法として、畜産経営の敷地内を移動しながらポータブル型においセンサーとGPSを用いて臭気の測定と位置の確認を行い、敷地の地図上に測定値の分布を表示する臭気マッピングの方法が提案されています[1]。経営内のどの場面からどの程度の悪臭が発生しているかを概略的に把握できることから、主要な臭気発生源を確認し、対策の指針を得る上で有効です。

アメリカやカナダでは、行政、大学、畜産関連団体などが畜産経営の臭気発生場面ごとに対策事項をまとめ、これを最適管理手法（Best Management Practices, BMP）としてマニュアル化し、農家に提供することで悪臭対策の推進を図っています。近年、わが国でも独自の環境条件や飼養管理条件を踏まえた日本版BMPの手引きが公表されています（URL:http://www.chikusan-kankyo.jp/bmp/bmp.pdf）。畜舎から農地施用までの間で、臭気の発生を抑えるための排せつ物の適正な取り扱いや積極的な悪臭対策が示されており、基本的指針として活用できるものです。

（注）臭気強度は、嗅覚に感じられる臭気の強さを示す尺度。わが国では、悪臭防止法に基づく規制水準の指標として、次のように嗅覚に感じられる臭気の強さを0～5の数字に当てはめる6段階臭気強度表示法が用いられている。

0：無臭
1：やっと感知できるにおい（検知閾値＝いきち）
2：何のにおいであるかが分かる弱いにおい（認知閾値）
3：楽に感知できるにおい
4：強いにおい
5：強烈なにおい

臭気濃度は、次のように悪臭空気を無臭の空気で希釈していき、嗅覚ににおいを感じなくなった時点の希釈倍数。悪臭防止法では臭気濃度を測定する嗅覚試験法（3点比較臭袋法）が規定されており、この測定値から臭気指数を計算する。

例：臭気濃度10,000の臭気は、10,000倍に希釈すると嗅覚ににおいを感じなくなる臭気を意味する

臭気指数は、次のように臭気濃度の対数値を10倍した値。悪臭防止法による規制の1つとして、臭気指数を規制基準値とする規制が制定されている。

例：臭気濃度10,000を臭気指数で表すと、$10 \times \log(10{,}000) = 10 \times 4 = 40$ すなわち、臭気濃度10,000＝臭気指数40となる

【参考文献】
1) 前田綾子（2014）「可視化により臭気発生場所を特定し、臭気対策の技術確立に向けた取り組み」『畜産コンサルタント』9月号、pp.28-31

VI章 2 脱臭装置

悪臭対策

田中 章浩

　畜産経営における悪臭は、主に家畜糞尿に起因しています。家畜排せつ物などからの臭気の発生を抑制することが最も重要ですが、発生した臭気を効率良く低減化し、地域住民の快適な生活環境の確保や環境問題の解決に努める必要があります。

　脱臭方法には多くの方法があり、それぞれ長所と短所があります。脱臭性能や設備費の他、操作性、運転費、維持管理方法なども考慮して脱臭方法を選定することが重要です。なお、脱臭法ごとに臭気成分によって除去効率が異なるため、複合臭に対しては幾つかの方法を組み合わせて脱臭処理をした方が効果は高くなります。また高濃度の臭気は、それに適した脱臭法で臭気をある程度低減させた後、低～中濃度臭気に適した方法で最終処理をする方が効率的です。

1　畜産で用いられる脱臭方法

　畜舎や家畜糞尿処理施設からの臭気、スラリーなどの圃場還元時の臭気が、苦情の原因となりやすくなっています。スラリーなどの臭気はばっ気処理を施したり、家畜排せつ物を堆肥化処理やメタン発酵処理することで、大幅に低減することができます。ここでは、畜舎や家畜糞尿処理施設からの臭気の脱臭方法を紹介します。

【洗浄法】

水洗法：臭気成分を水に溶解・吸収させて除去する方法で、装置が簡単で設備費も安く、ガスの冷却効果もあります。しかし多量の水が必要で、臭気を溶解・吸収した処理水からの臭気の再揮散に注意する他、排水処理が必要となる場合もあります。

薬液洗浄法：臭気物質を薬液(酸、アルカリ、酸化剤)と接触させ、化学的中和や酸化反応により無臭化します。設備費や運転費が比較的安く、ダストやミストも除去できます。低～中濃度の水溶性の臭気成分の除去に適しています。薬液の調整や補充、pH調整、計器点検などの維持管理が必要です。酸化剤を過剰に添加すると薬品臭が残ってしまいます。また、排水処理が必要となります。

【吸着法】

　活性炭、シリカゲル、活性白土、オガ粉、腐植物などに臭気成分を吸着させて除去します。比較的低濃度の臭気に適しています。臭気成分を一定量吸着すると効果がなくなってしまいます。吸着材の再生利用は、コストが高かったり、難しかったりします。

【燃焼法】

直接燃焼法：臭気を約650～800℃で燃焼させ、臭気成分を酸化分解します。中～高濃度臭気に適しており、腐敗臭や溶剤臭などにも効果的で広範囲な臭気に適用できます。しかしランニングコストが高く、処理後のガスにはNOx(光化学スモッグの原因物質の1つ)などが含まれ、弱い燃焼臭が残存する場合があります。廃熱の有効利用でランニングコストを下げるなどの工夫が必要です。

触媒燃焼法：臭気を触媒上で150～350℃の温度で燃焼させ、臭気成分を酸化分解します。臭気濃度が高い方が効果があります。直接燃焼法に比べて燃焼温度が低いので、装置が簡単で燃料の使用量が少なくなりますが、触媒が高価であることに課題があります。

【生物脱臭法】

土壌脱臭法：臭気を土壌に通して吸着・吸収された臭気成分が土壌微生物により分

解されます。低〜中濃度の臭気に適し、保守・管理が容易で運転費は比較的安く済みます。ただし広い面積が必要で、土壌の通気性改善のため表面を耕耘し、乾期に散水などを行うことが必要です。冬季には脱臭能力が低下します。表土が凍結する地域には適用できません。

ロックウール脱臭法：低〜中濃度臭気に適します。微生物を土部に保持するロックウール充塡材に臭気ガスを通し、微生物の働きで脱臭します。運転費は土壌脱臭法と同等か若干高い程度です。通気性が土壌の１／５で、設置面積は少なくなります。維持管理は比較的容易ですが、通気性を保つためロックウールの圧密防止が必要です。高温の臭気ガスの処理には不適で、装置の低コスト化などの課題が残されています。

堆肥脱臭法：堆肥に臭気ガスを通して吸着・吸収された臭気成分が微生物により分解されます。中〜高濃度臭気に適用し、装置価格・運転経費が比較的安く済みます。微生物の働きは、土壌やロックウールよりは低くなります。吸引ファンの耐久性などに課題があります。

活性汚泥脱臭法：活性汚泥と臭気ガスを接触させて汚泥中の微生物の働きで脱臭します。低〜中濃度の臭気ガスに適用できますが、処理後のガスに汚泥独特な臭いが残ってしまいます。活性汚泥排水処理施設では悪臭処理用と併用でき、設備費が安くなります。ばっ気式とスクラバー式があります。ばっ気式は活性汚泥槽に臭気を吹き込み、臭気成分を溶解し生物分解させます。浄化能力と送入する臭気のガス量・濃度の関係に留意する必要があります。スクラバー方式は、活性汚泥液を用いてスクラバー洗浄液の臭気を生物分解させるもので、小施設で大量処理が可能です。

【希釈・拡散法】
臭気を希釈することにより、人間の嗅覚で不快と感じられないレベルまで低下させます。希釈により不快性が低下する臭気に有効です。発生源が小さく低濃度の臭気に適し、管理は容易で設備費が安いのが特徴です。希釈には大量の無臭の空気が必要で、あまり現実的ではありません。煙突による拡散効果を期待するには、周辺の住居などの立地条件を配慮して、排出位置を決める必要があります。

【マスキング法】
芳香成分を臭気ガスに混ぜて、人間が嗅いでも臭気を感じさせないようにします。比較的低濃度の臭気ガスに適しますが、畜産では大量の芳香成分が必要となり運転経費が高くなります。

【オゾン酸化法】
必要量のオゾンを臭気に混合し、臭気を酸化分解させます。臭気とオゾン水を気液接触させる方法もあります。低濃度臭気・腐敗臭で高い脱臭効果が安定して得られます。比較的コンパクトで、水・薬品・燃料を使用せず管理が容易です。オゾン濃度によっては呼吸器疾患の恐れがあり、注意が必要です。

2　臭気指数規制に対応した高度堆肥脱臭システム

悪臭発生源として代表的なものは糞尿処理施設です。特に堆肥化施設からの臭気は高濃度で、臭気対策を求められる場面が多くなっています。そこで、生物脱臭方法である堆肥脱臭と消・脱臭剤法を組み合わせた堆肥化臭気の脱臭対策方法を紹介します。

悪臭防止法による環境中の悪臭規制には、法律が定める悪臭物質(特定悪臭物質)による規制と、人の嗅覚を用いて測定される臭気指数による規制の種類があり、一定地域にいずれか一方の規制が適用されます。それぞれの規制では、嗅覚に感じられる臭いの強さ(臭気強度)を０(無臭)から５(強烈な臭い)までの６段階で示す尺度(６段階臭気強度表示法)に基づき、臭気強度2.5、3.0、3.5のいずれかに相当する特定悪臭物質の濃度または臭気指数の値が具体的な規制基準値となります。しかし特定悪臭物質による規制では、それ以外の悪臭物質や複合臭気への対応が不十分な場合があ

り、より厳しい規制である臭気指数による規制を導入する市町村が近年増加しています。養牛業における臭気強度2.5、3.0、3.5に相当する臭気指数はそれぞれ11、16、20となっています。

家畜排せつ物を堆肥化するとき、アンモニアを主成分とする極めて高濃度の臭気が発生します。そのため高濃度臭気を低コストで脱臭し、地域住民の快適な生活環境を確保し環境問題の解決に努めることが重要です。そこで、脱臭と並行して窒素を多く含有する堆肥の生産を行う堆肥脱臭では除去できなかった臭気を、酸・アルカリ溶液の噴霧で除去する2次脱臭処理技術を開発しました。さらに堆肥化過程から発生する臭気を、養牛業における臭気強度3.0に相当する臭気指数16以下にするための高度堆肥脱臭システムを開発しました。

【高度堆肥脱臭システムの概要】

システムは、1次脱臭処理の堆肥脱臭と2次脱臭処理の噴霧装置によって構成されます(図1)。1回の堆肥化処理量が80t程度の施設で、2次脱臭用の噴霧装置が1台必要となります。噴霧装置は、溶液をタンクから電動ポンプでファンに圧送して送風空気に噴霧する外置き式で、30万円程度で市販されています。噴霧装置は首振り式で、堆肥脱臭槽の上部空間に向かって噴霧するように設置します。

【複合脱臭処理方法】

1次脱臭(堆肥脱臭)：熟成堆肥には臭気を吸着する能力があり、堆肥に臭気を通過させるだけで、低コストで脱臭を行うことができます。牛糞とオガ粉の堆肥化1次発酵4週間で、原材料1tから約1kgのアンモニアが発生します。特に最初の2週間で全体の9割が発生することから、1、2週目発酵槽からの臭気を処理することで、低コストで効果的に臭気を低減できます。堆肥に吸着したアンモニアは、堆肥中の微生物によって硝化されて無臭化されます。この硝酸態窒素は酸性で、堆肥化過程発生臭気の主成分であるアンモニアと反応し、硝酸アンモニウムの形態で窒素成分が脱臭用の堆肥に回収されます(図2)。脱臭過程は次の通り。

①半密閉構造とされた1、2週目発酵槽からの臭気を、密閉した発酵槽の換気回数が10回/時程度となる風量のターボファンで、1次発酵槽と同様の大きさの悪臭吸着槽にそれぞれ導入します。

②悪臭吸着槽には、堆肥化原材料と同体積(堆積高1.8m程度)で含水率50～60％程度の2次発酵が終了した熟成堆肥を入れ、臭気を床面から導入します。システム立ち上げ時には活性汚泥を約2％混合し、その後、吸着用堆肥の入れ替え時には、使用済み堆肥を5％程度混合します。悪臭吸着槽への入気は飽和水蒸気状態ですが、脱臭用堆肥の水分は減少するので含水率が45％程度になったら加水または交換します。

③臭気を送る配管内では、発酵槽からの排気温度が高く水分を多く含んでい

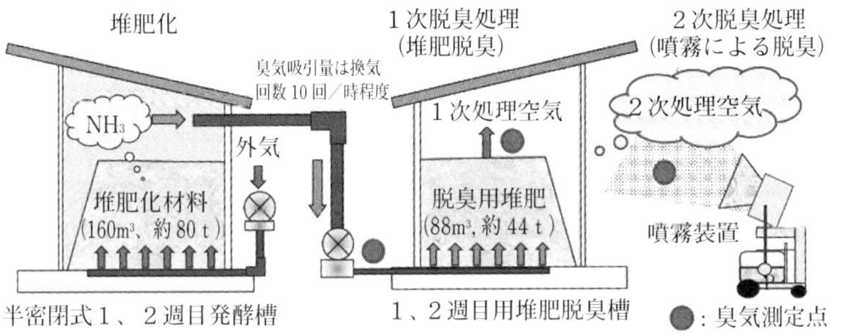

図1　高度堆肥脱臭システムの概要

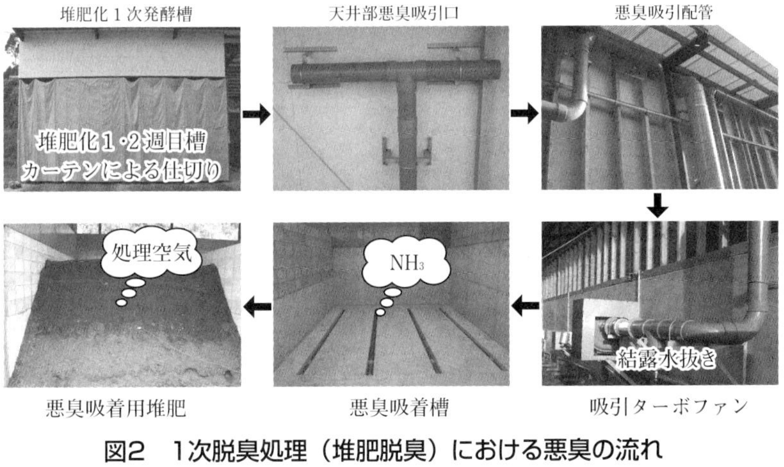

図2　1次脱臭処理（堆肥脱臭）における悪臭の流れ

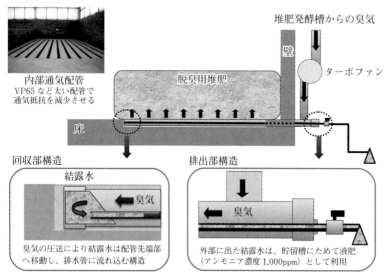

図3　床面配管中の結露水回収構造

るため、アンモニア濃度800ppm程度の結露水が発生します。結露水は液肥として利用できますが、利用できない場合には堆肥化3、4週目の材料や脱臭用堆肥に混合し有効利用します。結露水量は材料の初期重量1t当たり冬季6ℓ／t／週、夏季2ℓ／t／週程度ですが、配管の断熱施工により、それぞれ1ℓ／t／週、0.2ℓ／t／週程度まで低減できます。

④配管内で発生した結露水は、臭気とともに床面の配管先端部へ移動します。床面配管の先端部分では、配管内の動圧が静圧に変換されます。その静圧を利用し先端に集まった結露水を、配管先端から堆肥化施設外部まで貫通した細い配管を通って外部に排出します（**図3**）。

1次脱臭の悪臭成分除去効果：堆肥脱臭は、アンモニアおよび硫黄化合物に対して高い除去効率を得ることができます（**図4**）。アンモニアの除去率は97％で季節による除去率の変動もあまりなく、年間を通じて安定した除去率が得られます。悪臭吸着槽への入気アンモニア濃度は外気によって希釈されるので最高濃度600〜700ppm（週平均濃度200ppm程度）で、堆肥脱臭処理後の濃度は20ppm程度になります。アンモニアの次に排出量の多いメチルメルカプタンに関しても、95％程度除去可能です。また低級脂肪酸に関しては、プロピオン酸を除き50〜60％程度除去することができます。プロピオン酸についても、堆肥化は好気発酵のため大きな問題となることはほとんどないと思われます。ただ堆肥脱臭の脱臭能力は堆肥の状態に影響されるためできるだけ完熟に近いものを使用し、活性汚泥水などで硝酸化成菌を添加することが重要です。脱臭に利用する堆肥の水分が45％程度まで乾いたら、交換または加水します。

2次脱臭処理方法（消・脱臭剤法）：1次脱臭で除去できなかった臭気を除去するため、酸・アルカリ溶液を堆肥脱臭槽の上部に向けて噴霧します。噴霧する溶液は0.5％の乳酸水溶液あるいは1％の苦土石灰懸濁液とします。

【**高度堆肥脱臭システムの臭気低減効果**】

1次脱臭処理の堆肥脱臭槽への導入空気の平均臭気指数28.1は、1次脱臭処理によって平均臭気指数13.6まで有意（$p<0.05$）に低下します（**図5**）。臭気指数は、悪臭の空気を無臭の空気で段階的に希釈していき、臭いが感じられなくなった時点の希釈倍数

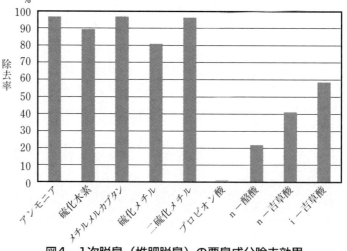

図4　1次脱臭（堆肥脱臭）の悪臭成分除去効果

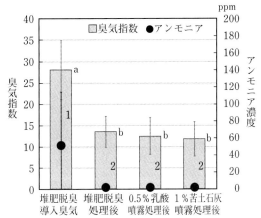

図5 高度堆肥脱臭システムの臭気低減効果
※臭気指数の異なった英文字間に5%水準で有意差あり
※アンモニア濃度の異なった数字間に5%水準で有意差あり
※臭気強度：2（何のにおいかわかる弱いにおい）、3（楽に感知できるにおい）、4（強いにおい）。養牛業における臭気強度2.5、3.0、3.5に相当する臭気指数は、それぞれ11、16、20（図6も同様）

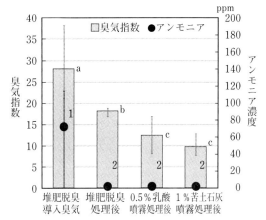

図6 堆肥脱臭処理後の臭気の臭気強度が3.0（臭気指数16）以上の場合における2次脱臭の効果

表 乳酸水溶液あるいは苦土石灰懸濁液を噴霧する2次脱臭経費のまとめ

処理風量 (㎥／分)	噴霧液	噴霧量 (kg／時間)	噴霧装置減価償却費*（円／年）	電力量料金** (円／年)	試薬費*** (円／年)	年間経費**** (円／年)
77	0.5％乳酸水溶液	9.1	58,333	39,753	93,232	191,318
	1％苦土石灰懸濁液	9.2	58,333	39,753	4,857	102,943

＊：耐用年数6年、定額法、残存0
＊＊：電力量料金22.69円／kWh
＊＊＊：L-乳酸（50％濃度）費350円／ℓ、苦土石灰360円／20kg
＊＊＊＊：噴霧は1日当たり8時間、365日

（臭気濃度）の対数を10倍したもので、人間の感覚量に近い尺度です。1次脱臭によって嗅覚で感じられる臭気の強さは、元の臭いから約52％低下します。

　堆肥脱臭（1次脱臭）と噴霧脱臭（2次脱臭）を組み合わせた高度堆肥脱臭システムにより、臭気指数は2次脱臭で0.5％乳酸水溶液を噴霧する場合は12.4、1％苦土石灰懸濁液を噴霧する場合は11.8まで有意（p＜0.05）に低下します。嗅覚で感じられる臭気の強さは、元の臭いから0.5％乳酸水溶液噴霧で56％、1％苦土石灰懸濁液噴霧で58％低下します。

【1次脱臭効果が不足した際の2次脱臭効果】

　1次脱臭（堆肥脱臭）の脱臭効果が不足し、堆肥脱臭処理後の臭気の臭気指数が16以上で排出される場合（平均17.3）、2次脱臭によって臭気指数は0.5％乳酸水溶液噴霧では11.6、1％苦土石灰懸濁液噴霧では9.7と、いずれも有意（p＜0.05）に低下し16以下となります（図6）。酸性の乳酸水溶液よりも、アルカリ性の苦土石灰懸濁液を噴霧する方が効果的です。

【2次脱臭経費】

　噴霧資材価格はL-乳酸（50％濃度）350円／㎥、苦土石灰360円／20kg程度で、噴霧装置1台当たりの処理風量77㎥／分に対する希釈溶液の噴霧量は約9kg／時です。1日1台当たり8時間噴霧を行った場合の2次脱臭処理の年間経費は0.5％乳酸水溶液噴霧で19万1,000円、1％苦土石灰懸濁液噴霧で10万3,000円程度となり、苦土石灰懸濁液噴霧の方が安くなります（表）。

　　　　◇　　◇　　◇

　牛糞の堆肥化過程で発生する高濃度臭気を低減化する堆肥脱臭と1％濃度の苦土石灰懸濁液を噴霧する2次脱臭処理を組み合わせると、臭気指数28の元臭が脱臭処理後に12となり、嗅覚に感じられる臭気の強さは約6割低下し、臭気指数による悪臭規制が導入されている地域での脱臭に利用できます。苦土石灰懸濁液の使用後の残液には苦土石灰の粉末が残るので、再度水に懸濁させて利用します。

VI章 悪臭対策

3 軽石脱臭装置と導入事例

関上 直幸

　群馬県は、畜産業における産出額が全国第8位（2017年）で、全国的に見ても畜産が盛んです。それに伴い畜産排せつ物も多く、畜産経営に起因する苦情も多いのが現状です。畜産農家の減少などから苦情件数も減少傾向ですが、それでも年間70件程度発生しており、そのうち約6割を占めているのが悪臭です。

　悪臭対策としてさまざまな脱臭法が開発されていますが、脱臭槽に濾（ろ）材を充填して除去する方法では、濾材として一般的に木質チップやロックウールなどが利用されています。群馬県は火山の噴火により堆積した軽石層が確認されており、軽石が安く簡単に入手できます。また耐久性にも優れていることから、脱臭装置の濾材として利用を模索し、有効であることを確認しました。前回の「続マニュア・マネージメント」では、畜産試験場内の堆肥化処理施設から排出される比較的濃度の低い臭気（アンモニア濃度100ppm程度）に対応した装置と密閉縦型堆肥処理装置（以下、縦型コンポ）から排出される高濃度臭気（アンモニア濃度400ppm以上）に対応する2つの装置について紹介しました。今回は現地の農家に導入した脱臭装置の事例を含めて紹介します。

1 軽石脱臭装置

　脱臭装置の構造を図1に示しました。堆肥化処理施設などから排出された臭気（測定の容易さからアンモニアを対象に調査）を軽石を充填させた脱臭槽の中へ送り込みます。軽石が常に水分を保持するよう水を循環（以下、循環水）させます。アンモニアが湿った軽石を通過する際、硝酸化成菌の作用により、亜硝酸・硝酸へと変化し脱臭されます。循環水は酸性となり、清水よりもアンモニアを捕集しやすくなり、水の量を少なくすることができます。アンモニアと同様に、他の臭気物質である低級脂肪酸なども、水に非常に溶けやすいため循環水に捕集されます。

2 農家に導入した脱臭装置

　補助事業を活用して2008年に1カ所、09年に7カ所、苦情が発生している農家または苦情の恐れがある農家計8戸に脱臭装置を設置し、現地農家での実証を行いました（表）。施

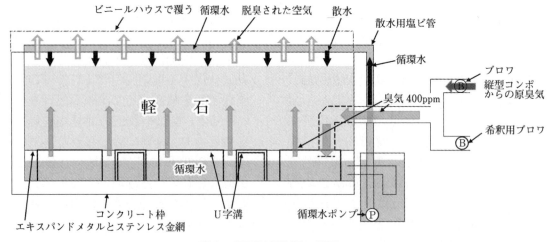

図1　軽石脱臭装置の概要

表　設置農家の概要

農家	場所	縦型コンポ容量 (m³)	原臭気濃度 (ppm)	軽石脱臭装置 設置会社	軽石容量 (m³)	希釈送風量 (m³/分)
A	前橋市	25	1,110	T社	24.4	24.4
B	前橋市	36	1,500	O社	46.0	38.3
C	前橋市	36	1,600	G社	50.0	40.8
D	前橋市	22	1,500	N社	41.0	37.5
E	安中市	36	1,700	G社	52.4	43.4
F	桐生市	41	1,400	K社	42.8	35.7
G	桐生市	41	1,575	T社	49.0	40.2
H	太田市	41	1,400	T社	42.0	35.7
		18	1,400		21.0	16.8

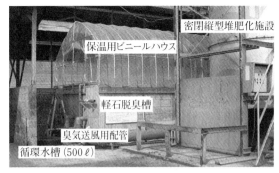

写真　A農家の軽石脱臭装置と密閉縦型堆肥化施設

工は、群馬県内で畜産環境の汚水処理や堆肥化処理施設などを手がけている5業者が行いました。脱臭装置を設置した農家は全て養豚農家で、堆肥処理施設も全て縦型コンポでした。なお、使用規模により異なる糞尿量に合わせて縦型コンポの容量が変わり、排出される臭気の量もそれに比例するため、脱臭装置の大きさも相応としています。

縦型コンポから排出される原臭気は1,400～1,700ppmと高濃度でしたが、アンモニア濃度が400ppmを超えると硝酸化成菌にダメージを与えるため、空気で希釈し400ppmまで下げた後、脱臭槽に送り込みました。脱臭槽の大きさ（軽石の量）は、原臭気濃度が高いほど希釈後の送風量が多くなるため、それに応じて空気を送るブロワも大きくしています。

3　A農家の事例

写真は、設置した軽石脱臭装置の外観写真です。既存の木質チップ脱臭槽を軽石脱臭槽に改修しました。

1年間の臭気測定結果を**図2**に示しました。5月と8月に循環水の水位異常があり、脱臭されない期間がありましたが、その期間を除くと約80％の脱臭率でした。畜産試験場内に設置した脱臭装置では、ほぼ100％の脱臭率でしたが、それよりも20ポイントほど低くなりました。その原因として❶硝酸化成菌の至適温度が20～30℃のため冬季はビニールハウスを設置し保温対策をしたものの、対策が不十分で菌の活性が低下❷糞投入量が冬季に増えることが多く一時的に臭気濃度が700ppm以上となったことにより菌にダメージを与えた―と考えられました。

ところで、自然界では、アンモニアは亜硝酸を経由して硝酸へと酸化されることが通常ですが、**図3**のように循環水中にはアンモニア態窒素（NH_4-N）と亜硝酸態窒素（NO_2-N）がほぼ50％ずつ存在しました。循環水中のアンモニアが硝酸まで速やかに硝化されない要因は、循環水中のpH（水素イオン

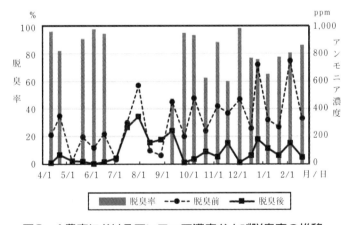

図2　A農家におけるアンモニア濃度および脱臭率の推移

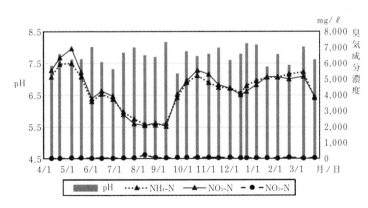

図3　A農家における循環水の水質の推移

濃度）が7.5〜8.0の間で推移して弱アルカリ性を示し、亜硝酸化成菌は働くが硝酸化成菌は活性化しないためではないかと考えられました。臭気濃度が低いときは、アンモニアがほぼ全て硝酸態窒素（NO_3-N）まで酸化されて脱臭率もほぼ100％になることから、脱臭率を高めるには循環水中のpHを7以下で保つように、脱臭装置への投入臭気を常時400ppm以下に希釈することが必要と考えられます。

4　設置後の問題と対策

農場の地形や畜舎の配置の他、縦型コンポから脱臭装置までの距離や位置が農家ごとに異なることから、さまざまな問題が発生しました。また、8農場中5農場で事前調査の測定よりも原臭気濃度が高く、希釈後のアンモニア濃度が400ppmを超えることが周期的にありました。このうち、3農場では臭気温度が50℃を超えることが多く、硝酸化成菌にダメージを与えていました。原臭気濃度を安定させるために堆肥の投入量を一定にすることや、臭気温度を下げるためにブロワの位置や配管構造の変更を提案しましたが、予算・構造的に変更が難しい場合もありました。個々の農家の問題と対策などを紹介します。

【A農家】
循環水タンクが小さくて水位異常が起きたため、タンクの容量を2倍にしました。また脱臭装置の保温対策では、ビニールハウスの設置に加えて、その他の対策も必要です。

【B農家】
循環水中にアンモニアが多く、硝化が進んでいなかったため、完熟堆肥を不織布の袋に入れて軽石の上に置き、堆肥中の硝酸化成菌を軽石に定着させました。また、散水管の目詰まりが発生したため、配管を変更しました。

【C農家】
保温のために設置した屋根の開閉に問題があり、夏期の温度調節ができなかったことに加えて、配管に結露水がたまる構造であったため、それらの改善を指示しました。

【D農家】
事前の原臭気調査時よりもアンモニア濃度が周期的に高くなり、軽石の容量が十分でなかったため、軽石を追加充填しました。また、配管に粉じんなどが詰まりやすい構造であったため、変更しました。

【E農家】
原臭気温度が60℃以上と高く、送風配管の構造に問題があったため、構造変更を提案しました。

【F農家】
ブロワの位置や配管の構造により、原臭気と希釈用空気の混合が困難な状況にありますが、改善指導を行っています。

【G農家】
原臭気を希釈するためのブロワが縦型コンポに近く、その送風の影響で堆肥化に影響を与えていました。この対策として、脱臭槽に混合臭気を送り込むのではなく、脱臭槽の底部へ臭気と希釈用空気を別々に送風し、底部で混合する方式に変更しました。

【H農家】
循環水の散水が均一ではなかったため、散水の口径と配管を変更しました。

5　今後の課題

脱臭率の向上を図るため、脱臭槽内の軽石温度が大幅に上昇する夏季は、直射日光を遮断するため、ビニールハウスに遮光用ネットを重ねて設置したり、軽石層上部に外気の送風を行ったりと、温度を低下させることで方法を検討中です。槽内の温度を上げるため、冬季は脱臭された暖かい空気を希釈用に使用し、硝酸化成菌の活性化させる試験を行っています。また原臭気中には多量の粉じんが含まれ、これが軽石表面に付着すると脱臭率の低下につながるため、縦型コンポから脱臭装置への配管途中に、簡易な前処理装置を設置し、除じんと結露水の捕集を行う試験を続けています。これらによって、軽石脱臭装置の稼働をより安定させたいと考えています。

VII章
放牧における糞尿の排せつを考える

放牧草地での適切な管理
……………………………………三枝　俊哉　190

放牧における糞尿の排せつを考える

VII章 放牧草地での適切な管理

三枝 俊哉

わが国の家畜排せつ物法では、放牧された家畜から排せつされた糞尿は、草地に施用された堆肥やスラリーと同様、家畜排せつ物の管理ではなく、利用の状態にあると見なされています。ただし、異常に高い放牧密度などによる家畜排せつ物の意図的な集積は利用ではなく処理または保管と見なされ、管理基準上問題となる可能性があるとも指摘されています[8]。放牧では、牛群による牧草の採食と糞尿の排せつが並行して繰り返されます。排せつされた糞尿は放牧草地に直接還元されるので、牛舎で排せつされた糞尿とは異なり、発酵処理や貯留などの管理を経ることがありません。

本稿では、放牧飼養におけるマニュア・マネージメントとして、放牧草地内に還元された糞尿を有効に利用した施肥管理について述べ、放牧草地からの糞尿、養分の流出防止対策について説明します。

1 放牧草地における糞尿の有効利用 －養分循環に基づく施肥管理－

乳牛の放牧草地では、**図1**のように牛が牧草を食べ(採食、A)、糞尿を排せつ(B)することによって、見掛け上、養分が循環しています[12]。この過程で、一部の養分は牛乳などの生産物(D)として循環の系から持ち出されます。また排せつされた糞尿の養分も、損失や土壌への蓄積などで当面利用されない養分(C)を除く一部だけが牧草に利用されます。こうして、牛を放牧するたびに草地から肥料として有効な養分(肥料換算養分)が減少します(X)。放牧草地の生産性を維持するには、この減少分を施肥(Y)によって補給する必要があります。

この考え方に基づき、北海道のメドウフェスク、チモシー、オーチャードグラス、ペレニアルライグラスのそれぞれを基幹とする放牧草地延べ48事例について、圃場調査、飼料分析、文献調査などにより、放牧による肥料換算養分の減少量(X)が求められました。その結果、**図2**のように放牧による肥料換算養分の減少量には、基幹草種と地域の違いによる影響に一定の傾向は認められず、牧草の年間被食量(年間に草地面積当たりで牛が食べた草の量)との間に直線的な関係が得られました[13]。この図から年間被食量の水準を4,000～6,000kg/ha程度として肥料換算養分の減少量を求め、これを基に放牧草地の年間施肥量を各草種共通に**表1**のように設定しました[2]。表1では、マメ科牧草の混生割合によって、窒素施肥量の設定を変えています。これは、マメ科

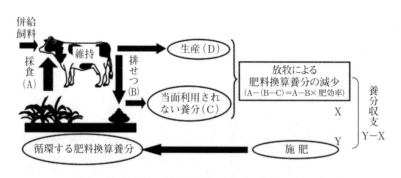

図1 放牧草地の養分循環に基づく施肥の考え方[12]

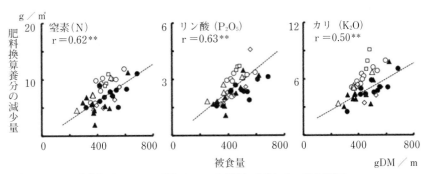

図2 放牧による年間の被食量と肥料換算養分減少量の関係[13]

表1 養分循環に基づく乳牛放牧草地の標準施肥量[2]

地帯	土壌	マメ科率	目標被食量 kg/ha	標準年間施肥量 kg/ha		
				N	P_2O_5	K_2O
全道	全土壌	15〜50%	4,000〜6,000	40±20	40±10	50±10
		15%未満		80±20	40±10	50±10

牧草の根粒菌が空気中の窒素を固定し、イネ科牧草がその一部を利用できるからです。

この調査では、年間被食量の平均は約4,500kg/ha、延べ130kg/haの窒素が牛に食べられたと算出されました。地上部の草量に対して、牛が食べた草量の割合は半分以下なので、放牧前の地上部には延べ260kg/ha以上の窒素が存在したことになります。そのため年間80kg/haの窒素を補給する必要があるということです。放牧草地の生産を支えている窒素のうち、施肥が支えている割合は1/3以下で、草地の中で循環している窒素が多くを担っていることが分かります。ただし前記の年間施肥量の見積もりは、牧区全体に牧草の採食と糞尿排せつがまんべんなく行われることを前提としています。

2 放牧草地における糞尿・養分の流出防止対策

【牧区ごとの放牧密度】

図2では、放牧草地に必要な施肥量は被食量が多いほど、つまりたくさん放牧するほど多くなりますが、当然そこには限度があり過放牧にしないことが前提です。過放牧、すなわち牧草生産量を過度に超過する放牧圧をかけると、1頭当たりの採食量を確保できず糞尿排せつ量ばかりが多くなって、ついには環境汚染を引き起こします。北海道では泌乳牛の放牧草地を対象に、環境負荷の発生を防止する観点から、牧区単位の適正放牧密度が次ぎ表2のように提示されています[4]。ここでは延べ放牧時間という概念が導入されており、1頭が1haに1時間放牧された時、1頭・hrs/haと表示します。調査の結果、延べ放牧時間が8,000頭・hrs/haを超えると、土壌溶液中の硝酸態窒素濃度が上昇を始め、環境負荷の発生リスクが高まりました。この調査を行った北海道天北地方では、搾乳時間を除く1日19時間の昼夜放牧が年間170日間程度見込めるので、8,000頭・hrs/haは年間2.5頭/haに相当します。

これを道東のチモシー草地に当てはめてみます。チモシーを基幹とする集約放牧草地では、1日15時間の昼夜放牧で、5月下旬〜7月下旬は4頭/ha、以後、兼用草地で面積を拡大し、10月下旬までは2頭/ha、合計150日間程度の放牧飼養が推奨されます[1]。この場合、延べ放牧時間は4頭×15時間/日×60日間と2頭×15時間/日×90日間の合計で6,300頭・hrs/haとなるので、環境負荷の発生リスクは全体では低いと判断できます。しかし実際の放牧草地では、

表2 延べ放牧時間と環境負荷の関係[4]

	(短い) ───	延べ放牧時間（頭・hrs/ha）		─── (長い)
		6,000	8,000	13,000
牧区面積当たりの採食量	少ない→	増加	――――――――― 頭打ち ――――→	
放牧牛1頭当たりの採食量	一定	――――――――――――――― 減少 ――――		
土壌無機態N			――― 高まる ―――――	→
土壌溶液中硝酸態N濃度の高まる密度			低	高
N投入量*			160kg/ha以上	220kg/ha以上
放牧期1ha当たり放牧頭数（頭／ha）**		1.9	2.5	4.0
	放牧地の採食量安定	併給飼料補足	環境負荷の発生	

*放牧草地に対する施肥量はN・P₂O₅・K₂O=60・80・80kg/ha　**放牧期1ha当たりの放牧頭数＝延べ放牧時間／（1日の放牧時間×年間放牧日数）
表中の値は1日の放牧時間は昼夜放牧19時間、放牧日数は170日の場合

牧区ごとに地形、面積、優占草種などの条件が異なります。放牧草地全体の面積に対する放牧頭数の割合が適正でも、牧区ごとには延べ放牧時間は大きく変動する場合があることを認識し、それぞれの牧区で無理のない延べ放牧時間を維持することが重要です。

本州以南のように年間の放牧日数が大きく異なる場合、**表2**に示した環境負荷の発生リスクが高まる延べ放牧時間の数値も異なると考えられます。ひとつの目安として、1頭当たりの採食量が十分に確保され、併給飼料を不要とする放牧頭数であれば、環境負荷発生の心配は小さいと考えてよいように思われます。

【放牧草地の養分偏在に伴う環境負荷】

では、放牧草地の環境負荷は具体的にどのようなところから発生するのでしょうか。そこには放牧草地特有の養分の偏在が関係していると考えられます。

放牧草地には、**写真1**のように牧草の食い残しが斑点状に形成されます。これらの斑点は、糞の周囲の草を牛が嫌って食べないためにできるので、不食過繁地や排糞過繁地と呼ばれます。採草地でも牛が草を食べる代わりに人が機械で牧草を収穫し、放牧牛による糞尿排せつの代わりに牛舎で産出された糞尿が散布されます。しかし、いずれの機械作業も、放牧牛の採食や糞尿排せつの行動と比較してはるかに均一に行われるので、採草地の風景は決して**写真1**のようにはなりません。放牧草地が採草地と大きく異なる点は、牛の採食と糞尿排せつが均一に行われないことにあります。これによって引き起こされる土壌養分の不均一な分布は、牧草による養分の利用効率を低

写真1　放牧草地における排糞過繁地の分布

表3 放牧に伴う糞尿および窒素還元量の試算 (三枝、2003を改変)

放牧条件*		糞尿生重量 kg/個	窒素含有率** %	糞尿排せつ個数		被覆面積***		牧区当たり還元量		被覆面積当たり還元量	
頭/ha	日数			個/頭・日	個/ha	1個当たり m²/個	牧区当たり m²/ha 割合****	生重量 kg/ha	窒素量 kg/ha	生重量 kg/ha	窒素量 kg/ha
糞 2.8	150	1.7	0.35	10	4,049	0.07	277(3%)	6,963	24	251,738	881
尿		0.8	0.85	11	4,754	0.29	1,355(14%)	3,872	33	28,579	243
合計加重平均				21	8,803		1,632(16%)	10,836	57	66,411	351

*チモシー基幹草地による集約放牧条件1) **日本飼養標準 乳牛(1999)2産以上の牛の窒素出納表から計算
***排せつされた糞尿が地表面を被覆する面積11) ****放牧された草地の面積に占める被覆面積の割合

下させ、余剰となった養分を河川や地下水などに流出させるリスクを高めます。

筆者がかつて、放牧草地に排せつされる糞尿1個当たりの量と大きさについて、国内で実施された研究事例を文献調査したところ、放牧草地に落下する牛糞は1日1頭当たり約10個で合計の生重量は約17kg、落下した1個の牛糞が地面を被覆する面積は0.07㎡(直径約30cmに相当)、また、尿の場合は1日11回で合計9kg、1回の排尿面積は0.29㎡(直径約60cmに相当)と見積もられました11)。この値を用い、前項の道東地方におけるチモシー草地で集約放牧を行った場合に相当する年間2.8頭/ha(春4頭/ha、夏・秋2頭/ha)、150日間の放牧を行ったとき、糞尿とそれらに含まれる窒素の還元量を試算して表3に示しました。この条件では、牧区全体では年間57kg/haの窒素が草地に還元される結果となりました。これは毎年約40t/haの堆肥を連用した場合の窒素供給量に相当するので、ただちに過剰な量とはいえません。しかし、実際に地上に落下した糞尿が被覆する面積の割合は、牧区の面積に対し、糞3％、尿14%、合計でわずか16%です。このため、糞尿が落下した地点にしてみれば、糞で年間881kg/ha、尿で243kg/ha、糞尿全体(糞尿合計の窒素量を合計の被覆面積で除して求めた)で351kg/haと大量の窒素施肥が行われたことになります。糞尿に含まれる窒素の肥効を化学肥料の半分としても、351kg/haの半分の176kg/haの窒素が一度に施肥されては、放牧草はとても吸収しきれません。

このような高濃度で還元される糞尿中の窒素の動態を、ペレニアルライグラスやバヒアグラスの草地を供試して調査した研究例によれば、糞に含まれる窒素がアンモニア揮散、脱窒、溶脱の3つの経路を通じて損失する割合は窒素全体の10%以下と比較的少ないものの14,15)、尿では50%以上が硝酸態窒素として溶脱する可能性が示唆されています16,17)。これらのことから、放牧密度が高まると放牧草地面積に占める排せつ糞尿の被覆面積が増えるので、養分損失を起こしやすい面積が増え、環境負荷の発生リスクが高まることが想定されます。

次に、同じ放牧密度でも、糞尿の排せつ場所が固定されると、そこに強い汚染の起こる場合があります。図3の調査事例は、平坦な放牧草地と牧区内に傾斜を有する放牧草地をそれぞれ縦横16×16=256等分に区画し、区画内の糞と不食過繁地の合計数を示したものです10)。濃い色ほど多数の糞と不食過繁地が計測された区画であることを示します。牧区内に傾斜があると、放牧牛は平坦な場所で休むので、毎年平坦部分に糞尿排せつが集中します。しかし、全面が平坦な放牧草地では糞尿排せつの多い部分が固定されません。次に図4の調査事例では、放牧草地へのゲート周辺の明・暗きょで硝酸態窒素が高い値を示し、アンモニウム態窒素や全リンなども検出されています5)。

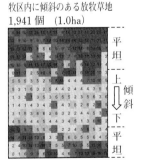

図3 糞と不食過繁地の分布個数の例

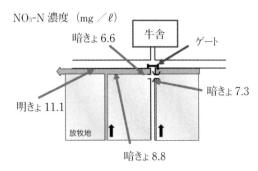

図4 畜舎から放牧草地へのゲート周辺暗きょ水硝酸態窒素濃度の調査例 [5、6]

このように、地形や飲水場・ゲートなどの施設の影響で牛の滞留しやすいところでは泥濘(でいねい)化を防止し、そのような場所が表面流出水の流路に当たらないよう、牧区配置に留意することが重要です[6]。特に飲水施設については天然の小河川が利用される場合があるので、次項で対策を述べます。

【水飲み場周辺の環境負荷発生防止対策】

放牧草地を通過する小河川などが牛の飲水に利用されると、牛の河川侵入時に、最大で日量の30%程度の糞尿が排せつされる場合があると報告されています(**表4**)。河川への糞尿排せつは、窒素などの栄養塩や大腸菌などの微生物による水質汚染を引き起こします。そこで、**写真2**のような飲水施設を設置するとともに、放牧草地と河川との間を牧柵で仕切り、牛を小河川などから隔離する必要があります。また、飲水施設の周辺には放牧牛が滞留し、糞尿が集中するので、糞尿の混じった汚染水を表面流去により直接小河川へ流さないよう配慮することが重要です。具体的には、次ページ**写真3**のように、河川と放牧草地との間に10m以上の幅で河畔林、野草地、利用しない牧草地などを配置し、表面流去水の河川への直接流出を防ぐとともに、排せつされた糞尿や散布された肥料などの河川への飛散・流入を防ぐ対策が推奨されています[6]。

◇　◇　◇

本稿で述べたように、放牧草地の環境負荷発生リスクを高める大きな要因として、糞尿排せつに伴う養分の偏在が挙げられます。対策としては、放牧密度による面積当

表4 放牧草地における河川への牛群侵入回数と河川での排糞割合 [5、6]

		牛群侵入回数**	河川での排糞割合(%)
牧区A*	平均	3.6	6.2
	(範囲)	(2〜7)	(0.7〜30.0)
牧区B*	平均	3.3	4.0
	(範囲)	(2〜5)	(0.7〜10.2)

＊河川を飲水利用している牧区、2カ年10回の調査
＊＊昼間12時間の回数

写真2 放牧草地における給水施設の例

写真3　緩衝帯の例

たり糞尿排せつ量の適切な制御、河川からの牛の隔離、牛の集まりやすい場所での表面流去対策などが重要です。その上で、放牧草地に糞尿として還元される肥料養分を適切に評価し、最小限の施肥で放牧草地の生産性を維持することが、放牧における「マニュア・マネージメント」の要点です。

【引用文献】

1) 原悟志(2003)「第4章　牧草生産からみた放牧導入のための必要条件　第2節　根釧地方の場合」『放牧で牛乳生産を－北海道での放牧成功の条件－』松中照夫編著、酪農総合研究所(札幌) pp.53-70

2) 北海道農政部(2015)「北海道施肥ガイド 2015」北海道農政部(札幌) pp.197-229

3) http://www.maff.go.jp/j/chikusan/kankyo/taisaku/t_qa/index.html#q3-4 (2019年7月30日参照)

4) 北海道立上川農業試験場天北支場(2007)「環境保全的な放牧の目安となる牧区単位の適正放牧密度」『平成19年普及奨励並びに指導参考事項』(北海道農政部、札幌) pp.200-202

5) 北海道立根釧農業試験場・天北農業試験場・畜産試験場(2004)「土地利用型酪農・畜産地域における河川水養分負荷の実態と軽減対策」『平成16年普及奨励並びに指導参考事項』(北海道農政部、札幌) pp.81-83

6) 北海道立農業畜産試験場家畜ふん尿プロジェクト研究チーム(2004)「家畜ふん尿処理利用の手引き2004」(北海道立畜産試験場、新得) pp.90-92

7) https://www.hro.or.jp/list/agricultural/research/sintoku/SiryouG/ecolo/manual2004/manual04_toc.htm (2019年7月30日参照)

8) 農林水産省(2010)「畜産環境Q&A」(農林水産省、東京)

9) http://www.maff.go.jp/j/chikusan/kankyo/taisaku/t_qa/index.html#q3-4 (2019年7月30日参照)

10) 奥井達也(2019)「ウシ放牧草地の養分循環に基づく施肥管理に関する研究」『酪農学園大学修士論文』(江別) pp.1-80

11) 三枝俊哉(2003)「第7章　放牧は環境にやさしいのか」『放牧で牛乳生産を－北海道での放牧成功の条件－』松中照夫編著、酪農総合研究所(札幌) pp.119-134

12) 三枝俊哉・西道由紀子・大塚省吾・須藤賢司(2008)「養分循環に基づく乳牛放牧草地の施肥対応－北海道の標準施肥量と土壌診断に基づく施肥対応－」『日本草地学会誌54(別)』pp.320-321

13) 三枝俊哉・西道由紀子・大塚省吾・須藤賢(2014)「北海道の乳牛集約放牧草地における養分循環に基づく施肥適量」『日本草地学会誌60』pp.10-19

14) SUGIMOTO, Y., P. R. BALL and P.W. THEOBALD(1992a) Dynamics of nitrogen in cattle dung on pasture under different seasonal conditions. 1.Breakdown of dung and volatilization of ammonia. J. Japan. Grassl. Sci., 38·160-166

15) SUGIMOTO, Y., P. R. BALL and P.W. THEOBALD(1992b) Dynamics of nitrogen in cattle dung on pasture under different seasonal conditions. 2.Denitrification in relation to nitrate and moisture levels in the surface soil. J. Japan. Grassl. Sci., 38:167-174

16) 杉本安寛・永松勝彦・平田昌彦・上野昌彦・武藤勲・豊満幸雄(1994)「牧草地における尿窒素の動態に関する研究 2 バヒアグラス (Paspalum notatum Flugge)草地における15N-尿素態窒素を指標とした牛尿窒素の動態」『日草誌』40、pp.325-332

17) 杉本安寛・武藤勲・豊満幸雄(2000)「牧草地における尿窒素の動態に関する研究 3」牛尿を施用したバヒアグラス草地土壌におけるNO_3-Nの動態」『日草誌』46、pp.175-181

デーリィマン2017年 臨時増刊号

テレビ・ドクター4
よく分かる乳牛の病気100選

監修　小岩　政照（酪農学園大学）
　　　田島　誉士（酪農学園大学）

B5判　236頁　オールカラー
定価　本体4,381円＋税　送料288円

　乳牛の泌乳能力向上の一方、周産期病の発生、繁殖成績の低下、濃厚飼料多給による疾病が目立っています。そのため供用期間は短くなり、生乳生産基盤の弱体化が不安視されています。また、フリーストール牛舎の普及による肢蹄障害も増加しています。飼養頭数が増加していく半面、個体管理を適切に行うことが難しくなっており、ますます病気の早期発見と正しい予防管理の必要性が問われています。

　本書は、1982年から続く人気シリーズ「テレビ・ドクター」の第4弾です。第一線で活躍されている臨床獣医師、研究者が執筆を担当し、最新の知見も盛り込みながら、主要な内科・外科・繁殖関連の100の病気を取り上げ、鮮明なカラー写真を用い、疾病の特徴を分かりやすく解説、酪農家による応急処置や予防方法も紹介します。

【主な内容】
- ●近年の重大疾病と予防策
　子牛の免疫とワクチン管理／子牛の死産
　地方病型（流行型）牛白血病
　牛ウイルス性下痢・粘膜病
　マイコプラズマ性乳房炎
- ●突然死する病気
- ●起立不能を示す病気
- ●下痢を示す病気
- ●急に食欲減退を示す病気
- ●採食不能を示す病気
- ●呼吸困難を示す病気
- ●神経症状を示す病気
- ●子牛の病気
- ●外科に関する病気
- ●妊娠期の母子の異常
- ●分娩時と分娩直後の異常／他、計23分類

－図書のお申し込みは下記へ－

デーリィマン社 管理部
☎ 011(209)1003　FAX 011(271)5515
〒060-0004 札幌市中央区北4条西13丁目
e-mail kanri@dairyman.co.jp
http://dairyman.aispr.jp/

※ホームページからも雑誌・書籍の注文が可能です。

VIII章
環境に配慮した糞尿の利用計画

支援ソフト AMAFE の活用事例

……………………………………三枝　俊哉　198

Ⅷ章 支援ソフトAMAFEの活用事例

環境に配慮した糞尿の利用計画

三枝　俊哉

1　糞尿利用計画にパソコンソフトを使う？

近年の酪農生産現場では、1戸当たりの乳牛の飼養数が増加し、管理し切れなくなった家畜糞尿が河川に流出するなど、環境汚染が顕著になりました。国は2004年から「家畜排せつ物の管理の適正化及び利用の促進に関する法律」を完全施行し、家畜糞尿貯留施設からの養分漏出を、罰則をもって規制しています。さらに同法の目指す環境保全的な畜産の実現には、粗飼料畑における養分管理の適正化によって環境への悪影響を最小限にする配慮が必要です。

これまで、ともすれば投棄的に農地に投入される場合も多かった家畜糞尿の圃場還元方法は、粗飼料品質を悪化させるだけでなく、大気へのアンモニア揮散や地下水の硝酸性窒素汚濁のような環境汚染の原因になります。ところが、実際に堆肥やスラリーを適正に利用しようとすると、各圃場を診断して必要養分量を算出した後、堆肥やスラリーを分析値に応じて肥料換算した上で併用する化学肥料銘柄を選定し、最終的には年間に産出される家畜糞尿を過不足なく圃場に還元しなければなりません。多くの圃場を管理する場合、このような計画立案作業は極めて煩雑であり、パソコンが必須になります。これが、環境保全的な家畜糞尿利用計画立案のための意志決定支援ソフト「AMAFE」が開発された理由です。

2　AMAFEの誕生とクラウド版への進化

AMAFEはDecision Support System for Application of Manure and Fertilizer to Grassland and Forage Corn Field based on Nutrient Recyclingの略称で、北海道の酪農場を対象として、酪農学園大学、北海道立農業試験場(現道総研)、畜産草地研究所(現農研機構畜産研究部門)により、06年に共同開発されたソフトウェアです。その後、10年のバージョンアップでは操作性を大幅に改善しました。同ソフトウェアはMicrosoft Excelのワークブック群で構成され、圃場情報の管理、家畜糞尿利用計画の立案、化学肥料の選択、色分けした圃場図の表示などを実行する複数のワークブックがマクロ命令で制御されるシステムでした。AMAFE2010までの登録利用者数は500名を超え、利用者には農業改良普及センターや農協などの指導機関が多く含まれていました。

その後、15～16年に㈱ヒューネス[2]により、AMAFE2010のロジックがほぼそのままクラウドに移植され、圃場図の作成・表示機能が大きく向上しました。

それまでのAMAFEの圃場図はMicrosoft Excelのフリーフォーム機能で作成されたポリゴンで、緯度・経度などのGIS情報と関連付けられていませんでした。GIS技術を得意分野とする同社は、クラウド化に際して圃場図にGIS情報を付加し、インターネットに接続できれば屋外でリアルタイムに対象圃場の情報を参照、編集できるよう進化させました。本稿では、クラウド版AMAFEの構成と利用法ついて概説します。

3　クラウド版の構成と使用方法

クラウド版AMAFEを利用するには、https://amafe.farm/users/loginからの利用者

図1　クラウド版AMAFEの初期画面

登録が必要です。AMAFE2010までは、CD郵送料に係る実費負担のみの無償配布でしたが、クラウド版に移行してからはサーバー利用料などの維持費を賄うため、1利用者当たり年間1万円の利用料が課されています。CD配布方式では、バージョンアップのたびに新たなファイルを利用者が自分のパソコンにインストールしなければなりませんでしたが、クラウド版ではバグの修正だけでなく、新たな施肥技術への対応などについても、利用者が意識することなく、最新の施肥設計技術を享受することができます。利用者登録すると、上記URLからIDとパスワードの入力により、各自のアカウントにログインできます。

【圃場データ入力】

図1はAMAFEの初期画面です。利用申請時に酪農場の位置（市町村）を登録するので、それに対応して北海道施肥標準[1]の地帯番号が右上に表示されます。

牧草と飼料用トウモロコシに対する標準的な施肥量が地帯ごとに定められており、AMAFEの施肥量計算はこれを基本とします。

最初に計画年度を選択します。例えば、20年度の家畜糞尿利用計画を立案したい時は、計画年度に「2020」を表示させます（図1）。次に、「1．圃場データ入力」の「圃場情報」ボタンで各圃場の面積、草地なら採草・放牧などの利用形態やマメ科率区分などを入力します（図2上）。このとき、各圃場の土壌の種類を選択する必要があります。土壌の種類が分からない場合、このソフトの中で土壌の種類を検索することができます。農研機構の許可を得て、土壌図情報をAMAFEの画面に表示できるようにしました（次ぎ図3）。さらに、「施肥管理」（図1）ボタンで計画年度の前年秋に堆肥やスラリーが表面施用されていたら、それらの情報を入力します（図2下）。

【家畜データ入力】

酪農場で年間に産出される糞尿量が不明の場合、これを推定するため、乳牛飼養頭数を入力します。圃場に還元する家畜糞尿の総量を推定するための機能なので、牛舎

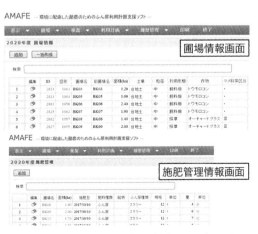

図2　圃場情報と施肥管理情報の入力画面

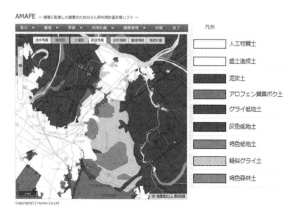

図3 「土壌検索」画面(農研機構の土壌情報を表示)

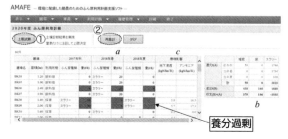

図4 「ふん尿利用計画」画面

最初に糞尿の種類と施用時期を指定し、①「上限試算」をクリックし、aに表示される上限量の範囲内で施用量を変更して②「再集計」をクリック。収支の欄(b)を0に近づけるよう、また環境負荷(c)の値が小さくなるように試行錯誤を行う。養分が過剰になった圃場では、施用量の欄が赤く塗りつぶされる

で糞尿を排せつする頭数を月ごとで入力します。つまり放牧牛や預託牛など、牛舎で糞尿を排せつしない乳牛は除外します。なお、すでに例年の糞尿還元量が記録されている場合には、後述する「ふん尿利用計画画面」(図4)で実績値を直接入力することをお勧めします。

【分析値入力】

土壌養分含量と堆肥、スラリーなどの分析値を入力します。土壌分析値は、後述する糞尿利用計画時に北海道施肥ガイド[1]の論理に基づいて、入力済みの圃場データとともに、圃場ごとに必要な窒素、リンおよびカリウムの施肥量を計算するために使用します。また堆肥やスラリーの分析値は、各圃場に必要な施肥量を購入する化学肥料で賄うか、自家生産される堆肥やスラリーで賄うかを案分するために使用します。

どちらの分析値も入力のない場合には、平均的な値や基準となる値を使うので、演算が停止することはありません。しかし、実際の圃場における養分循環を適正化するには、できるだけ正確な分析値を入力することが重要です。

【糞尿利用計画】

このメニュー(図1)を選択すると、図4の画面が表示されます。利用者はこの画面で家畜糞尿の利用計画を試行錯誤しながら立案します。まず、利用者は投入しようと考えている糞尿の種類とその施用時期を圃場ごとに入力し、「上限試算」ボタンをクリックします。すると、これまでの入力データに基づいて、(a)各圃場への糞尿施用上限量(b)各圃場に施用する糞尿の合計量と牛舎からの糞尿産出量との違い(c)環境への悪影響(アンモニア揮散と硝酸性窒素の地下浸透よる窒素損失量)などが表示されます。

利用者は画面を確認しながら、各圃場への糞尿施用量の合計値が糞尿産出量に見合うようにするとともに、環境への悪影響をできるだけ小さくするよう各圃場への糞尿の施用時期や施用量を調整し、「再集計」ボタンをクリックします。そのとき、圃場への養分施用量が必要量を上回った圃場は施用量の数値の背景が赤色に塗りつぶされ、施用養分が過剰であることを警告されます。利用者はこうした試行錯誤を経て、その酪農場に最適な糞尿の施用時期と施用量を圃場ごとに決定できます。

【結果出力:一覧表(化学肥料銘柄の選定と施用量の決定)】

糞尿の利用計画が決まると、堆肥やスラリーの養分だけでは各圃場の必要養分量を満たせないことが多いので、不足する養分を化学肥料で補給する計画を立てます。AMAFEは、不足した養分を補給するにはどの銘柄の化学肥料をどの程度施肥すればよいか、を自動的に計算します。利用者はその結果を参考に、銘柄の価格や入手しやすさなどを検討し、AMAFEが提供した情報を修正して化学肥料の購入計画を立てることができます(図5)。

【結果出力:図面(圃場図を利用した結果の色分け図示)】

このような過程で作成された草地区分や

図5 「化学肥料利用計画」画面

図6 各種情報の色分け圃場図
（早春の化学肥料銘柄と施用袋数）

糞尿利用計画、化学肥料利用計画などの任意の情報は、**図1**の初期画面で事前に圃場図を作成しておくと、それらを分かりやすく色分けして表示することができます（**図6**）。コントラクターや企業経営など第三者に圃場作業を指示または依頼する場合、必ずしも作業者が圃場の状況を熟知していない場合があります。色分けした圃場図は、作業の指示を誤解なく作業者に伝えるために大変有効です。

◇　　◇　　◇

現在、多くの自治体でGIS情報を活用した農業データベースの構築が進んでいます。圃場の位置や管理来歴、土壌分析値など、データベースの項目になる情報は多岐にわたります。しかしデータベースができたところで、これら情報の活用方法の検討は始まったばかりで、特に酪農分野に関してはほぼ未開発といってよいでしょう。その中でAMAFEは、草地・飼料畑の環境に配慮した養分管理を具体的に支援する数少ない先進的なソフトウェアの１つです。AMAFEによる計算過程では、採草地に対する糞尿還元に伴う環境負荷の程度を、わが国で初めて数値で表示させました。さらにAMAFEを使えば、圃場ごとに堆肥やスラリーなどの施用上限量を知ることができます。利用する全圃場への糞尿還元量を上限に設定してもなお、糞尿が余ることが判明したとき、利用者は自らの土地で処理できない糞尿が何トンあるいは何台分あるのかを具体的な数値で知らされることになります。すなわち、自分の酪農場において単位面積当たりの飼養乳牛頭数が適正であるかどうかを、糞尿利用計画立案作業の中で自然に気付くことになります。このようにAMAFE導入の意義は、利用者が飼養頭数と耕地面積のバランスを飼料生産と環境保全の両面から具体的に意識できることにあります。

AMAFEのクラウド運用は始まったばかりです。今後、地域によってさまざまな形式で構築されたデータベース情報のうち必要なデータを、簡易にAMAFEに転写して施肥設計に利用できるよう、インターフェースの充実が望まれます。

【参考文献】
1）北海道農政部（2015）「北海道施肥ガイド 2015」北海道農政部、pp.197-229
2）㈱ヒューネス webサイト　https://amafe.farm/home/index.html
3）松中照夫ら（2009）「環境に配慮した酪農のためのふん尿利用計画支援ソフトウェア『AMAFE』」『日本土壌肥料学雑誌』80(2)、pp.177-182
4）三枝俊哉（2011）「酪農生産現場における農業情報の利用　環境に配慮した酪農のためのふん尿利用計画支援ソフト　AMAFE」『JATAFFジャーナル』6(11)、pp.28-33

好評発売中

デーリィマンのご馳走

ユーラシアに まだ見ぬ乳製品を求めて

平田 昌弘 著

B5判　124頁
オールカラー　上製本
定価 本体 1,800円＋税　送料 350円

　西はシリアから南ヨーロッパ、東はモンゴル、チベットからインド、東南アジアまで、広大な『ユーラシア大陸』を、著者が自らの足で歩き、牧畜民らと交流し観察した乳製品や加工技術の数々。その土地ならではのヨーグルトやチーズ、バターオイルなどを使った料理や、日本ではまだ知られていない乳菓子や馬乳酒まで、ユニークな"牧畜民の乳文化"を、多くの貴重な写真とともに紹介します。

【項目と主な内容】
- ●西アジアの乳文化　シリアのバターオイル加工品
- ●南アジアの乳文化　インドの濃縮乳・乳菓子
- ●北方アジアの乳文化　モンゴルのチーズ・馬乳酒
- ●チベット高原の乳文化　ヤク・ゾモの乳の利用
- ●東南アジアの乳文化　インドネシア・フィリピン
- ●ヨーロッパの乳文化　チーズつくりの伝統保全
- ●古代の乳文化　古代アジア・日本の醍醐・酪・酥・蘇

濃縮乳からつくる乳菓（インド）

蒸留した馬乳酒（モンゴル）

―図書のお申し込みは下記へ―

デーリィマン社 管理部

☎ 011(209)1003　FAX 011(271)5515
〒060-0004 札幌市中央区北4条西13丁目
e-mail kanri @ dairyman.co.jp

※ホームページからも雑誌・書籍の注文が可能です。http://dairyman.aispr.jp/

IX章
糞尿処理による環境負荷

排せつ物処理からの温室効果ガスの排出と制御
....長田　隆　204

IX章 糞尿処理による環境負荷
排せつ物処理からの温室効果ガスの排出と制御

長田 隆

　家畜排せつ物処理は、家畜排せつ物を適正に管理することで環境への負荷を減らす手法です。例えば、汚水を浄化して公共水系に還元する浄化処理は水資源循環の点で極めて大事な環境保全技術です。多くの淡水を利用している酪農経営では、水の重要性は言うまでもないでしょう。

　では、温室効果ガスの排出削減はどうでしょうか。実のところ「温室効果ガスの排出と抑制」を主目的にした「家畜排せつ物処理技術の開発」は今はありません。あくまで畜舎排水浄化、臭気抑制などを目的とした環境保全技術を「地球に優しい」や「持続可能な生産」の旗を掲げ進化、高度化させて温室効果ガス排出を従来技術よりも削減する取り組みがあるだけです。

　本稿では、温室効果ガス排出の状況と畜産、特に乳牛の排せつ物処理における排出の現況を示すとともに、削減に向けたさまざまな状況を概説してみたいと思います。

1 人為的温室効果ガスの25％は農林業が原因、畜産業は18％

　気候変動に関する政府間パネル(IPCC)の第4次報告書(2007)の中で、耕種を含めた農業系の温室効果ガス(メタン$<CH_4>$と一酸化二窒素$<N_2O>$)の寄与は全排出の13.5％とされていました。しかし最新の第5次報告書(2014)では、5つの経済部門(エネルギー、産業、運輸、建築、農林業・その他の土地利用)別排出量の中で農林業・その他の土地利用(AFOLU)の占める割合は約25％にも及ぶことが示されています(2010年値、間接排出を含む)。

　では、畜産業からの温室効果ガス排出は、どの程度なのでしょうか。国際食料機関(FAO)の06年と09年の報告書は興味深い数字を公表しています。それは主要な温室効果ガスである二酸化炭素(CO_2)排出の9％、メタン排出の37％に加え、一酸化二窒素の65％が家畜生産に関わる排出で、世界の人為的排出温室効果ガスの18％をも占めるというものです。「Livestock long shadow」と題して06年に公表された報告書では、畜産が環境にもたらす「長い影(影響)」を温暖化の他、水質や大気環境、資源消費の点でかなり辛辣(しんらつ)に指摘し、今後の人口増加に伴う需要に応えて生産拡大を続けるには、現在の生産がもたらしている環境負荷を半減させる努力を始めるようを求めています。

　日本の温室効果ガス排出量はどうでしょうか。農業起源の温室効果ガス排出は、農業機械の燃料消費を含めると年間約5,154万t二酸化炭素等量(以下、温室効果ガスについては単純にtと表記)で、日本の総温室効果ガス排出量の4％程度です。農業からの排出の内訳を見ると、二酸化炭素は農業機械や農業施設で使用される化石燃料の消費を主な排出源(36.6％)としています。メタンは稲作が26.4％、消化管内発酵(主に反すう家畜のゲップ)が14.1％、家畜排せつ物管理のメタンが4.5％です。一酸化二窒素は農用地土壌(10.5％)と家畜排せつ物管理(7.6％)が主な排出源となります（**図1**）。

　さらに酪農からの排出は年間627万tと主要5畜種で最も多く、畜産経営から排出される温室効果ガス(家畜の消化管内発酵と家畜排せつ物管理からのメタンと一酸化二窒素)の総量1,514万tの約46％を占めています。内訳は消化管内発酵が342万t、家畜排せつ物管理が285万tです（**図2**）。

　図3に示すように、乳用牛の排せつ物起

日本における農業からの温室効果ガス総排出量：5,154万t CO_2 等量（2017）

稲作に伴う CH_4、26.4%

家畜の消化管内発酵による CH_4、14.1%

燃料消費などによる CO_2 36.8%

農地土壌からの N_2O、10.5%

家畜排せつ物管理による N_2O、7.6%

家畜排せつ物管理による CH_4、4.5%

図1　国内農業系の温室効果ガス排出の内訳

国内畜産経営からの温室効果ガス総排出量：1,514万t CO_2 等量（2017、CH_4・N_2O）

乳用牛、45.9%　　肉用牛、34.2%　　肥育豚、12.7%　　採卵鶏、4.5%　　ブロイラー、2.4%

図2　国内畜産経営から排出される温室効果ガス排出内訳

乳用牛排せつ物起源の温室効果ガス総排出量：285万t CO_2 等量（2017、CH_4・N_2O）

堆積発酵、84.9%　　貯留・メタン発酵、5.6%　　間接排出、3.5%　　その他、3.1%　　強制発酵、1.7%　　浄化、1.2%

図3　乳用牛の排せつ物起源の温室効果ガス排出における管理区分別割合

源の温室効果ガス総排出量285万tの中でも堆積型の堆肥化処理からの排出は全体の85％を占めます。次いで、メタン発酵やスラリー貯留、アンモニア揮散などの間接排出が主な排出源となっています。

2 温室効果ガスの排出削減はまず測定から

酪農経営が導入可能な温室効果ガス発生抑制技術の開発研究については、農研機構畜産研究部門が多くのプロジェクトの中核研究機関として取り組みを加速させています。最も合理的な温室効果ガス削減策の提案を目指して行なわれている研究は、正確な排出量の把握、メタンと一酸化二窒素排出を低減する技術開発と適応、これらを効果的に導入する方法の大きく3つのカテゴリーに分かれます。

正確な排出量の把握では、国内の研究拠点との共同研究として同じ測定方式で時間間隔、測定時間を統一した各処理形態の実測データを集積し、国際的な日本国インベントリー（数値目録）の作成に貢献しています。

排せつ物管理では、把握の難しかった処理区分の定量測定システム開発が進み、削減効果を正確に検証する体制も整いつつあります。**写真1**は、乳用牛で主要な排せつ物管理方式である堆積型の堆肥化処理と貯留・メタン発酵、汚水浄化処理における実施設での排出を把握し、正確な排出係数を算出するチャンバー（特別用途の空間）測定システムです。

いずれのチャンバーも数週間から数カ月の単位で定量的な換気が可能で、おおむね1時間ごとにチャンバーからの排気中温室効果ガス濃度を測定、清浄空気である外気との差異を把握して各処理区分で排出される温室効果ガスを評価します。

3 排せつ物管理からの温室効果ガス排出をどう削減するのか

乳用牛の排せつ物処理からの温室効果ガス排出削減で、現在有望な2つの可能性を紹介します。

【水分調整堆肥化で排出削減が図れる堆積型堆肥化処理】

堆積型の堆肥化処理は、国内の家畜排せつ物全体の7割以上を処理しています。

大まかに言えば、処理対象の糞尿・敷料などの混合物を堆積して適当な頃合いを見計らって切り返しを行い、「腐熟」といわれる臭気が少ない易分解性有機物の分解が進んだ有機質肥料に変換する管理区分です。

腐熟した有機性肥料は品質も安定しており、広範囲の耕種農家で利用が可能になります。この技術の泣き所は水分の高い混合物の取り扱いの難しさと比較的長い処理期間です。

農研機構北海道農業研究センターで行われた試験では、搾乳牛糞尿（初発含水率80％）約4tの堆肥化過程において、重量比10％に相当する低質乾草約400kgを裁断し副資材として投入した後（投入後含水率71.4％）、2週間に一度フロントローダーとマニュアスプレッダーによって切り返しを行い、8週間にわたって各種環境負荷ガスの排出に与える影響を副資材未投入の場合と比較して検討した結果、メタン排出は単位有機物当たり74.3％削減、一酸化二窒素

写真1　堆積型堆肥化処理（左）、スラリー貯留（中）と汚水浄化処理（右）からの温室効果ガス排出評価システム

図4　水分調整堆肥化試験
(左：水分調整下堆積物。低質なわらを適宜混合して水分調整して堆積した　右：温室効果ガスの発生量を評価するチャンバー。灰色チャンバー上部から内部空気を吸引、チャンバー裾部分とコンクリート床面の隙間から新鮮空気が取り込まれて換気される構造)

では初発全窒素当たり62.8％削減できたことが報告されています(12年北農研成果情報)。こういった副資材投入は、道東の酪農経営で行われた試験(**図4**)でも高い削減効果が検証されました。今後必要になる水分調整材の提案と共に酪農経営で取り組んでもらいたい温室効果ガス排出削減技術として近くお知らせできると考えています。

【炭素繊維リアクターの導入で削減が図れる汚水浄化処理】

汚水浄化処理は基本的に、酪農で用いられることがまれだった技術です。しかし、昨今の排水規制強化、特に硝酸性窒素などの暫定基準の改定に伴い、これからは酪農でも浄化処理の導入事例が増えていくと思われます。対象の汚水は、パーラ排水などの酪農雑排水ですが、それなりに窒素も含んだ排水との認識が道内の大学関係者の中で共有されています。

尿や糞の一部が混入することは酪農雑排水の有機物と窒素の処理負荷を上昇させます。この窒素の脱窒過程で発生する一酸化二窒素は強力な温室効果ガスです。岡山県と農研機構が開発した一酸化二窒素の効果的な削減システムである炭素繊維リアクターが岡山JA畜産㈱の肥育豚舎付帯の浄化処理施設で検証され、導入によって養豚汚水浄化処理施設での温室効果ガスの排出を約80％削減できることを実証しました。この技術を全国の処理施設に導入できれば、二酸化炭素換算で年間60万tの温室効果ガス排出を削減できると試算されます。温暖化とも相まって、同じように酪農排水の浄化でも活性汚泥法が導入され始めています。現行では乳用牛排せつ物起源の温室効果ガスの1.2％を占める程度の酪農糞尿処理に対する対策技術ですが、取り扱い窒素量の一酸化二窒素への変換(排出係数という)の割合が高い(2.87％)処理区分でもあるため、今後は北海道でも都府県並みに浄化処理からの削減策が重要になると考えられます。**写真2**は浄化槽に浸漬する炭素繊維リアクターです。

写真2　炭素繊維リアクター

◇　◇　◇

次世代の豊かな食を保証するための取り組みとして、「気候変動緩和プロ」(2017年〜)が、畜産業からの温室効果ガス排出を20％削減する技術目標の下で、開始されました

図5 気候変動緩和プロのイメージ(2017～2021)

(**図5**)。この中で、乳牛に必要な飼料の給餌量を適正化して節約する飼料開発も行われています(バランス改善飼料)。この効果は糞尿処理にとどまらず、同じ量の飼料から生産できる畜産製品を増やすことができ、食料向けの穀物を生産する農地を増やす効果も期待できます。

糞尿処理に限らず乳用牛のメタン排出削減も本格的な取り組みが始まっています。

具体的には生体・個体差に基づく消化管内発酵由来メタンの削減技術の開発です。

これらのプロジェクトには、開発した新規削減技術を「いかにして農家に普及させるか」に取り組むことでより畜産現場を理解するとともに、酪農家の皆さんにも理解してもらうという課題があります。次年度から本格的に実証試験を開始します。持続可能な開発目標(SDGｓ：Sustainable Development Goals)の達成に向け、協力をお願いします。

大げさに聞こえるかもしれません。しかし、私たち人類の生産活動は既に地球という惑星の容量をはるかに超えた大きなシステムになりつつあると考えられています。酪農も農業も水が大切です。水の惑星といわれる地球において水は極めて貴重な資源であり、これをリサイクルして使用していかなければ、経営も生活も成り立っていかないのが現状です。では気象や大気環境はどうでしょうか。気候変動が現実になりつつあると考えられる中、IPCCは最近の報告の中で、特に農業や林業の在り方、土地利用全体の見直しが地球規模で必要なのではないかと問い掛けています。気候変動下の温暖化してしまった2030年や2050年、さらには次世紀に日本で酪農は今のように行えるのでしょうか。

日本の酪農から変わっていきましょう。農研機構は、そのための技術を開発してお待ちしています。

X章
糞尿処理にかかる経費

計算方法と試算結果……………藤田　直聡　210

X章 計算方法と試算結果

糞尿処理にかかる経費

藤田　直聡

　酪農の糞尿処理にかかる経費は、処理方法、牛舎の形式、農家の立地している地域の気象条件などによって大きく異なるため、画一的に示すのは難しい。例えば、処理方法を堆肥にするのか、スラリーにするのか、堆肥にするにしてもバーンクリーナなどによって固液分離をするのか、固液分離をしない糞尿に多量の水分調整材（麦稈、バーク、オガ粉など）を投入するのかによって異なります。牛舎の形式に関しても、つなぎ式牛舎であればバーンクリーナで固液分離が可能ですが、フリーストールならば困難となります。また農家の立地している気候条件についても、寒冷地および積雪を伴う地域では作物の生育期間が長い上に、冬季間の利用ができず、圃場に散布する時期が限られているため、必要とする貯留施設の容量が大きくなり、投資額が増大してしまいます。また使う処理機械についても、その取得が新品か中古品かによって経費は異なります。

　本稿では、寒冷地および積雪地帯のフリーストール牛舎利用を前提とし、糞尿処理にかかる経費についての試算を提示します。

1 糞尿処理方法と作業に用いる施設・機械

　酪農の糞尿処理方法には堆肥、セミソリッドマニュア、スラリーがあります。水分84％未満のものが堆肥、84〜87％のものがセミソリッドマニュア、87％以上のものがスラリーです。フリーストール牛舎から搬出された糞尿は、堆肥になるものもあれば、セミソリッドマニュア、スラリーになるものもあります。いずれも主に、更新時の牧草地、飼料用トウモロコシ畑に散布されます。スラリーは、性状によっては牧草収穫後に散布されることもあります。

　さらに堆肥は高水分堆肥、中水分堆肥、低水分堆肥の3種類に分けることができます。高水分堆肥は水分75〜84％のもので、堆積時の積み高さは1〜1.5m程度です。中水分堆肥は水分70〜75％のものであり、堆積時の積み高さは1.5〜2ｍ程度です。低水分堆肥は水分70％以下のもので、堆積時の積み高さは2ｍ以上です。

　堆肥は酪農家の圃場（更新時の牧草地、飼料用トウモロコシ畑）に散布され、一部は畑作農家へ譲渡されることがあります。発酵の程度によりますが、低水分堆肥はホームセンターなどで販売されることもあります。

　糞尿処理作業は牛舎からの搬出、貯留施設での貯留、切り返し、ばっ気などの撹拌（かくはん）による発酵促進、圃場への散布という形で行われています。フリーストール牛舎では、スキッドステアローダなどを用いて固液未分離（糞尿が混じり合った状態）のまま、貯留施設へ運ばれます。つなぎ式牛舎のバーンクリーナのように運転手不要のバーンスクレーパを利用している酪農経営も多い。ただし、この機械はスラリー処理に限られます。貯留施設で堆肥処理をする場合は堆肥舎、スラリー処理をする場合はスラリータンクが用いられます。

　切り返し、ばっ気などの撹拌作業では、堆肥処理にフロントローダなどが利用されています。また糞尿を発酵させ堆肥にするには、ある程度、水分を低下させなければいけません。そこで稲わら、麦稈、バーク、オガ粉などの水分調整材を投入します。スラリー処理をする場合は、空気ポンプなど

を用いてばっ気を行います。

圃場への散布作業は、堆肥の場合、堆肥舎からフロントローダなどでマニュアスプレッダに積み込み、圃場まで運搬して行います。スラリーの場合は、スラリータンクからポンプでスラリースプレッダやバキュームカーにくみ上げ、圃場へ運搬して散布しています。

これまで、スラリー処理を行う酪農経営の多くは、スラリースプレッダなどによる表面散布を行ってきましたが、性状によっては悪臭、水系への流出、地球温暖化など環境への悪影響が懸念されます。現在は、スラリーインジェクターなどを用いた土中散布が奨励されています。

2　糞尿処理にかかる経費試算法と前提条件

【試算方法】

糞尿処理経費の費目には、減価償却費や修繕費などの「建物農機具費」、水分調整材などの「材料・副資材費」「人件費」があります。ここでは、それぞれの試算方法を示すことにします。なお、この他に「電気燃料費」がありますが、これは経営コストと見なすことにしたので、ここでは計上しません。

建物農機具費：減価償却費の試算方法が、2007年4月1日に改正されました。以前は、

減価償却費＝{(取得価額)－(残存価額)}×償却率…①

残存価額＝取得価額×残存割合…①'

償却率＝1／法定耐用年数…①"

でした。残存価額とは、業務目的に使えなくなったときに残る価値をいいます。施設、機械は取得価額の10％（＝残存割合）と定められていました。

改正後は、この残存価額が廃止され、次の式になりました。

減価償却費＝取得価額×償却率…②

償却率＝1／法定耐用年数…②"

改正前に取得したものに関しては①式、改正後に取得したものについては②式で減価償却費を算出することとなっています。修繕維持費については、取得価額の5％を見積もることになっています。

また、貯留施設の減価償却費を試算するに当たり、酪農家の飼養頭数から必要な容量を明らかにする必要があります。その試算方法は次の通りです。

a) 堆肥舎

堆肥舎必要面積＝

　　堆肥舎必要容積÷堆積高…③

堆肥舎必要容積＝

$$\frac{(乳牛1日当たり糞尿量＋水分調整材量)×必要堆積日数}{容積重}…③'$$

b) スラリーストア

必要容積＝

$$\frac{糞尿量}{容積重}×貯留日数…④$$

なお、容積重とは「糞尿1m³当たり重量（t）」のことを指します。

材料・副資材費および人件費：糞尿処理に用いる副資材といえば水分調整材です。経費は「単価×水分調整材の量」で求めることができ、その量は次の式で算出することができます。

水分調整材の量＝搬出された糞尿量×

$$\frac{(糞尿の水分率－目標水分率)}{(目標水分率－水分調整材の水分率)}…⑤$$

人件費についても、「労賃単価×作業労働時間」で求めることができます。この試算に当たっては、毎日の作業を作業日誌やカレンダーなどに記しておくと便利です。「○時○分～○時○分：切り返し」「○時○分～○時○分：トウモロコシ圃場散布」というような記録を基に作業時間を集計し、その結果に労賃単価を掛けます。ただ、これは非常に煩雑な記帳が必要となります。

【試算の前提条件】

ここでは、寒冷地かつ積雪地帯に立地し、フリーストール牛舎を用いている経産牛100頭の酪農専業経営の場合を考えてみます。なお、スラリーについては表面散布を前提とします。

糞尿量については、経産牛は1日1頭当たり64.3kg、育成牛は経産牛0.44頭分の

24.6kgとします。従って、年間の糞尿量は2,742tとなります。水分調整材はオガ粉を利用するものとし、前者は業者から2,500円/㎥で購入するものとします。スラリー処理する場合は、水分調整材は用いないことにします。

水分率は牛舎から搬出した糞尿を86%、水分調整材のオガ粉は25%、容積重は堆肥0.7t/㎥、スラリー1t/㎥、オガ粉0.3t/㎥とします。

施設および機械については、堆肥処理する場合、糞尿の牛舎外への搬出作業は小型のスキッドステアローダ、切り返し作業と散布作業機への積み込み作業はホイルローダ、貯留施設は堆肥舎、圃場への散布作業はマニュアスプレッダを利用します。スラリー処理する場合の牛舎外への搬出作業はスキッドステアローダ、貯留施設はスラリータンク、ばっ気は空気ポンプ、圃場への散布作業はスラリースプレッダ(ポンプタンカー付き)を使います。なお、ここでは共同利用は考えず、個別に利用するものとします。

バケットの容量については、スキッドステアローダは0.14㎥、ホイルローダは2.0㎥(1.4t程度)のものを用いるものとします。散布機の積載量については、マニュアスプレッダは8t(11〜12㎥)、スラリースプレッダは10㎥程度とします。取得価額はスキッドステアローダ242万7,000円、ホイルローダは2,234万円、マニュアスプレッダは514万4,000円、スラリースプレッダ(ポンプタンカー付き)1,088万4,000円とします(注1)。

堆肥舎およびスラリーストアの建設単価については、農林水産省が公表している経営指標の設定に当たっての考え方に掲載されている値、前者が2万4,000円/㎥、後者が1万5,000円/㎥を用いました。貯留期間は141日間とします。これは、積雪や凍結などにより圃場への散布ができない11月下旬〜4月上旬と同じ日数です(注2)。

耐用年数は法定耐用年数とし、スキッドステアローダ、ホイルローダ、マニュアスプレッダ、空気ポンプ、スラリースプレッダは7年、堆肥舎、スラリータンクは20年とします。ここでは補助事業については考えません。

人件費について、作業はすべて家族労働力で行い(注3)、労働賃金を1,595円/時としました。作業について、除糞、敷料補充などは6.33時間/頭とします。堆肥散布については、ホイルローダによる積み込み0.005時間/t(0.03時間/10a)、マニュアスプレッダによる散布0.013時間/t(0.08時間/10a)、スラリー散布については、ポンプによるくみ上げを含めて0.005時間/t(0.03時間/10a)とします。切り返しの時間は個人差がかなりありますが、所要時間は2時間/回とし、高水分堆肥は1回/年、中水分堆肥は6回/年、低水分堆肥は24回/年(2回/月)実施するものとします。また、麦稈の入手に伴う労働時間は0.25時間/10aとしました。

ここまでの、試算の前提条件について、**表1**に示しました。

3 試算結果

【堆肥】

ここから、糞尿を堆肥に処理した場合の経費について、試算式に当てはめながら試算をしてみます。まず、高水分堆肥にした場合について試算し、中水分堆肥、低水分堆肥も同様に試算します。

まず機械費について見ます。牛舎からの搬出に用いるスキッドステアローダは取得価額が242万7,000円なので、②式に当てはめると

減価償却費=取得価額(242万7,000円)/法定耐用年数(7年)=34万7,000円
修繕維持費=取得価額(242万7,000円)×5%=12万1,000円

となります。ホイルローダ、マニュアスプレッダも同様に計算すると、前者が319万1,000円、73万5,000円、後者が111万7,000円、25万7,000円となります。

次に水分調整材について見ます。目標の水分率が80%なので、利用する水分調整材をオガ粉として⑤式に当てはめると、

$$\text{水分調整材の量} = 2{,}742 \times \frac{86-80}{80-25} = 299\text{t}$$

となります。これを1㎥換算すると997㎥（＝299ｔ／0.3ｔ／㎥）、価格は2,500円／㎥なので、水分調整材にかかる費用は249万3,000円となります。

さらに、貯留施設である堆肥舎の経費について見ることにします。1日当たり糞尿量は経産牛64.3kg、育成牛24.6kgなので、乳牛1日当たりの量は7.512ｔ（＝64.3kg×100頭＋24.6kg×100頭×44％）となります。

1日当たりの水分調整材の必要量は0.819ｔ（＝7.512ｔ×{（86％－80％）／（80％－25％）}）で、必要堆積日数141日、容積重0.7ｔ／㎥、堆積高1.25mなので、堆肥舎必要面積は、次のようになります。

堆肥舎必要容積＝

$$\frac{(7.512\,\text{t/日} + 0.819\,\text{t/日}) \times 141\,\text{日}}{0.7\,\text{t/㎥}} = 1{,}678\,\text{㎥}$$

堆肥舎必要面積＝1,916㎥÷1.25m＝1,343㎡

堆肥舎の建設費については、建設単価が

表1　糞尿処理経費の試算における前提条件

項目		単位	数値	備考
経産牛頭数		頭	100	
糞尿	経産牛	Kg／頭・日	64.3	北海道立農業・畜産試験場[5]
	育成牛		24.6	北海道立農業・畜産試験場[5]
水分調整剤	オガ粉	円／㎥	2,500	聞き取り調査
水分率	牛舎搬出糞尿	%	86	畜産環境整備機構[1]
	オガ粉		25	畜産環境整備機構[1]
	高水分堆肥		80	北海道立農業・畜産試験場[6]には75〜84％と記載
	中水分堆肥		72	北海道立農業・畜産試験場[6]には70〜75％と記載
	低水分堆肥		67	北海道立農業・畜産試験場[6]には70％以下と記載
容積重	堆肥	t／㎥	0.7	北海道立農業・畜産試験場[5]
	スラリー		1.0	北海道立農業・畜産試験場[5]
	オガ粉		0.3	畜産環境整備機構[1]
堆積高	高水分堆肥	m	1.25	北海道立農業・畜産試験場[6]には1〜1.5mと記載
	中水分堆肥		1.75	北海道立農業・畜産試験場[6]には1.5〜2mと記載
	低水分堆肥		2.25	北海道立農業・畜産試験場[6]には2m以上と記載
機械の所得価額	スキッドステアローダ	千円	2,427	日本農業機械化協会[7]　容積0.14㎥、該当する機械の希望小売価格の平均
	ホイルローダ		22,340	日本農業機械化協会[7]　容積2.0㎥、該当する機械の希望小売価格の平均
	マニュアスプレッダ		5,144	日本農業機械化協会[7]　容量8t、該当する機械の希望小売価格の平均
	スラリースプレッダ		10,884	容量10㎥≒1万ℓ程度
施設の建設単価	堆肥舎	千円／㎡	24.0	農林水産省公表の経営指標の設定
	スラリーストア	千円／㎥	15.0	
糞尿貯留期間		日	141.0	11月下旬〜4月上旬
労賃単価		円／時間	1,595	畜産物生産費調査
作業	除糞、敷料補充	時間／頭	6.33	北海道農政部[6]の「経産牛120頭規模・フリーストール」には、760時間／年と記載　この値を120頭で除して、1頭当たり除糞、敷料補充に要する時間とした
	積み込み	時間／t	0.0050	北海道農政部[6]には0.3時間／haと記載　散布量を60t／10haとした
	堆肥散布		0.0013	北海道農政部[6]には0.8時間／haと記載　散布量を60t／10haとした
	スラリー散布		0.0050	北海道農政部[6]には0.3時間／haと記載　散布量を60t／10haとした
	切り返し	時間／回	2	
切り返し回数	高水分堆肥	回／年	1	
	中水分堆肥		6	
	低水分堆肥		24	

2万4,000円／m³なので3,223万2,000円となります。減価償却費については、耐用年数が20年なので161万2,000円となります。修繕維持費は取得価額の5％を見積もるので、161万2,000円となります。

最後に、人件費について見ると、

除糞、敷料補充などの作業＝6.33時間／頭×100頭＝633時間

堆肥切り返し作業＝2時間／回×1回＝2時間

積み込みおよび散布作業＝(0.005時間／t＋0.0013時間／t)×(2,742t＋299t)＝19.16時間

人件費＝(633時間＋2時間＋19.16時間)×1,595円／時間＝104万3,000円

となります。

これらから、経産牛100頭規模の場合、糞尿を高水分堆肥に処理する経費は1,252万8,000円となります。中水分堆肥、低水分堆肥に処理する経費も同様に試算してみると、それぞれ1,633万5,000円、1,957万5,000円となります(**表2**)。

【スラリー】

まず、機械費について見ることにします。減価償却費および修繕維持費については堆肥同様、②式に当てはめて計算します。その結果、スキッドステアローダはそれぞれ34万7,000円、12万1,000円、スラリースプレッダは155万5,000円、54万4,000円となります。

次に、貯留施設であるスラリータンクの必要容積について見ることにします。容積重は1t／m³、貯留日数は141日、1日当たりの糞尿量は7.512tなので、必要容積は④式に当てはめると、

必要容積＝$\dfrac{7.512 \times 141}{1} = 1,059$ m³

となります。建設単価は1万5,000円／m³なので、建設費は1,588万5,000円、減価償却費は79万4,000円、修繕維持費は79万4,000円となります。

さらに人件費を見ます。ばっ気は無人で行うものとし、人件費に含めません。

除糞、敷料補充などの作業＝6.33時間／頭×100頭＝633時間

くみ上げ及び散布作業＝(0.005時間／t)×(2,742t)＝13.7時間

人件費＝(633時間＋13.7時間)×1,595円／時間＝1,031千円

これらから、糞尿のスラリー処理の経費は518万6,000円となります(次**表3**)。

◇　◇　◇

家畜排せつ物法が施行されて以降、酪農家には糞尿の適切な処理が求められるようになりました。これを円滑に行うためには経費の把握が重要です。経営者自身が資産台帳、領収証、カレンダーなどを用いて、処理に必要な機械、施設、水分調整材といった資材、作業労働時間などを整理した上で、減価償却費、資材費、人件費を試算し明らかにする必要があるでしょう。

表2　糞尿処理経費の試算結果（堆肥処理）

		単位	数値		
			高水分	中水分	低水分
施設・機械の減価償却費	スキッドステアローダ	千円	347	347	347
	ホイルローダ		3,191	3,191	3,191
	マニュアスプレッダ		1,117	1,117	1,117
	堆肥舎		1,612	1,347	1,172
施設・機械の修繕維持費	スキッドステアローダ	千円	121	121	121
	ホイルローダ		735	735	735
	マニュアスプレッダ		257	257	257
	堆肥舎		1,612	1,347	1,172
水分調整材		千円	2,493	6,808	10,337
人件費			1,043	1,065	1,126
合　計		千円	12,528	16,335	19,575

表3　糞尿処理経費の試算結果（スラリー処理）

		単位	数値
施設・機械の減価償却費	スキッドステアローダ	千円	347
	スラリースプレッダ		1,555
	スラリータンク		794
修繕維持費	スキッドステアローダ	千円	121
	スラリースプレッダ		544
	スラリータンク		794
水分調整材		千円	0
人件費			1,031
合計		千円	5,186

　糞尿処理にかかる経費は、スラリーか堆肥か、堆肥の中でも高水分か中水分か低水分かなど条件によって異なります。スラリーや高水分堆肥は、水分調整材の投入が少なくて済み、安い経費でできますが、販売して収入を得ることには適しません。一方、低水分堆肥は熟成しやすく、店頭で販売可能なものになることがありますが、投入しなければならない水分調整材が多くなり、経費が高くなります。従って糞尿処理を行うに当たっては、堆肥、スラリーの用途、耕種農家および家庭菜園利用者などのニーズをしっかり見極める必要があるでしょう。

　今回は触れませんでしたが、スラリーに関しては、環境負荷軽減などによりインジェクターによる土中散布が奨励されています。しかし導入を検討するに当たっては、他の処理方法と同様、経費の検討が必要です。そのため、土中散布に関する作業効率、必要投資額などのデータの蓄積が、今後、重要となると考えられます。

（注1）価格は、日本農業機械化協会[7]から引用した。実態としては、中古や減価償却済みの機械を利用している事例も多いが、ここでは対象外とした

（2）藤田[2]参照
（3）2000年以降、酪農経営が数多い地域ではコントラクターなどの作業受委託組織が普及し、多くの経営に利用されている。こうした組織はたいてい、堆肥の切り返しや散布、スラリー散布などの糞尿処理作業も受託している。ここでは検討の対象外とするが、糞尿処理作業の委託を希望する場合は、経費を試算し委託の有無による差を検討する必要がある

【参考文献】
1）財団法人畜産環境整備機構(2003)「平成15年度堆肥センター生産運営能力向上研修会」
2）藤田直聡・若林勝史(2003)「畑作酪農地域における共同ふん尿処理施設の実態と利用状況」『北海道農業研究センター農業経営研究第83号　酪農経営におけるふん尿処理技術の導入条件』pp.37-51
3）北海道農政部(2005)「北海道農業生産技術体系―第3版―」（北海道農業改良普及協会）
4）北海道農政部(2013)「北海道農業生産技術体系―第4版―」（北海道農業改良普及協会）
5）北海道立農業・畜産試験場(1999)「家畜糞尿処理・利用の手引き1999」（社団法人北海道農業改良普及協会）
6）北海道立農業・畜産試験場(2004)「家畜糞尿処理・利用の手引き2004」（社団法人北海道農業改良普及協会）
7）一般社団法人日本農業機械化協会(2018)「2018/2019農業機械・施設便覧」

【表紙写真提供（敬称略）】
道宗　直昭／農業生産法人㈲キロサ肉畜生産センター／JA新いわて しずくいしアグリリサイクルセンター／㈲オーガニック金ヶ崎／滝沢市 鈴木牧場／天羽　弘一／花島　大／高橋　圭二／興部町役場／加藤　邦彦／原　正之／草　佳那子／岡本　英竜

新版マニュア・マネージメント
糞尿の適切な処理と有効活用へ

DAIRYMAN　秋季臨時増刊号
定　価　4,381円＋税
（送料　288円）

令和元年9月25日印刷
令和元年10月1日発行
発行人　新井　敏孝
編集人　広川　貴広
発行所　デーリィマン社

札幌本社　札幌市中央区北4条西13丁目
　　　　　TEL　（011）231-5261
　　　　　FAX　（011）209-0534
東京本社　東京都豊島区北大塚2丁目15-9
　　　　　ITY大塚ビル3階
　　　　　TEL　（03）3915-0281
　　　　　FAX　（03）5394-7135

■乱丁・落丁はお取り換えします
■無断複写・転載を禁じます
ISBN978-4-86453-067-5 C0461 ¥4381E
©デーリィマン社　2019
表紙デザイン　葉原　裕久（vamos）
印刷所　大日本印刷㈱

名著復活 酪農家キーニィの牛飼い哲学

マーク・H・キーニィ 著／市川 清水 訳

1954年の日本語版発行以来、83年の第6刷まで版を重ね、全国酪農家に支持されてきた本書。長らく絶版となっていましたが、多くの酪農家の皆さんのご要望に応え、復活発行いたしました。

前版のテイストはそのままに、活字のサイズを大きく、一部文言を改訂し読み易くなりました。日本酪農の黎明期を支えた名著、ぜひ、この機会に手に取ってみてください。

サイズ 14.5×22.0mm　272頁　上製本　箱付
定価　本体 3,500円＋税　送料 300円

著者／マーク・H・キーニィ　オハイオ州乳牛能力検定員やミズーリ州改良技術員を経て、1923年ニュージャージー州で「オーバーブルーク牧場」を設立、以来四半世紀に渡り、牧場経営と乳牛の繁殖・改良に尽力し、当時の酪農界の模範として偉大なる足跡を残す。
本書は、氏の経験に裏付けられた、乳牛の選び方、繁殖の技術、飼料の取り扱い方から子牛や搾乳牛群の管理方法までを解説するもので、ホルスタイン・フリージァン・ワールド社から出版された（1948年第2版）。

―図書のお申し込みは下記へ―

デーリィマン社 管理部
☎ 011(209)1003　FAX 011(271)5515
〒060-0004 札幌市中央区北4条西13丁目
e-mail　kanri@dairyman.co.jp

※ホームページからも雑誌・書籍の注文が可能です。http://dairyman.aispr.jp/